de Bary, A. Braun, Cohn, Goeppert, Grisebach, Hanstein, Hofmeister, v. Mohl, Nägeli, Pringsheim, Sachs, Schacht, Schleiden, Schwendener, Unger. — Sachs sind wir zu besonderem Danke verpflichtet, weil er die herrlichen Figuren uns lieh, welche die mikroskopischen Details uns enthüllen.

Köln, 1. Mai 1874.

Der Verfasser.

Inhaltsverzeichniß.

Inhaltsübersicht.

„Wenn der Mensch mit regsamem Sinne die Natur erforscht oder in seiner Phantasie die weiten Räume der organischen Schöpfung durchmißt, so wirkt unter den vielfachen Eindrücken, die er empfängt, keiner so tief und mächtig als der, den die allverbreitete Fülle des Lebens erzeugt.“

Wir wollen hier bei den Geschlechtern der Pflanzen verweilen. Rauher ist ihre Gestalt, träger ihr Leben gegen die Pole hin, wo der wiederkehrende Frost bald die jugendliche Knospe tödtet, bald die reifende Frucht erhascht; je näher dagegen den Tropen, um so mehr nimmt Mannigfaltigkeit ihrer Gestaltung, Anmuth der Form und des Farbengemisches, ewige Jugend und Kraft ihres Lebens zu. Verschieden ist so der Pflanzen Lebensfülle, aber allüberall sind sie still bemüht den rohen Stoff der Erde organisch aneinander zu reihen und vorbereitend zu mischen, was nach tausend Umwandlungen zur regsamen Nervenfaser sich gestaltet.

Doch nicht ursprünglich ist der so ungleich gewebte Teppich, welchen die blüthenreiche Flora über den nackten Erdkörper ausbreitet; denn wie das heranwachsende Menschengeschlecht mannigfache Stufen der sittlichen Cultur durchlaufen mußte, um zu seiner jetzigen Höhe zu gelangen, so ist auch der unendliche Reichthum pflanzlicher Gestaltung Folge bestimmter Entwicklungsgesetze, welche die Natur und die Mitbewerber in dem allgemeinen Kampfe ums Dasein den Pflanzen aufstellten. Aber was immer Gewaltiges entstand, der Mensch weiß es zu ändern und umzugestalten nach seinem Willen; ein weiches Wachs ist in seiner Hand die Pflanze; bald gibt er ihr der Früchte oder sonst ihm nützlicher Stoffe reichliche Fülle, bald mehrt er die Farben zu seinem Ergötzen oder kleidet die Pflanze selbst in Trauer, damit sie ihm diene als Todtenschmuck und Grabeszier. Weisen Sinnes erspürt er daher die Geheimnisse ihres Lebens und die Wunder ihres Baues, um so zu lüften den Schleier, in den die Natur sich hüllte. Zwar noch jung sind diese Bestrebungen, dennoch bereits gekrönt durch Resultate von höchstem wissenschaftlichen Interesse und größter praktischer Bedeutung, durch Resultate, werth von jedem Gebildeten in etwa wenigstens gekannt zu werden.

Die Zelle.

„Alle Gestalten sind ähnlich und keine gleichet der andern;
Und so deutet der Chor auf ein geheimes Gesetz."
Goethe.

Sie sind gefunden die geheimen Gesetze, wonach alle lebenden Wesen ähnlich sich gestalten, es sind: die Entstehung verschiedener Formen auseinander, und die Zusammensetzung aller Organismen aus einer einzigen Art von Elementarorganen, aus Zellen. — Letzteres soll zuerst uns beschäftigen.

Was eine Zelle sei, läßt sich nicht in wenigen Worten leicht verständlich darlegen, daher vor Allem ein Beispiel. Vor uns steht ein stark vergrößerndes Mikroskop, liegt ein Stückchen Wurzel von der Kaiserkrone. Mittelst eines scharfen Messers schneiden wir aus der mittleren Schicht der Rinde jener Wurzel, und zwar dicht über der Wurzelspitze ein feines, feines Scheibchen, senken letzteres in ein Tröpfchen reinen Wassers, welches auf einem Glastäfelchen ruht und lassen uns nun von dem Mikroskope den Bau des Wurzelstückchens enthüllen (vergleiche Figur 1.). Wir finden 7 Zellen. Jede dersel-

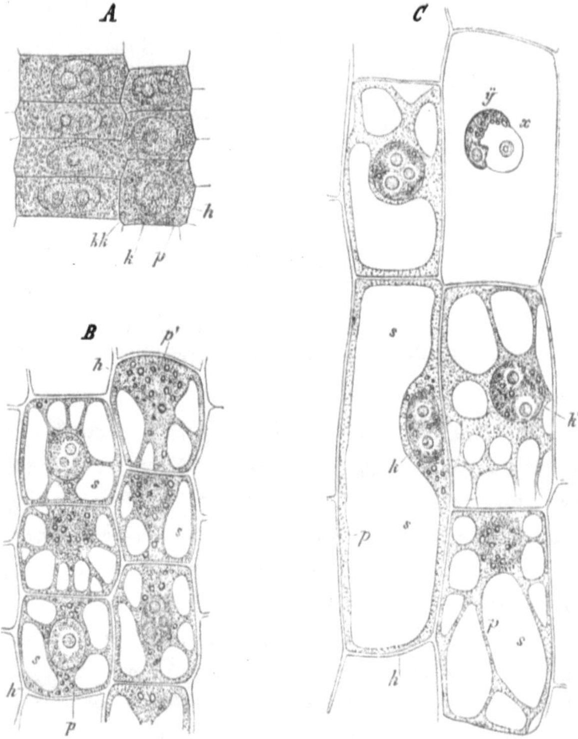

Fig. 1.

Zellen aus der mittleren Schicht der Wurzelrinde der Kaiserkrone. Längsschnitte bei 550 maliger Vergrößerung. A: 7 dicht über der Wurzelspitze liegende, sehr junge Zellen, noch ohne Zellsaft. — B: 6 gleichnamige Zellen etwa 2 Millimeter über der Wurzelspitze; der Zellsaft s bildet im Protoplasma einzelne Tropfen, zwischen denen Protoplasmawände liegen. — C: 5 gleichnamige Zellen etwa 7 bis 8 Millimeter über der Wurzelspitze liegend. Die oberste Zelle rechts ist durch den Schnitt geöffnet, so daß Wasser in sie eingedrungen ist, welches eigenthümliche Quellungserscheinungen des Zellkerns hervorruft. Ueberall ist p das Protoplasma, s der Zellsaft, k der Zellkern, h die Zellwand, kk die Kernkörperchen.

ben besteht aus 3 Elementen: nach außen hin grenzt sie sich ab durch eine elastische und feste Haut, die **Zellhaut** oder **Zellwand**, welche eine Gestalt ähnlich den Wachszellen einer Bienenwabe besitzt. Der ganze von dieser Haut umschlossene Raum ist erfüllt von einem schleimartigen, weichen, nicht elastischen Stoffe, dem **Protoplasma** und einem in demselben eingebetteten **Zellkerne**. Um diese Zellen wahrzunehmen, mußten wir wohl das Mikroskop zu Hülfe nehmen, denn die Zellen sind in Wirklichkeit nur den fünfhundertfünfzigsten Theil so lang und so breit, wie die Figur sie darstellt, so daß über dreihunderttausend Zellen nöthig sind, um den Raum zu bedecken, welchen die Abbildung einnimmt. Es bedarf wohl nur der Erwähnung, daß die Zellhäute, welche sich in der Figur als Vier-, Fünf- oder Sechsecke darstellen, in der That vielwandige Kämmerchen sind; doch muß darauf hingewiesen werden, daß das mikroskopische Bild einer Zelle recht verschieden sein kann, je nachdem man die Zelle der Länge oder der Quere nach durchgeschnitten hat. Hätte man zum Beispiel die große, unten links befindliche Zelle von Figur 1 C der Quere nach durchschnitten, dann würde die Zellwand ungefähr ein Quadrat darstellen, weil jene Zelle die Gestalt einer vierseitigen Säule mit nahezu quadratischer Grundfläche hat. Zu den erwähnten Elementen der Zelle, der Zellhaut, dem Protoplasma und dem Zellkerne, tritt bei zunehmendem Alter noch ein viertes, der **Zellsaft**, hinzu. Untersuchen wir nämlich gleichnamige Zellen derselben Wurzel, welche etwa 2 Millimeter über der Wurzelspitze, dem jüngsten Theile der Wurzel, liegen, dann hat sich das Bild wesentlich geändert. Protoplasma und Zellkern füllen jetzt den ganzen von der Zellwand umschlossenen Raum nicht mehr aus, Tropfen einer klaren Flüssigkeit, eben des Zellsaftes, haben sich in ihr abgeschieden. Bei zunehmendem Alter vergrößern sich jene Zellsafttropfen so sehr, daß das Protoplasma einen Sack bildet, welcher sich der Zellhaut dicht anschmiegt und von welchem andere Protoplasmamassen in Form von Platten und Strängen nach dem Zellinnern hin sich erstrecken. Später fließen diese Tropfen gewöhnlich zu einem einzigen Saftraume zusammen, welcher dann seinerseits umhüllt ist von Protoplasmasack und von Zellhaut. Der Zellkern liegt, nach wie vor, eingebettet in dem Protoplasma.

Die Zellen saftiger, lebender Pflanzentheile lassen fast insgesammt diese vier Elemente erkennen; dahingegen geht mit den Zellen holziger und trockener Pflanzenorgane, zum Beispiel denen der Baumstämme, nachdem sie den zuletzt dargestellten Entwicklungsgrad erreicht haben, noch eine wesentliche Veränderung vor sich, indem sie dergestalt austrocknen, daß zuletzt nur die Zellhaut übrig bleibt. Das ungemein häufige Vorkommen derartiger Zellen hat wohl vorübergehend zu der Ansicht geführt, es sei die Zellhaut ein unerläßlicher, wohl gar der wesentlichste Bestandtheil einer jeden Zelle. Dies ist aber keineswegs der Fall; denn so wichtig solche Zellhautgerüste für den Haushalt der Pflanze auch sein mögen, indem sie derselben bald Stütze gewähren, wie in den Stämmen der Holzpflanzen, bald zum Schutze dienen, wie bei dem Korke, — neue Zellen können niemals von ihnen erzeugt und neue chemische Verbindungen niemals in ihnen gebildet werden. Diese beiden Funktionen, welche gerade das Leben als solches charakterisiren, sind nur solchen Zellen eigen, welche noch ihr Protoplasma besitzen. Dazu kommt, daß manche Zellen nur aus Protoplasma bestehen. In Gräben und Sümpfen findet man, um ein Beispiel zu bieten, sehr oft kleine gelbliche oder grünliche, zarte, oft weiche, wolkige Watten bildende Fäden. Dieselben gehören verschiedenen Gattungen von Algen an; unter ihnen befindet sich Oedogonium. Dies sind lange, fadenförmige, durch Querwände in kleine, cylinderförmige Abtheilungen, Zellen, getheilte Röhrchen (vergleiche Figur 2). Im gegebenen Momente ballt sich der gesammte Protoplasmakörper einer solchen Gliederzelle zusammen, die Zellhaut klappt auseinander, der Protoplasmakörper tritt heraus; fadenförmige, hin- und herschwingende Anhängsel, sogenannte Wimpern oder Cilien, umgeben sein vorderes, durchsichtiges Ende. Einem Thiere vergleichbar durchzieht dieses Wesen, eine sogenannte Schwärmspore, das Wasser; nicht allzulange, denn bald gelangt es zur Ruhe, setzt sich mit seinem vorderen Ende, welchem wurzelförmige Auswüchse entsprießen, fest, dehnt und streckt sich und wächst dann allgemach zum neuen Faden heran; oft aber treibt neuer Bewegungsdrang das Protoplasma aus der noch jugendlichen Keimpflanze als neue Schwärmspore heraus. Wahre Zellen sind aber diese Sporen, scheinbar einfach in ihrem Baue, dennoch begabt mit allen Lebensthätigkeiten: sie wachsen — ge-

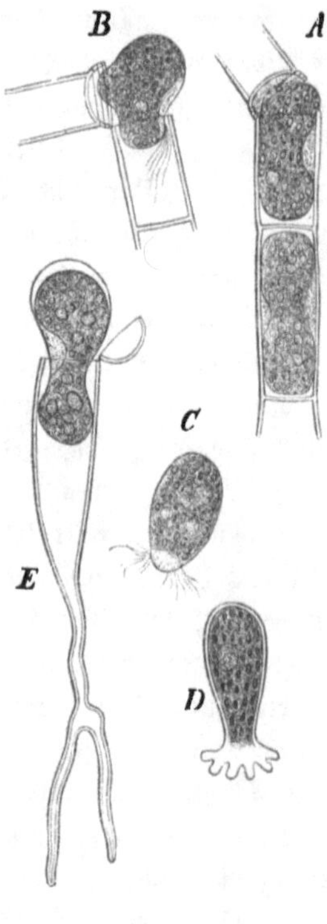

Fig. 2.

A und B Austritt der Schwärmspore aus der Zelle eines Oedogonium; C eine freie Schwärmspore; D dieselbe hat sich festgesetzt und eine Haftscheibe als Beginn der Keimung gebildet; E Austritt des gesammten Protoplasmas einer einzelligen Keimpflanze eines Oedogonium in Form einer Schwärmspore. 350fache Vergrößerung.

wiß nur in Folge von Nahrungsaufnahme —, sie pflanzen sich fort, sind sogar mit Bewegung ausgerüstet, gleichsam ein Mittelding zwischen Pflanze und Thier; ob sie auch wohl empfinden, wer möchte das entscheiden? Zellen, welche gleich diesen Schwärmsporen nur aus einem Protoplasmakörper bestehen, sind nicht selten; gleich einfach sind sogar alle Ur- oder Primordialzellen, das heißt die ersten Zellen der Pflanzen und Thiere, aus welchen der ganze Organismus nur durch besondere Wachsthumsvorgänge entsteht, wie auch der prächtig entwickelte Schmetterling aus der unscheinbaren Raupe hervorging. So sind die Zellen oft bloße Protoplasmatropfen, oft Säckchen, welche Protoplasma, Zellkern und Zellsaft umschließen.

Was sind also Zellen? Nicht vermögen wir es in Kürze zu sagen, denn es sind die Trägerinnen des so geheimnißvollen Lebens, die Elemente, welche allüberall und allein, wenngleich in stets verschiedener Weise der Pflanzen und Thiere, selbst des Menschen ganzen Körper aufbauen, deren Trennung oder Zerfall bald neues Leben, bald Krankheit und Tod bedeutet.

Die Gestalt der Zellen ist sehr verschieden. Mehr oder minder kugelig ist die Form der jugendlichen Zellen; so kann sie nicht immer bleiben, denn verschieden ist die Aufgabe, welche der Zelle späterhin harret. Lang, zart und biegsam müssen sie sein die Zellen, aus welchen der Mensch den schneeigen Lein und der Baumwollzeuge unendliche Fülle sich fertigt; unbeugsam und von eiserner Kraft jene des Stammes der Eiche, sonst trotzten sie nimmer dem Sturme. So modelt sich denn die anfängliche Kupelgestalt um, wie es das Leben gebeut, und was immer an denkbaren Formen regsame Phantasie sich schaffen mag, das findet sich körperlich vor. All diese scheiben-, tafel-, stern-, halbmond-, spindel- und bisquitförmigen Gebilde, alle diese cylindrischen, prismatischen, vielflächigen, selbst unregelmäßigen Gestalten nebst ihren Uebergängen auch nur namentlich aufzuführen, lohnt kaum der Mühe; doch darf nicht unerwähnt bleiben, daß die membranlosen Zellen in der Regel kugelig, weil tropfenförmig sind, und daß bei den übrigen Zellen die Zellhaut es ist, welche der Zelle Gestalt und Größe bedingt.

Die jugendliche Zellhaut stellt sich unter dem Mikroskope als ein zartes, einfaches, strukturloses Häutchen dar. So bleibt sie nur selten. Bald scheidet sich aus dem Protoplasma neue Zellhautmasse ab, welche sich zwischen die Theilchen der ersten Haut ablagert, und dadurch deren Wachsthum veranlaßt. Dieses Eindringen der neuen Zellhauttheilchen zwischen die bereits vorhandenen ist ein eigenthümlicher Wachsthumsvorgang (Wachsthum durch sogenannte Intussusception), dessen Thatsächlichkeit vielfach geläugnet wurde, dessen Nothwendigkeit aber sich schon aus der einfachen Betrachtung ergiebt, daß die Zelle nicht wachsen könnte, wenn sich die neuen Zellhautmassen nur auf den Innenseiten der bereits vorhandenen ablagerten. Ein Wachsthum dieser letzteren Art wird beispielsweise bei den Muscheln gefunden und auch mitunter für die Zellhäute in Anspruch genommen, weil dieselben gar oft das Aussehen gewähren, als seien sie aus über einander liegenden Schichten zusammengesetzt (vergleiche zum Beispiel die Zelle v, der Figur 3). Doch täuschen

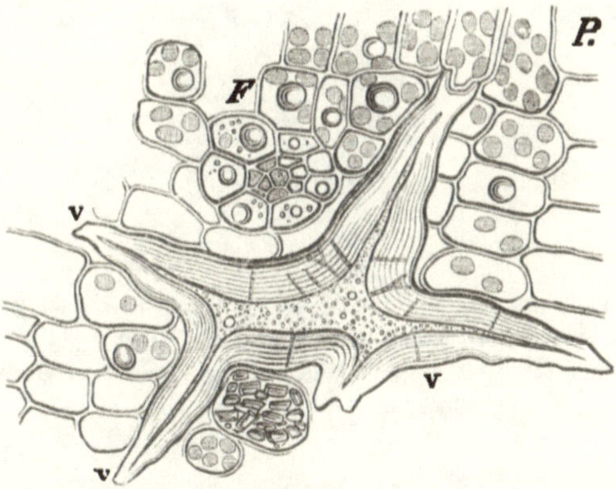

Fig. 3.

Zellparthie aus dem Blatte einer Camelie. P Parenchymzellen mit Blattgrünkörnern und Oeltropfen; erstere sind gleichmäßig, letztere kugelig schattirt. F ein sehr dünnes Gefäßbündel. v v eine verzweigte, sehr große, stark verdickte Zelle. Sehr stark vergrößert.

wir uns nicht: diese Schichtung ist nur die Folge einer ungleichmäßigen Vertheilung von Wasser im Innern der Zellhaut, wie schon daraus erhellt, daß trockene Zellhäute stets ungeschichtet erscheinen.

Mannigfachen, oft sonderbaren Gestaltungstrieb äußert die Natur in der Bildung der Zellhäute. Da ist zum Beispiel (vergleiche Figur 4) das Blüthenstaubkorn der Cichorie: kugelig ist sein Körper, entsprechend seiner kugeligen Jugendgestalt; aber diese Kugel ist bedeckt von einem Netze scharfer Leisten, deren Gräte noch mit kamm-

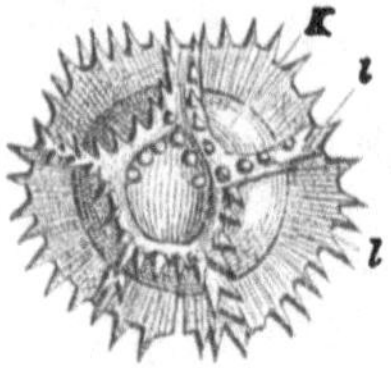

Fig. 4.

Reifes Blüthenstaubkorn der Cichorie; der fast kugelige Körper der Zellhaut k ist mit netzartig verbundenen Verdickungsleisten l besetzt; jede derselben trägt noch stärker vorspringende Verdickungen als kammartig angeordnete Stacheln. Sehr stark vergrößert.

artig angeordneten Stacheln bewehrt sind. Wozu diese geradezu abenteuerliche Form? Wir wissen es nicht und dürfen einstweilen nur ahnen, daß die spätere Bestimmung des winzigen Körnleins diese Gestaltung erheische. Während die Verdickungen der Zellhaut hier auf der Außenseite der Zelle angebracht erscheinen, springen sie bei anderen Zellen in das Innere des Zellraumes vor. Fast selbstverständlich dünkt's uns, daß auch hier die mannigfachsten Formen sich finden; in der That treten Verdickungen auf, welche bald ring- oder spiralförmig aufgerollten Bändern gleichen, bald leiter- oder netzartig angeordnet erscheinen, oder es ist die fertige Zellwand eine dicke, von zarten, mitunter verzweigten Kanälen, Porenkanälen, durchzogene Schale (vergleiche Figur 5, und die Zellen t' bis s bei der späteren Figur 18).

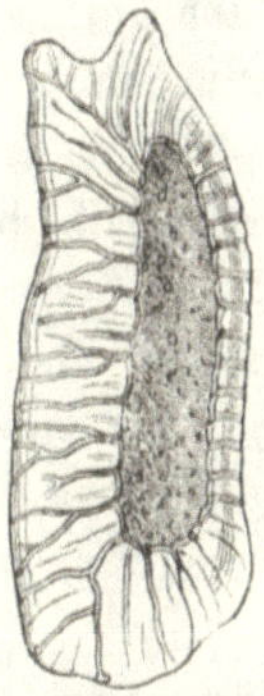

Fig. 5.

Eine Zelle unter der Oberhaut des unterirdischen Stammes des Adlerfarns, welche durch Kochen (in einer Auflösung von chlorsaurem Kali in Salpetersäure) von ihren Nachbarzellen isolirt wurde. Sie ist auf der linken Seite stärker verdickt. Kanäle durchziehen die Verdickung. 550mal vergrößert.

Die Porenkanäle neben einander liegender Zellen begegnen stets einander und nicht selten ereignet es sich, daß die zarte Hautschicht, welche anfänglich die äußeren Enden der Porenkanäle verschließt, sich auflöst, so daß wirklich durchlöcherte Zellen und freie Communikationswege zwischen Nachbarzellen entstehen. (Vergleiche die Zellen v der späteren Fig. 11.)

Ihrer chemischen Substanz nach besteht die Zellhaut aus einem ihr eigenthümlichen Stoffe, dem Zellstoffe oder der Cellulose; doch können im Laufe ihres

Wachsthums mannigfache Aenderungen damit vorgehen, indem der Zellstoff verholzt, verkorkt, oder verschleimt. Bei der Verholzung geht er in Holzstoff über; die Zellhaut wird hart, starr und brüchig; bei der Verkorkung wandelt er sich in Korksubstanz um und wird für Wasser schwer durchdringbar, während er durch den Verschleimungsprozeß die Fähigkeit erhält, im Wasser aufzuquellen und eine Gallerte zu bilden, wie dies beispielsweise von den Quittenkernen bekannt ist. Durchaus verschieden hiervon ist die Aufnahme von Mineralsubstanzen zwischen die Zellstofftheilchen, wodurch die Zellhaut mitunter sogar in einen wahren Kieselpanzer umgewandelt wird oder ein Kalkskelet in sich birgt.

Verschieden wie Gestalt und chemische Natur ist die Größe der Zellhaut und mit ihr die Größe der Zelle. Nur ein bis zwei tausendstel Millimeter lang und breit ist die aus einer Zelle bestehende Zoogloea termo, über fünfzigtausendmal so lang sind gewisse Zellen der Glanzcharen. Dazwischen finden sich alle Abstufungen, doch ist die Zelle in der Regel mikroskopisch klein, und nur selten begegnen wir solchen Riesen, wie bei den mitunter fast ein Meter langen Caulerpa der tropischen Meere, welche aus Wurzeln, Stengeln und Blättern zu bestehen scheinen und doch nur je eine einzige Zelle sind.

Dem Protoplasma soll jetzt unsere Aufmerksamkeit gewidmet sein, dieser wunderbarsten Substanz, welche wir denken können; dem Auge zwar scheint sie einfach, strukturlos zu sein, bald eine schleimige Gallerte, bald eine zähe plastische Masse, oft eine mehr oder minder klare Flüssigkeit, mitunter ein brüchiges, fast hornartiges Gebilde, aber sie lebt, sie muß bereits organisirt sein, wenngleich unsere Mikroskope annoch zu schwach sind, uns eine Organisation zu enthüllen, welche aus den Lebenserscheinungen unbedingt erschlossen werden muß. Wie sollte anders sie fähig sein, selbständig bestimmte äußere Gestalten anzunehmen, fremde Stoffe sich anzueignen und so organisch dasjenige zu gestalten, was vorher leblose Materie war?

Kein Leben kann ohne Bewegung gedacht werden, auch nicht das des Protoplasmas, und in vierfach verschiedener Weise kann jene sich äußern. Erwähnt wurde bereits das fast willkürlich erscheinende Schwimmen der Schwärmsporen. Anders die Amöbenbewegung: hier streckt die schleimig aussehende Masse, ihre Umrisse ändernd, gleichsam Arme aus, welche nach und nach alles in ihren Strudel hineinziehen und so eine zwar allmäliche, oft aber Meter weite Ortsveränderung des ganzen Organismus veranlassen. Es gewährt einen eigenthümlichen Anblick dieses Aus- und Einziehen von Armen und das damit verbundene Kriechen, und wundern dürfen wir uns nicht, wenn mancher Beobachter ein Thier vor sich zu sehen glaubt. Solch ungebundene Bewegung kann natürlicherweise nur nacktes, membranloses Protoplasma besitzen; das in eine starre Zellwand eingeschlossene muß ihrer entbehren, doch nicht ruht es stille. Bald nur rotirt es, indem sich's, einem größeren Strome vergleichbar, im Innern der Zelle dahinschiebt, alles mit sich fortreißend, was immer an kleinen Tröpfchen und Körnchen ihm begegnen mag. Interessanter noch ist die Cirkulation; hier ergießen sich von dem an die Zellwand angeschmiegten Protoplasma kleine Strömchen nach dem im Zellinnern gelegenen Kerne (vergleiche Figur 1 B); bald gleiten sie vorwärts, bald rückwärts, mitunter kreuzen sie sich sogar innerhalb eines, noch lange nicht haardicken Fädchens, oft ziehen sie sich ein, oft auch bahnen sie sich neue Wege durch den Zellsaft, immer aber bleiben sie im Zusammenhange mit dem innern Wandbelege und nie hören sie auf den Zellkern zu umspülen. So wechselnde Gestalten bei all diesen Bewegungen das Protoplasma auch annehmen mag, seine freien Oberflächen umgeben sich stets sofort mit einer durchsichtigen, oft unmeßbar zarten, festeren Hautschicht, welche allmälich in die inneren, weicheren Parthien übergeht. Leicht kann dieses bewegliche Leben mit dem Mikroskope beobachtet werden so lange frisches Leben die Zelle durchglüht; naht aber der Winter, die Zeit der Ruhe, dann wird auch des Protoplasmas Bewegung träger; endlich ruhet es ganz, bis neuer Frühling zu neuem Leben es antreibt.

Was Protoplasma sei, suchte auch die Chemie zu ergründen. Nüchtern fürwahr klingt ihre Antwort: „An sich farblos und hyalin, besteht es aus einem Gemenge verschiedener Eiweißstoffe mit Wasser und geringen Quantitäten unverbrennlicher Asche; häufig umschließt es Körnchen von Fetten und Stärke. Meist gesellen sich hierzu, so lehrt es die Betrachtung des Lebens, nicht unbeträchtliche Mengen von Fetten, Zucker und anderen Stoffen, welche, unerkennbar dem Auge, ihm beigemengt sind.“

In den Zellen der meisten Pflanzen — ausgenommen sind nur manche Pilze, Flechten und Algen — trennt sich ein Theil des Protoplasmas von dem übrigen plasmatischen Zelleibe ab, um als Zellkern eine hervorragende Rolle im Leben der Zelle, namentlich bei der Bildung neuer Zellen, zu übernehmen. Dieser Kern ist ein mehr oder minder rundlicher, von einer festeren Außenschicht umgebener Körper, welcher meistens in seinem Innern ein bis zwei größere Körnchen, die sogenannten Kernkörperchen umschließt.

Von den früher angeführten Zellelementen wäre noch der Zellsaft zu erwähnen. Dies ist die wässerige Flüssigkeit, welche die übrigen Zelltheile durchtränkt; in ihr haben wir das Lösungs- und Transportmittel für die löslichen Produkte des Stoffwechsels, das Reservoir, aus welchem neue Zelltheile ihren Wasserbedarf entnehmen, so wie schließlich ein Agens, welches durch seinen Druck bestimmend auf die Formgestaltung der Zellwände einwirken muß. Daß der Zellsaft verschiedener Zellen verschiedener chemischer Natur sein kann, braucht nicht erörtert zu werden.

Wenden wir uns jetzt zur Bildung neuer Zellen, so ist da vor allem die hervorragende Rolle des Protoplasmas, dessen Name ja Urbildungsstoff bedeutet, hervorzuheben. Die wesentlichsten und allen Neubildungen von Zellen — mögen diese nun pflanzlicher oder thierischer Natur sein — gemeinschaftlichen Momente sind folgende: „Bereits vorhandenes Protoplasma gibt das Material her zur Bildung einer oder mehrerer Zellen; dies in der

Weise, daß sich Protoplasmakörper um neue Bildungsmittelpunkte herumlegen und im weiteren Lebensverlaufe mit einer Zellhaut umgeben. Dadurch, daß sich die neuen Zellen nicht immer von einander loslösen, sondern in gesetzmäßigem Verbande verbleiben, sind denn Mittel und Wege zur Bildung großer, aus fast unzähligen Zellen bestehender Körper gegeben." Jene allgemeinen Momente erleiden in den speziellen Fällen, wie die Natur sie alle beut, noch mannigfache Abänderungen, welche uns bewegen, vier Arten von Zellbildungen anzunehmen: Zellbildung durch Erneuerung oder Verjüngung einer Zelle; Zellbildung durch Konjugation; freie Zellbildung; Zellbildung durch Theilung.

Den ersten, freilich nicht häufig vorkommenden Typus von Zellbildung, die Erneuerung oder Verjüngung einer Zelle fanden wir bereits bei der Schwärmsporenbildung von Oedogonium (vergleiche Figur 2 E). Ihr Wesen besteht darin, daß der gesammte protoplasmatische Inhalt einer Zelle sich zu einer neuen Zelle umgestaltet. Man sage nicht, das Protoplasma, der eigentliche Zellleib, sei geblieben, die Zelle also wesentlich dieselbe; denn das Protoplasma der ursprünglichen Mutterzelle mußte sich vollständig umlagern, um den Keimling zu bilden, wie dies schon daraus erkannt wird, daß das durchsichtige Wurzelende des Keimlings vorher eine Seitenlage besaß (Vergleiche Fig. 2 A, B, E).

Bei der Zellbildung durch Konjugation verschmelzen die Protoplasmakörper zweier, selten mehrerer Zellen miteinander, um so das Protoplasma der neuen

Zelle zu formiren. Ein Beispiel biete die zu den Algen gehörende Spirogyra (vergleiche Figur 6). Bei ihr findet die Konjugation immer zwischen den gegenüberliegenden

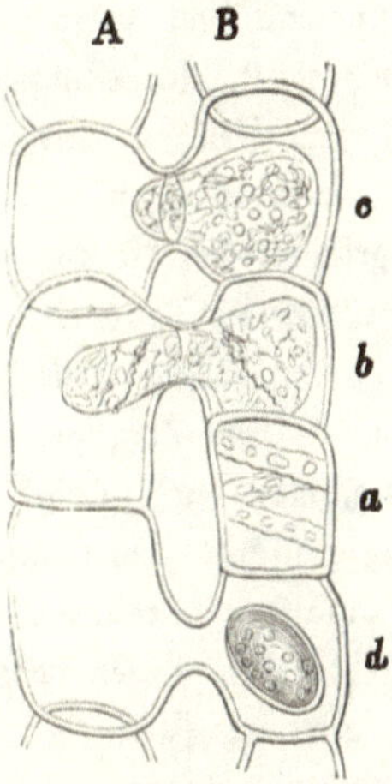

Figur 6.

Kopulation zwischen zwei Zellfäden (A und B) von Spirogyra quinina a eine von der Kopulation unberührte Zelle; b und c verschiedene Stadien des Uebertretens des Protoplasmakörpers aus den Zellen des männlichen Fadens A in die des weiblichen Fadens B. — d fertige Spore. Dreihundertzwanzigfache Vergrößerung.

Zellen zweier, mehr oder minder parallel neben einander liegender Fäden statt. Sie wird dadurch vorbereitet, daß die Zellen seitliche Ausstülpungen treiben, welche so lange fortwachsen, bis sie einander treffen. Dann löst sich der Zellinhalt jeder der Conjugationszellen scharf von seiner

Zellhaut ab und zieht sich unter Ausstoßung des Zellsaftwassers immer mehr zusammen. Nun öffnet sich die Zellwand zwischen den beiden Ausstülpungen, ein Kanal entsteht, durch welchen sich der eine Protoplasmakörper hindurchdrängt, um mit dem anderen sich zu vereinigen. Das Konjugationsprodukt, eine ellipsoidische „Jochspore“, umkleidet sich mit einer Zellhaut und keimt nach mehrmonatlicher Ruhe, indem es einen neuen Zellfaden hervorsprießt. Anders gestaltet sich die Konjugation bei anderen Algen, so zum Beispiel bei Pandorina, deren Schwärmsporen sich während des Schwärmens zu je zweien miteinander verbinden. — Die Konjugationszellen sind oft scheinbar gleichartig, man darf indessen eine, wenn auch versteckte Differenz zwischen ihnen annehmen; ja man muß in solchen Vorgängen offenbar einen geschlechtlichen Akt erblicken: besteht dessen Wesen doch darin, daß sich zwei, ursprünglich getrennte Zellen, zu einer neuen Fortbildungszelle vereinigen, während jede für sich unfähig ist, sich zu einem neuen Organismus — sei es nun Pflanze, sei es Thier — weiter zu gestalten. Nennt man mit Rücksicht hierauf diejenige Zelle, welche das Kopulationsprodukt umschließt, die weibliche, dann können die sich kopulirenden Zellen eines Algenfadens bald nur männlich, bald allein weiblich, bald auch gemischter Natur sein.

Die freie Zellbildung ist dadurch charakterisirt, daß sich in dem Protoplasmakörper einer Zelle verschiedene Gruppen Protoplasmas absondern und zu Tochterzellen gestalten, während ein Protoplasmarest für die erst nach längerer oder kürzerer Zeit absterbende Mutterzelle verbleibt. Als Beispiel diene die Sporenbildung eines Becherpilzes (vergleiche Figur 7). Die Fruchtschicht dieses Pilzes enthält große, zur Bildung von Sporen, einer gewissen Art von Fortpflanzungszellen, bestimmte Zellen, sogenannte Sporenschläuche. Diese Schläuche sind anfänglich mit einem Zellkerne ausgerüstet, welcher sich zur Zeit der Sporenbildung in dem Protoplasma auflöst. Dann wird dieses schaumig, verdichtet sich wieder an den Schlauchenden und bildet dort acht neue, von fester Haut umumgebene Zellen, die Sporen. Kerne sind in diesen Sporen nicht vorhanden, wohl aber je ein großer und zahlreiche kleinere Oeltropfen. — Bei anderen hierher gehörenden Zellbildungen treten in der Mutterzelle zahlreiche Zellkerne als eben so viele Bildungsmittelpunkte neuer Zellen auf.

Weitaus die häufigste Art von Zellbildung ist die durch Theilung; sie wird bei einfachen Wachsthumsvorgängen immer, häufig auch bei Fortpflanzungsprozessen gefunden. Bei ihr zerfällt der ganze Protoplasmakörper und was die Zellhaut der Mutterzelle sonst noch umschließen mag in die neugebildeten Tochterzellen. Dabei theilt sich der etwa vorhandene Zellkern der Mutterzelle in zwei Kerne, um welche sich der übrige Zellleib zu je einer Zelle gruppirt, oder der Zellkern löst sich auf und es entstehen so viele neue Zellkerne als Tochterzellen sich bilden sollen. Bei dem geradezu unendlich häufigen Vorkommen dieses Zellbildungstypus können mannigfache Abänderungen des einzelnen Verlaufes nicht auffallen:

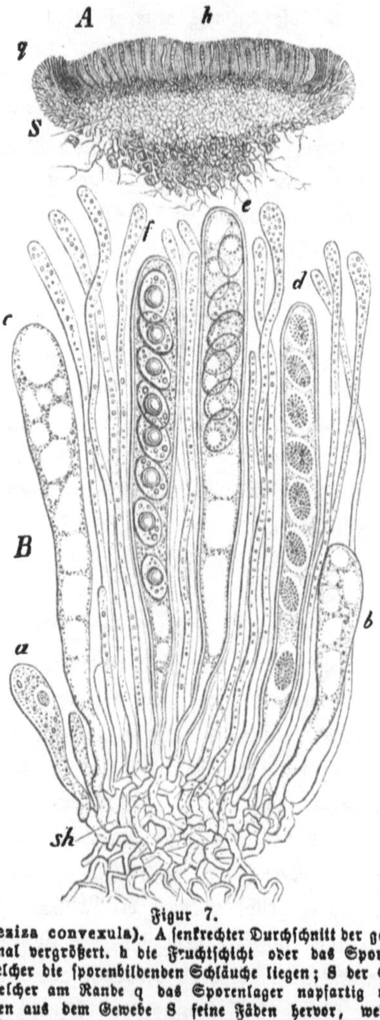

Figur 7.

Becherpilz (Peziza convexula). A senkrechter Durchschnitt der ganzen Pflanze etwa zwanzigmal vergrößert. h die Fruchtschicht oder das Sporenlager, die Schicht, in welcher die sporenbildenden Schläuche liegen; S der Gewebekörper des Pilzes, welcher am Rande q das Sporenlager napfartig umhüllt; an der Basis treten aus dem Gewebe S feine Fäden hervor, welche zwischen Erdkörnchen hineinwachsen. B. ein kleiner Theil des Sporenlagers bei 550=maliger Vergrößerung. sh dicht verflochtene Zellfäden. a bis f sporen=bildende Schläuche, dazwischen dünnere Schläuche, sogenannte Saftfäden, in welchen rothe Körnchen liegen. Die Zellen a bis f lassen die Bildung der Sporen, von denen jede eine Zelle ist, in ihrem ganzen Verlaufe erkennen.

bald zieht sich das Protoplasma der Mutterzelle etwas zusammen, so daß sich die einzelnen Tochterzellen abrunden können; bald ist dies nicht der Fall und die Tochterzellen erscheinen wie Abschnitte der Mutterzelle. Auch innerhalb dieser beiden Gruppen gibt es noch Aenderungen, indem sich die Protoplasmakörper der neuen Zellen erst nach vollständig beendeter Theilung mit einer Zellhaut umgeben können, oder indem die Zellhautbildung gleichzeitig mit der Theilung des Protoplasmas vor sich geht, so daß sich gleichsam eine Zellstoffleiste in die Theilungsfalte des Protoplasmakörpers einschiebt. Doch einige Beispiele statt schematischer Eintheilungsbestrebungen.

Bei einer im Wasser auf Holz wachsenden Achlya, einem aus zarten Fäden bestehenden Pilzchen, findet sich unter anderen Fortpflanzungsweisen auch jene, bereits vorhin von Oedogonium angeführte, durch Schwärmsporen (vergleiche Figur 8). Während aber dort in dem Inneren der Mutterzelle, und aus deren gesammtem Protoplasmakörper nur eine einzige Zelle entstand, welche jene gleichsam verjüngte, zerfällt hier der die neue Brut bildende Zelleib in zahlreiche Portionen. Im gegebenen Momente werden diese aus der als leerer Schlauch zurückbleibenden Zellhaut ihrer Mutterzelle entlassen, entschlüpfen sogar — Münchhausen's Fuchse vergleichbar — ihrer eignen neuen Haut, und schwärmen dann, jedes Zwanges ledig, im Wasser umher, bis neugestaltende Kräfte zum Festsetzen und Keimen sie veranlassen. Der Zellbildungstypus, den wir in Figur 9 darstellen, war der erste, den menschliche Forschung erkannte. Die

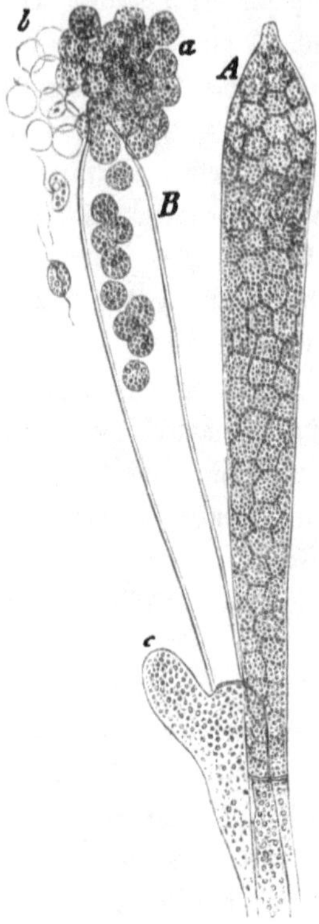

Figur 8.

Bildung der Schwärmsporen einer Achlya. A die Mutterzelle der Schwärmsporen noch geschlossen, B eine solche die Schwärmsporen (Zoosporen) entlassend, darunter eine seitliche Sprossung c. — a die eben ausgetretenen Schwärmsporen; b die zurückgelassenen Häute der bereits ausgeschwärmten; c schwärmende Zoosporen. 550fache Vergrößerung.

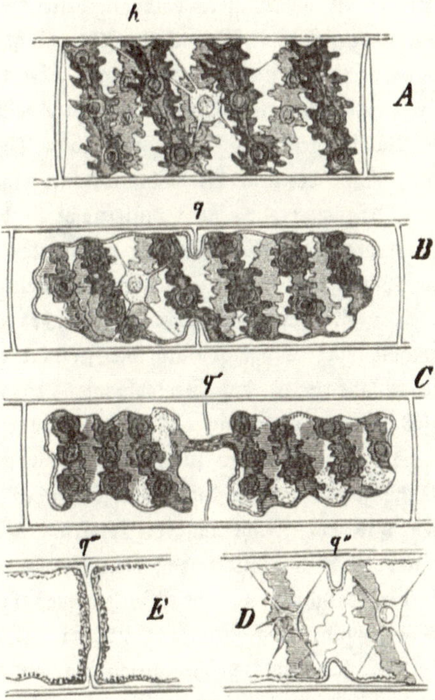

Figur 9.

Spiralkonferve (Spirogyra longata) 550fach vergrößert. A eine Zelle im lebenden Zustande. Der Protoplasmakörper bildet ein Spiralband und umschließt Stärkekörner. Im Innern der Zelle liegt der Zellkern, das denselben umgebende Protoplasma strahlt nach den Wänden hin aus. B und C in Theilung begriffene Zellen, deren Zellinhalt durch Alkohol kontrahirt wurde, um die neuen Zellwände q deutlicher zu machen. D und E mittlere Theile von Zellen, welche in Theilung begriffen sind.

abgebildete Spiralkonserve gehört zu jenen grünen Fäden, welche wir so oft im Wasser, bald angeheftet, bald frei schwimmend, vorfinden. An dickeren Fäden läßt sich die Zellbildung recht gut studiren; wenn man aber den Vorgang direkt an lebenden Pflanzen beobachten will, muß dies des Nachts geschehen, weil nur dann Theilungen stattfinden. Eine bequeme Beobachtungsweise ergiebt sich nun darin, daß man etwa nach Mitternacht in kräftigem Wachsthum begriffene Fäden in sehr verdünnten Alkohol legt und später die Ergebnisse dieser Behandlungsweise studirt. Der Alkohol ist nämlich ein tödtliches Gift für das Protoplasma; er dringt durch die Zellhaut hindurch, reißt den Wassergehalt des Protoplasmas an sich und zieht dieses dadurch zusammen, als ob es geränne. Dann braucht man nicht lange zu suchen um alle abgebildeten Entwicklungszustände zu finden. Die trefflichen Figuren überheben uns der Mühe längere Erklärungen hinzuzufügen; nur sei noch bemerkt, daß man hier bereits beim Beginne der Einschnürung des Protoplasmas (vergleiche Figur 9 D) und etwa in der Mitte der Mutterzelle zwei Zellkerne bemerkt, welche gleichzeitig mit der fortschreitenden Theilung langsam auseinanderrücken, bis sie etwa die zukünftigen Mitten der Tochterzellen eingenommen haben; während bei anderen Theilungsvorgängen Bildung und vollständige Placirung der neuen Kerne der Protoplasmatheilung vorangeht.

Angedeutet wurde bereits, daß den Pflanzen die Aufgabe zugefallen das Anorganische in Organisches umzugestalten. Die heimlichen Werkstätten, in denen sie still und immerwährend diesen ihren Daseinszweck zu erfüllen sich bemühen, sind aber eben die Zellen. Was also die Pflanze bietet, das suche dort. Leicht magst du wissen, was da zu finden; doch, willst du erfahren wie das Gefundene entstand, in undurchdringliche Nacht — ach für immer vielleicht — hüllt dann sich die schöpferische Kraft. Doch schauen wir jetzt die fertigen Werke der Zellen.

Wenn man grüne Pflanzentheile irgend welcher Art mikroskopischer Untersuchung unterwirft, findet man, eingebettet in dem Protoplasma, grüne Blattgrün- oder Chlorophyllkörper. Legt man diese in Alkohol, Aether oder sonst passende Stoffe, dann verfärben sie sich; ausgezogen wird der grüne Farbstoff, farbloses Protoplasmagebilde bleibt zurück. Fast unmeßbar gering ist ersterer an Masse, denn nicht weicht letzteres dem unberührten Blattgrünkörper an Größe. Verschieden für die einzelnen Pflanzen ist dieser Körper Gestalt, doch durchaus charakteristisch; sternförmig zum Beispiel beim Jochfaden, einem spiralförmig aufgerollten Bande vergleichbar bei der Spiralkonferve, in weitaus den meisten Fällen aber bilden die Blattgrünkörper kleine grüne Körnchen (vergleiche die Figuren 9, 10 und 11). Bei dem Entstehen der Blattgrünkörper sondern sich gewisse Protoplasmaparthien von den übrigen als selbständige Gebilde ab, wie es ähnlich auch mit dem Zellkerne der Fall ist, und diese Massen ergrünen, unter dem alles belebenden Einflusse des Lichtes, bereits während ihrer Bildung. Für die ganze Dauer ihres Lebens — und dies zeigen

Figur 10.

Eine Zelle des Jochfadens (Zygnema cruciatum) mit 2 sternförmigen Blattgrünkörpern, welche im Innern der Zelle schweben. Beide sind durch eine Protaplasmabrücke verbunden, in welcher ein Zellkern liegt. In jedem Blattgrünkörper liegt ein großes Stärkekorn. 550fache Vergrößerung.

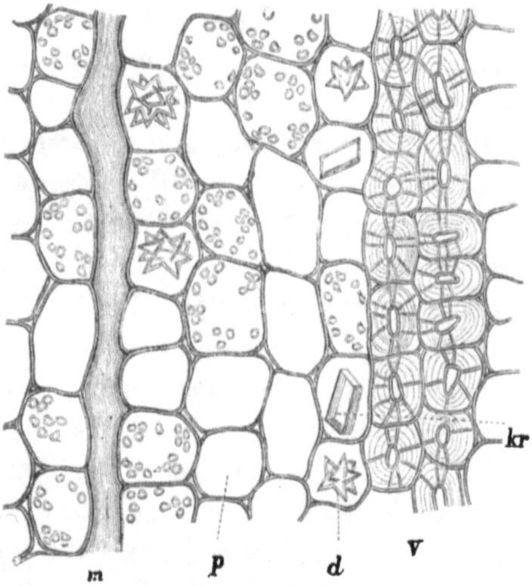

Figur 11.

Theil eines Längsschnittes durch die innere Rinde des Stengels der Wachsblume (Hoya carnosa). v Parenchymzellen mit stark verdickten, von einfachen Kanälen durchzogenen Zellwänden. — p Zellgewebe mit dünnen Zellwänden; in demselben befinden sich neben kleinen Blattgrünkörperchen einzelne Krystalle (kr) und Krystalldrusen (d) von oxalsaurem Kalke. — m Milchsaftgefäß. Vergrößerung zweihundertfünfzigfach.

sie durch Wachsen, oft auch durch Vermehrung mittelst Zweitheilung — bleiben sie dem farblosen Protoplasma eingebettet, meist dem der Zellwand anliegenden, seltner auch den die Zelle durchziehenden Strömchen. — Von allerhöchstem Interesse sind diese Körper, d-nn sie verleihen nicht nur den Pflanzen ihre freundlich grüne Farbe, indem sie durch die durchsichtigen Zellhäute hindurchschimmern, wir erkennen in ihnen auch die Organe, mittelst welcher die Pflanze die anorganischen Stoffe assimilirt, das heißt dieselben gleichsam verdauend in organische überführt. Kann hiervon auch erst später ausführlicher die Rede sein, so darf doch schon hier erwähnt werden, daß blattgrünlose Pflanzen sich sogar vom besten Kulturboden nicht selbständig zu ernähren vermögen, vielmehr darauf angewiesen sind, als Schmarotzer auf Pflanzen, Thieren oder Menschen zu wohnen: entweder von lebendem Körper sich mästend, oder die Masse todter, dem Zerfalle anheimgegebener Organismen zu neuem, lebendigem Kreislaufe zwingend.

In den Blattgrünkörpern, und als Werke ihrer assimilirenden Thätigkeit entsteht das Stärkemehl. Erst punktförmig klein, dann kugelig, gestaltet es sich später zu koncentrisch geschichteten Stärkekörnchen, welche, verschieden an Größe, längliche, linsenförmige und andre Gestalten besitzen (vergleiche Figur 12). Wie bei der Zellwand die Schichtung nur als Ausdruck verschiedenen Wassergehaltes sich zeigte, so auch hier; gleichartig ist der Stärkekörner Gefüge, und Schein nur der schalenartige Bau. Zweifach ist auch der Stoff, der diese

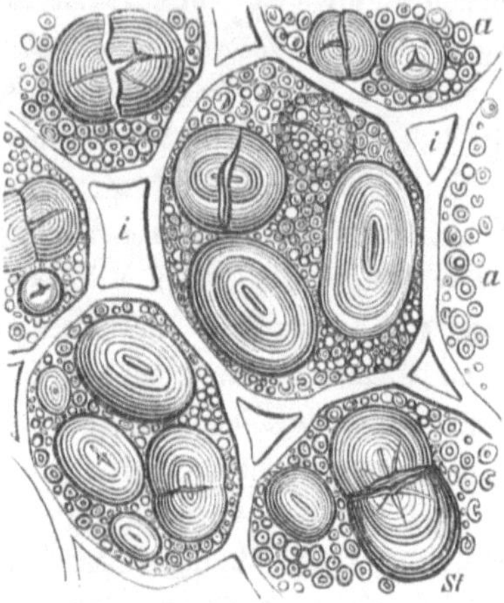

Figur 12.
Einige Zellen aus dem Samenlappen einer reifen Erbse (Pisum sativum); die großen konzentrisch geschichteten Körner St sind Stärkekörner; die kleinen Körner sind Aleuronkörnchen, welche aus Legumin mit etwas Fett bestehen; i Zwischenzellräume. Vergrößerung etwa 800fach.

Körper zusammensetzt, Zellstoff und Granulose. Daß wir doch ein Mehreres über die Stärke sicher wüßten, daß es gelänge sie auf chemische Weise zu bilden! der würde wahrlich als Erster vor allen Sterblichen gepriesen, der so des Brodes Fülle zu mehren uns lehrte! Jetzt schon freut es zu wissen, daß das für die ganze Dauer seines Wachsthums seiner Bildungsstätte eingelagerte Stärkekörnchen später zur Freiheit gelangt oder weitere Wandlungen erleidet, wenn es als Baumaterial für die Pflanze Verwendung finden oder für künftige Zeiten als Reservestoff aufgestapelt werden soll, an Orten, welche gütiges Geschick dem Menschen zeigte, daß von dort auch zu seinem Gebrauch er es nehme.

Neben diesen wichtigsten Stoffen, dem Blattgrün und der Stärke, giebt es noch manch andere Produkte der Zellen. Wohl die augenfälligsten sind unter diesen die bunten Farbstoffe, bald kleine Farbkörnchen, bald klare, farbige Flüssigkeiten, bald auch beides gesellt, um in bunte Farben die Pflanzen, vor allem die Blüthen zu kleiden. Reich an Farbenwechsel ist zum Beispiel die persische Schwertlilie: die äußern Zipfel ihrer Blüthe sind weißlich, grau-blau verwaschen, in ihrer Mitte mit gelblicher Linie und blauen Punkten, an ihrer Spitze mit sammtartigen, purpurnen Flecken gezeichnet. Ihre Zellen führen nun an den dunkel purpurnen Stellen einen dunkelvioletten Saft und goldgelbe Körner, an ihren gelblichen Stellen farblosen Saft und zahlreiche goldgelbe Körnchen, während das Grau einem hellen, blauen oder violetten Safte und goldigen Körnern seinen Ursprung verdanket. Die verschiednen Töne der Färbung aber sind Folge verschiedener Mischung goldgelber Körnchen mit farblosem, blauem oder violettem Safte. — Aufgefallen ist vielleicht dem einen oder andern der Leser, daß die Blüthentrauben der Roßkastanie gleichzeitig Blüthen tragen, von denen die einen mit gelben, andere mit orangenen oder leuchtend rothen Flecken geziert sind. Die ersteren sind die jüngsten, in den Zellen der gelben Flecken findet sich farbloser Saft und goldige Körnchen; allmälich färbt sich der Saft in rosige Tinten, orange erscheint nun der Fleck, bis endlich der Saft immer dunkler wird, so daß durch gleichzeitiges Schwinden der gelben Körnchen schließlich dunkelrother Saft es ist, welcher den Flecken ihre Farbe verleiht.

Auch Krystalle enthält gar häufig die Zelle; oft sind es Bündel feinster Nadeln, oft zu mehr oder minder kugeligen Drusen vereinigte, seltner einzelne, größere Krystalle, welche in den Zellen man findet (vergleiche Figur 11, auf Seite 28). Kalkoxalat (oxalsauren Kalk) nennt der Chemiker den Stoff, woraus sie bestehen.

Krystallähnlich organisirt sich mitunter auch das Protoplasma; Krystalloïde heißen solche Gebilde. Aehnlich den Krystallen an Form, dürfen sie nimmer mit ihnen verwechselt werden; denn für jene ist es ein Merkmal, daß stets in gleicher Weise, unter sich gleichbleibenden Winkeln ihre Flächen zu einander sich neigen, diese aber spotten so sehr dieser Regel, daß man unter dem Mikroskope sehen und messen kann, wie ein Zusatz von Wasser eine Aenderung der Winkel oder ein eigenthümliches Zerfallen hervorruft. Eiweißgehalt zeichnet sie aus.

Mannigfach andere Stoffe noch beut uns das vielfach verschiedene Wirken der Zellen: reicht der Arzt dem Kranken fieberlinderndes Chinin, oder fertigt der Wilde furchtbares Pfeilgift, oder dient des Kautschuks dehnbare Masse in mancherlei Form unsern Zwecken, stets sind es hier, wie in unzählig anderen Fällen, die Zellen der Pflanzen, welche der trefflichen Arzneien und furchtbaren Gifte gewaltige Kräfte ebenso schufen, wie auch die zahlreichen Stoffe, welcher unsere Gewerbe nimmermehr entrathen können.

Die Zellgewebe.

„Geringes ist die Wiege des Großen."
Sprichwort.

Wie des Baumeisters kundige Hand Stein zum Steine fügt und so des herrlichen Domes Wunderbau entstehen läßt, also reihet sich Zelle an Zelle, um aller Pflanzen Gestalten zu bilden; denn selten nur sind jene Fälle, in denen der pflanzliche Organismus für seines ganzen Lebens Dauer aus einer einzigen Zelle besteht. Mittel und Wege, die Zellgebäude hervorzurufen, sind aber dadurch gegeben, daß jegliche Zelle, welche menschlicher Beobachtung zugänglich ist, einer anderen Zelle ihren Ursprung verdankt: dies in der Weise, daß Zellen, welche einer gemeinsamen Mutterzelle entstammen, miteinander in mehr oder minder engem Verbande verbleiben, und da solche Schwesterzellen auch sehr oft, ungleichen Entwicklungsgesetzen folgend, verschieden sich gestalten, können Pflanzenkörper entstehen, zusammengesetzt aus fast unzähligen Zellen von mannichfachster Form und Bedeutung.

Verbindungen von Zellen, welche von einem gemeinsamen, oft freilich ungleichartigen Wachsthum beherrscht werden, heißen Gewebe, Zellgewebe. Sie entstehen in weitaus den meisten Fällen durch wiederholte Zweitheilungen, wobei dann die beiden jedesmaligen Tochterzellen an einander geheftet bleiben (Vergleiche die frühere Figur 9). Dadurch, daß nun derartige Theilungen nicht, wie bei jener Alge, allein nach einer, sondern nach allen Richtungen des Raumes stattfinden, ist die Möglichkeit geboten, die größten Zellgewebekörper ins Leben zu rufen (Vergleiche die frühere Figur 11). Die Gestalt der ausgewachsenen Zellen eines Gewebes kann natürlich sehr mannigfach sein; ist sie aber unregelmäßig oder kugelig, dann finden sich zwischen den einzelnen Zellen Hohlräume vor, welche Zwischenzellräume heißen. Diese bilden in ihrer Gesammtheit ein System von Gängen, Kanälen oder Höhlen, auf dessen Zustandekommen außer einer Trennung ursprünglich verbunden gewesener Zellen auch eine Auflösung, ein Zerreißen und nachheriges Vertrocknen wegzuschaffender Zellen von bestimmendem Einflusse gewesen sein kann. Je größer die Ausdehnung der Zwischenzellräume, um so poröser, schwammiger die Natur des Gewebes.

Bei der Entstehung gewisser Algenkörper und bei der Bildung des Sameneiweißes in den Keimen der Blüthenpflanzen kommt es aber vor, daß sich ursprünglich von einander getrennte Zellen nachträglich zu einem Gewebe miteinander verbinden. Ein Beispiel solcher Gewebebildung gewährt uns die nicht allzu seltene Sternfußalge (Vergleiche Fig. 13). Hier tritt behufs der Fortpflanzung die ganze innerste Hautschicht jeder einzelnen

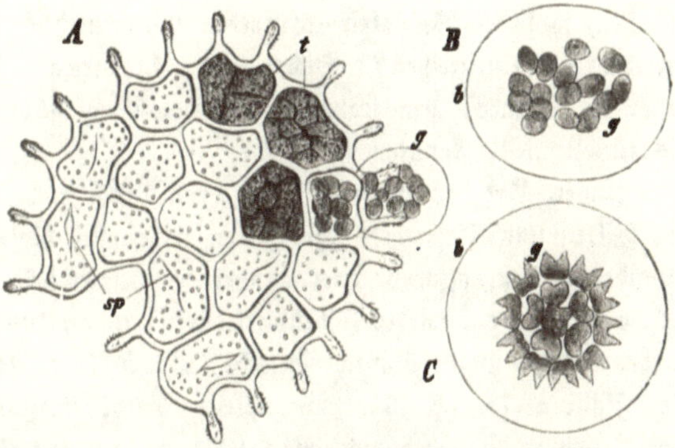

Figur 13.

Podiastrum granulatum (eine Alge), bei 400facher Vergrößerung. A ist eine aus verwachsenen Zellen bestehende Scheibe; bei g tritt die innerste Hautschicht einer Zelle hervor, sie enthält die durch Theilung des grünen Protoplasmas entstandenen Tochterzellen; bei t verschiedene Theilungszustände der Zellen; sp die Spalten in den bereits entleerten Zellhäuten. — B: b die ganze, ausgetretene innerste Hautschicht einer Zelle, stark erweitert; g die von derselben umschlossenen jugendlichen Zellen, welche sich in lebhafter sogenannter wimmelnder Bewegung befinden. — C dieselbe Zellenfamilie vier eine halbe Stunde nach ihrem Austritte aus der Zellfamilie A; 4 Stunden nach Eintritt der Ruhe der kleinen Zellen. Letztere haben sich zu einer Scheibe geordnet, welche bereits anfängt, sich zu einer solchen Zellfamilie umzubilden, wie A ist.

Zelle durch eine Spalte hervor und erweitert sich stark, um den in ihr liegenden Tochterzellen Raum zu schaffen für eine, längere Zeit andauernde, wimmelnde Bewegung. Hört diese auf, dann legen sich die Schwesterzellen in einer Fläche aneinander, verwachsen mit einander und bilden fortwachsend eine neue rosettenförmige Kolonie. Was mag wohl diese anfänglich getrennten, sogar mit einer gewissen Ortsbewegung begabten Organismen veranlassen, ihre Selbständigkeit aufzugeben und einem höheren Ganzen sich einzureihen? Sicher sind, so vereint, sie besser im Stande, den Kampf ums Dasein zu führen, als einzeln sie 's konnten.

Andere Art der Gewebebildung findet sich noch bei den Pilzen und Flechten. Ihre Zellen reihen sich hintereinander zu langen, mehr oder minder verzweigten Fäden, welche oft nur ein wirres Fadenwerk darstellen, oft kunstreichen Verflechtungen ähnliche Gewebe erzeugen (vergleiche die Figuren 7 und 45). Wenngleich hierbei jeglicher Faden eigenen Wachsthumsgesetzen folgt, so gruppirt sich dennoch ihre Gesammtheit fast in der Regel zu charakteristisch gestalteten Körpern, wie dies beispielsweise bei den Champignons, Morcheln und Trüffeln der Fall ist. So soll auch der gesittete Mensch in wohlgeordnetem Staate des eigenen Strebens und Vortheils vergessen, wenn das Wohl des Ganzen es fordert.

Aeußerst verschieden, wie ihre Zellen, sind die Gewebe: saftig und zart jene der Traube, welche köstlichen Wein uns bereitet, trocken und fest die der kernigen Stämme unserer Bäume.

Mannigfache Gewebeformen erbauen das Pflanzenreich, in der Regel auch schon den Körper der einzelnen Pflanze. Die Gewebe scheiden sich aber in drei verschiedene Gewebesysteme: nach außen hin ist die Pflanze durch ein Hautsystem abgeschlossen und ihre innere Masse besteht aus einem Grundgewebesysteme, welches von den fadenartigen Elementen eines Strangsystemes durchzogen wird. Hiervon kann man sich namentlich bei Kräutern leicht überzeugen: Das Hautsystem ist als Rinde oder Schale allbekannt, und das dem weicheren Grundgewebe eingelagerte Strangsystem hat gewiß mancher Leser ungern kennen gelernt, als er freilich nicht mehr ganz junge Gemüse von zähen, holzigen Fäden durchwachsen, verdorben, schier ungenießbar fand. Ein Beispiel wie diese Verhältnisse sich mikroskopisch darstellen können, bietet Figur 14, das Bild eines Querschnittes durch den Stengel des Moosfarn (Selaginella): dunkelgefärbte dickwandige Zellen bilden das Hautgewebe; dieses umschließt das dünnwandige Grundgewebe und, in ihm, drei Gruppen des Strangsystems.

Das Hautsystem soll die Pflanze gegen äußere Fährlichkeiten schützen und wird daher um so ausgebildeter sein, je mehr jene dem Einflusse des Windes und Wetters ausgesetzt ist; es wird also bei oberirdischen Pflanzentheilen vollkommener sein, als bei unterirdischen und bei untergetaucht im Wasser lebenden, und kräftiger entwickelt bei ausdauernden als bei kurzlebigen Gewächsen. Die Nothwendigkeit einer schützenden Haut ergiebt sich schon daraus, daß alle höheren Pflanzen überzogen sind von einer eigenartig gebauten Zellschicht der sogenannten Oberhaut oder Epidermis, und daß bei den niedriger organisirten Pflanzen die äußeren Zellschichten sich wenigstens durch Dicke und Festigkeit, häufig auch durch dunklere Färbung ihrer Zellwände vor den innern Zellmassen auszeichnen.

Die Oberhaut ist immer, selbst wenn sie lockere, von vielen Zwischenzellräumen durchzogene Gewebe um-

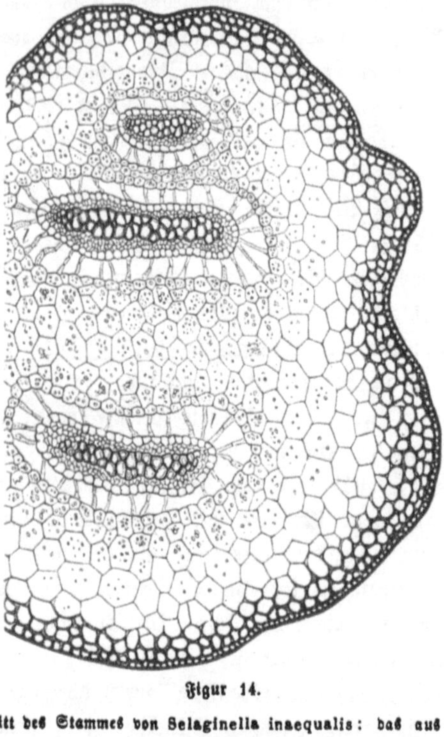

Figur 14.

Querschnitt des Stammes von Selaginella inaequalis: das aus mehreren Zellschichten bestehende Hautgewebe hat dunkelgefärbte dicke Zellwände; das dünnerwandige Grundgewebe umhüllt drei Gruppeu des Strangsystemes: Gefäßbündel, welche durch große Zwischenzellwände (l). von dem Grundgewebe getrennt sind. 800fache Vergrößerung.

kleidet, charakterisirt durch das *enge Aneinanderliegen* ihrer Zellen; nur ihre *Spaltöffnungen* bilden Wege, durch welche ein direkter Austausch äußerer

Gase mit innern stattfinden kann. Zu noch größerem Schutze ist die Außenseite der Oberhautzellen oft sehr stark verdickt, meistens auch theilweise in eigenthümlicher Weise chemisch verändert, in eine Cuticula, wie man sich ausdrückt, umgewandelt (vergleiche die Figur 17 c). Eingebettet in diese Cuticularschichten findet sich nicht selten, vielleicht in der Regel, Wachs vor, welches oberflächlicher Beobachtung entgeht, aber bei genügender Erwärmung in Gestalt kleiner Tröpfchen ausgetrieben wird. Sehr oft ist diese Wachsbildung so stark, daß sich dem bloßen Auge bereits erkennbare Wachsmassen auf der Oberhaut ablagern; sie bilden einen zarten, hingehauchten Duft, wie du ihn auf Pflaumen und rothen Weinbeeren gewiß schon beobachtet haben wirst. Bald besteht diese Wachsdecke aus zusammengehäuften zarten Nadeln und Stäbchen, bald aus kleinen über die Oberfläche ausgestreuten Körnchen, seltner finden sich auch senkrecht auf der Haut stehende, hirtenstabähnliche Gebilde, oder Wachsplättchen vor. Wie aber immer diese Wachsablagerungen gestaltet sein mögen, leicht erkennt man in ihnen und in der Cuticula die Schutzmittel mit welchen die Pflanze sich umgab, um nicht auszutrocknen und vorzeitigem Tode anheimzufallen, wenn stärkerer Sonnenbrand sie trifft und ihre Säfte durch Verdunstung zu entführen strebt.

Schließlich seien als eigenthümliche Bildungen der Oberhaut noch die Haare, Brennhaare, Drüsen und Stacheln erwähnt. Sie sind immer Erzeugnisse der Oberhaut selbst, mögen sie nun einzellig oder mehrzellig sein, mögen sie blos protoplasmatischen Inhalt besitzen oder besondere Säfte enthalten (Vergleiche Figur 15). Ein Beispiel bietet das Brennhaar der Brennessel; auf

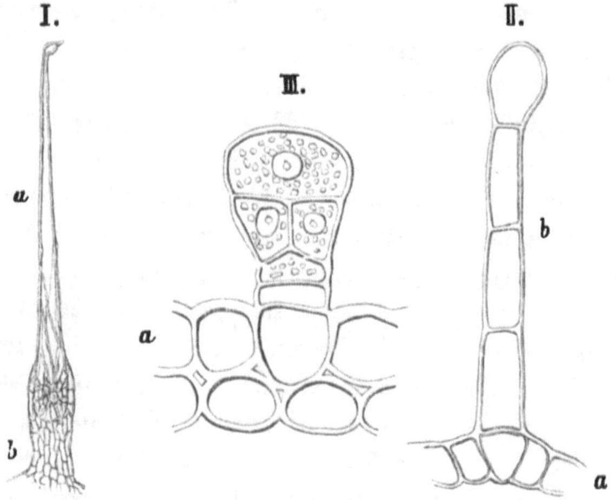

Figur 15.

I Brennhaar der Brennnessel, bei zwanzigfacher Vergrößerung. a das eigentliche, aus einer Zelle bestehende Brennhaar mit seinen Protoplasmaströmchen; b polsterförmige Unterlage für dasselbe. — II b ein aus vier Zellen bestehendes Haar vom Stengel des Wiesenstorchschnabels; a Zellen der Rinde. Einhundertzwanzigfache Vergrößerung. — III Drüsenhaar vom Blattstiele des rothen Bienensauges; a Zellen der Rinde. Vergrößerung einhundertachtzigfach.

polsterartiger Unterlage erhebt sich eine lang gezogene, flaschenförmige Zelle, welche an ihrer Spitze ein aus glasähnlich spröder Masse bestehendes Knöpfchen trägt. Bleibe fern jenem Gebilde, abbrechen möchtest du sonst das Knöpfchen und durch den scharfen Saft jener Zelle, welcher der Wunde entquillt, dich verletzen. Ameisensäure ist jener Saft, gleich jenem, welchen die erboste Ameise über dich gießt und die Biene durch scharfen, röhrenförmigen Stachel dir einimpft. Viel unschuldiger, gar angenehm sind da jene, an ihrem Ende kuglich angeschwollenen Drüsenhaare, welche oft einen klebrigen, wohlriechende oder ätherische Oele aushauchenden Saft enthalten, oder andere einfache Haare, welche vielleicht nur zum Schutze der Pflanze gegen äußere Einflüsse, wie ein Gewand, angebracht sind.

Den eben erwähnten Spaltöffnungen soll noch eine Zeile gewidmet sein. Wenn man die Oberhaut bei nur mäßiger Vergrößerung betrachtet, erkennt man jene schon leicht an ihren eigenthümlichen, halbmondförmigen Schließzellen, Zellen, welche einen freien Eingang bieten in das Labyrinth der inneren Zwischenzellräume. (Vergleiche Figur 16 und 17). Mannigfache Unterschiede in Zahl, Gestalt, Lage und Anordnung der Spaltöffnungen ergeben sich als Resultate der sehr verschiedenen Vorgänge ihrer Bildung, der Gestalt der übrigen Oberhautzellen und der Funktion des Pflanzenorganes, an welchem sie auftreten. Ihre Aufgabe, den inneren Gaswechsel der Pflanze mit der Atmosphäre auszugleichen, erfordert, daß sie am Stengel und namentlich an Laubblättern in größter Menge sich finden, spärlicher an Blumenblättern, nur selten an untergetaucht im Wasser lebenden Pflanzentheilen, gar nicht an Wurzeln. Je größer der Gasaustausch, den sie zu vermitteln haben,

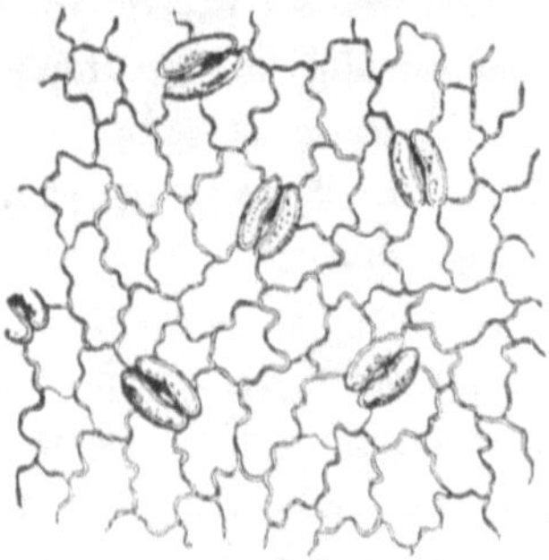

Figur 16.
Oberhaut von dem Blatte der Gartenbalsamine mit Spaltöffnungen, welche von je zwei halbmondförmigen Zellen umgeben sind. Stark vergrößert.

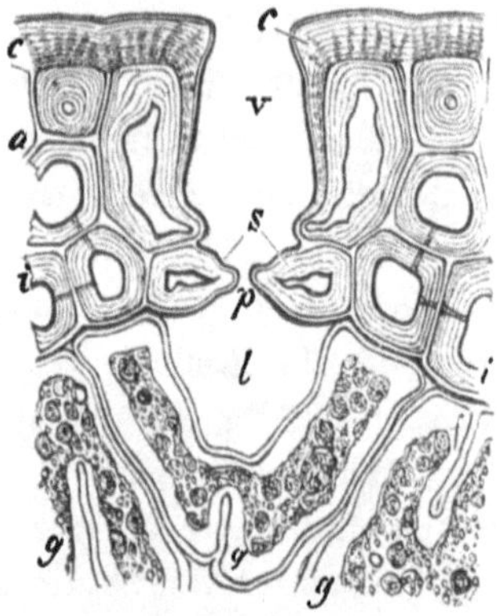

Figur 17.
Querschnitt durch das Blatt der Igelföhre (Pinus Pinaster) bei 800facher Vergrößerung. s Schließzellen der Spaltöffnung; p deren Pore; v Vorhof; l Athemhöhle; c Cuticula der Oberhautzellen; a Mittellamelle; i innere Verdickungsschichten der Zellen unter der Oberhaut; g blattgrünhaltige Zellen des Blattinnern.

um so größer ihre Zahl; in der Regel ist diese aber sehr groß, hat man doch bei manchen Pflanzen 600 bis 700 Spaltöffnungen auf einem Quadratmillimeter gefunden, was einer Zahl von 7 bis 8 Millionen auf dem Raume einer der vorliegenden Druckseiten entsprechen würde. Die Pore der Spaltöffnung führt gewöhnlich in eine mehr oder minder große Luftlücke, die Athemhöhle, vor ihr befindet sich häufig noch ein Vorhof; in diesem Falle liegt die Oeffnung hinabgedrückt in der Oberhaut; fehlt dagegen der Vorhof, dann ist sie in gleicher Höhe, mitunter auch wohl über den übrigen Zellen der Oberhaut angebracht.

Nur bei verhältnißmäßig jungen und kurzlebigen Pflanzentheilen darf man eine unversehrte Oberhaut suchen, bei andern ereignet sich's in der Regel, daß die Oberhaut dem innern Wachsthume der Pflanze nicht folgen kann, so daß sie zerreißen muß. Doch nicht schutzlos bleibt die Wunde, ja es bildete sich schon vorher ein eigenes Vernarbungsgewebe von Kork, dazu bestimmt, die Wunde abzuschließen von den Fährlichkeiten, welche die Atmosphäre ihr bringen könnte. Ein dünnwandiges, elastisches, eng aneinander geschlossenes Gewebe ist dies, ausgerüstet mit für Feuchtigkeit und Luft schwer zu durchdringenden Wänden. Charakteristisch für die einzelnen Pflanzen sind die verschiedenen Bildungen des Korkgewebes, des Lederkorkes, der Korkwarzen und der Borke. Ersterer, der gewöhnliche Kork, zeigt oft tiefe Längsrisse, wie beim Ahorn, oft auch blättert er ab, weil Schichten mit dickeren und dünneren Zellwänden

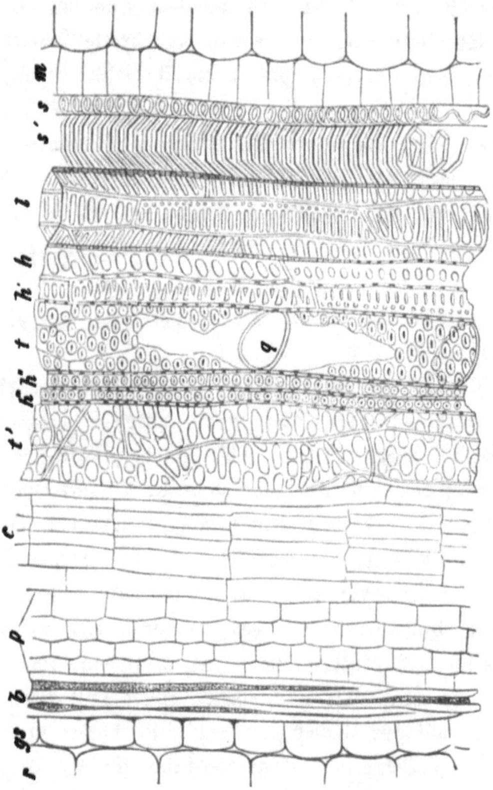

Figur 18.

(Beschreibung siehe nächste Seite.)

miteinander abwechseln, so bei Birke und Kirschbaum. Die Korkwarzen, welche vor der Lederkorkbildung an jungen Zweigen, bei Buche und Holunder auftreten, führen uns hinüber zur Borke. Bei ihr treten tief im Innern der Pflanzenrinde Korkmassen auf, welche die äußeren Rindentheile von den ernährenden inneren Saftströmen abschließen und so deren Absterben, Austrocknen und schließliches Abfallen bewirken, wie dies von Platane und Weinstock bekannt ist.

Wenden wir uns jetzt zu den strangartigen Gewebemassen, welche den Körper der höheren Pflanzen durchziehen, zu den Gefäßbündeln oder Fibrovasalsträngen. Fertig ausgebildete Gefäßbündel lassen meist zwei charakteristische Gruppen von Geweben erkennen, einen Holztheil und einen Basttheil. (Vergleiche Figur 18). An der Zusammensetzung des Holztheiles

---

Beschreibung von Figur 18.

Längsschnitt durch das Gefäßbündel des Wunderbaumes (Ricinus communis); stark vergrößert. r Zellen des Rindenparenchyms, gs Gefäßbündelscheide; m Parenchymzellen des Markes. — b Bastzellen. — p Parenchymzellen, welche dem nach der Rinde zu gelegenen Theile des Gefäßbündels angehören (Phloëm-parenchym). — c Cambium. — Der Zellenzug zwischen p und c bildet sich später zu einer Siebröhre aus. In dem nach Innen zu gelegenen Theile des Gefäßbündels (in dem Xylemtheile) bilden sich die Elemente von s anfangend nach und nach bis t' aus: s erstes, sehr langes, enges Schraubengefäß; s' weiteres Schraubengefäß; beide mit abrollbarem Spiralband; l leiterförmig, zum Theil netzartig verdicktes Gefäß; h und h' Holzzellen; t getüpfeltes Gefäß, welches in der Mitte angeschnitten ist, so daß der Rest der fast ganz aufgelösten oder resorbirten Querwand q der ursprünglichen Zellen sichtbar ist. h'' und h''' Holzzellen; t' noch junges getüpfeltes Gefäß. An den Wänden der Gefäße l, t, t' bemerkt man die Grenzlinien der benachbarten, weggenommenen Zellen.

bethätigen sich Parenchymzellen, Holzfasern, Gefäßzellen und echte Gefäße. Die ersteren sind dünnwandig, oft reihenweise angeordnet und grenzen mit breiten Flächen aneinander. Die Holzfasern sind dagegen spindel- bis faserförmig, verhältnißmäßig dickwandig und mit ihren zugespitzten Enden so zwischen einander geschoben, daß keine Zwischenzellräume zwischen ihnen gefunden werden. Die Gefäßzellen sind dadurch charakterisirt, daß sie an denjenigen Stellen, wo sie ihres gleichen berühren, durch weite offene Löcher mit einander in Verbindung stehen; vereinigen sie sich zu langen, luftführenden Röhren, so entstehen dadurch die in der Regel durch ihre Weite ausgezeichneten, echten Gefäße. In ähnlicher Weise wie der Holztheil der Gefäßbündel setzt sich ihr Basttheil zusammen; dem Holzparenchyme entsprechen die Bastparenchymzellen, den Holzfasern die Bastfasern, den echten Gefäßen sogenannte Siebröhren, das heißt Gefäße mit siebartig durchlöcherten oder mit gitterartig verdickten Zwischenwänden. Zu diesen Elementen gesellt sich bei jungen Gefäßbündeln immer noch Kambium, ein aus dünnwandigen Zellen bestehendes Gewebe, dazu bestimmt durch die in ihm vorgehenden Zellbildungen das Gefäßbündel auszubauen. Aeltere Gefäßbündel sind dagegen bald kambiumhaltig bald kambiumlos, jenes, wenn das Kambium sich selbst fortpflanzte, dieses, wenn alle seine Zellen sich in andere umgewandelt haben. Bündel der letzteren Art werden natürlich nicht mehr dicker werden, wie dies bei denen der ersteren noch immer stattfindet. Es kann nicht unsere Absicht sein, näher auf die Entstehung und die jedesmalige Zusammensetzung der Gefäßbündel einzugehen; genug, daß jedes einzelne der genannten Elemente fehlen kann, und daß die vorhandenen stets in so charakteristischer Weise gestaltet und angeordnet sind, daß der Kenner an einem winzigen Stückchen sehr oft erkennen kann, von welcher Pflanze es stammt.

Das Grundgewebe endlich füllt den Raum zwischen Hautgewebe und Gefäßbündeln; oft ist es in vorwiegender Weise entwickelt wie in den Blättern, deren Gefäßbündel nur in den Adern verlaufen; oft ist es aber auch durch die Gefäßbündel so zurückgedrängt, daß man es kaum zwischen jenen erkennen kann. Dies ist zum Beispiel in den Holzstämmen der Bäume der Fall, in denen es ein centrales Mark bildet, welches durch mehr oder minder entwickelte Zellstränge, Markrindenstrahlen, mit der Rinde verbunden ist. (Vergleiche Figur 19, so wie die frühere Figur 14.) Meist besteht es aus dünnwandigen, stärkeführenden, saftigen Parenchymzellen, doch können sich auch andere Zellformen an seiner Zusammensetzung betheiligen. Oft fehlt das Grundgewebe beinahe vollständig, so in den meisten Wurzeln, welche marklos sind, und wo es also nur als Rinde entwickelt ist.

Ohne uns in Details verlieren zu wollen, müssen wir hier noch der Milchsaftgefäße, Schlauchgefäße, saftführenden Zwischenzellräume und der Drüsen gedenken, alles Gewebeformen, welche zwar auf das verschiedenartigste gestaltet sind und in den verschiedensten

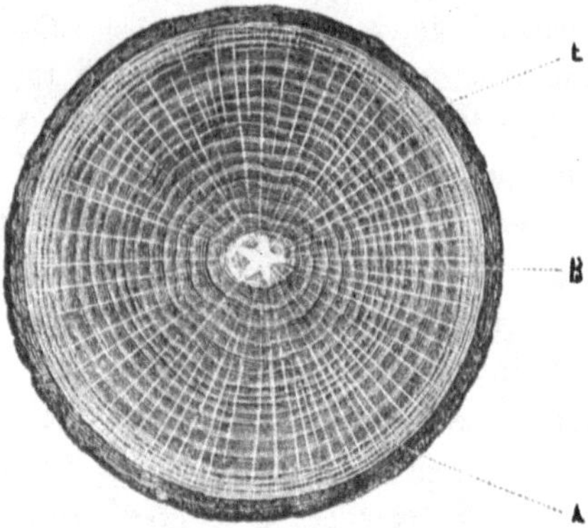

Figur 19.

Querschnitt durch einen 18 Jahre alten Eichenstamm: A Cambiumring; B Holz; E Rinde. Mark und Markrindenstrahlen sind hell gelassen; die Jahresringe, d. h. die jedes Jahr hinzugewachsenen Holzringe sind erkennbar.

Theilen der Pflanzen gefunden werden, welche aber das Gemeinschaftliche besitzen, daß sie zur Bildung, Aufbewahrung oder Absonderung besonderer Stoffe dienen.

Die Milchsaftgefäße sind einfache oder verzweigte, häufig zu einem mehr oder minder dichten Netze verbundene Röhren. Sie enthalten stets einen der Pflanze eigenthümlichen Saft, welcher eben wegen seines häufig milchigen Aussehens den Namen Milchsaft erhielt. (Vergleiche Figur 20). Allgemein bekannt ist ihr Vorkommen bei dem Lattichsalat und den Endivien, so wie bei den Wolfsmilchgewächsen und den Papavern. Ihr Saft führt die mannigfachsten Stoffe und ist daher auch für

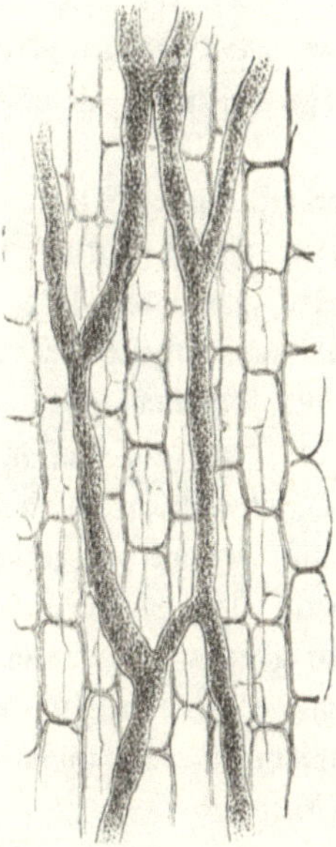

Figur 20.

Verzweigtes Milchsaftgefäß aus dem Blatte des Schellkrautes (Chelidonium nebst kleineren Zellen des Blattparenchyms.

uns von der allergrößten Bedeutung. So ist das Opium der eingetrocknete Milchsaft des schlafbringenden Mohns (Papavor somniferum), und die Milchsäfte mancher Feigenarten und gewisser Wolfsmilchgewächse liefern den so unentbehrlichen Kautschuk.

Verwandt mit den Milchsaftgefäßen, aber ausgezeichnet durch ihren Bau, den Ort ihres Vorkommens und ihren Gehalt an nadelförmigen Krystallen sind die, namentlich den Lauchgewächsen eigenthümlichen Schlauchgefäße.

Viel weiter verbreitet als die letztern sind die saftführenden Zwischenzellräume; Säfte der verschiedensten Art treten aus ihren Bildungszellen heraus in bestimmt gestaltete Zwischenzellräume, in denen sie wie in den Milchsaft- und Schlauchgefäßen ein Kanalsystem finden, das ihnen bald nur als Aufbewahrungsbehälter dient, oft aber auch freie Bahn zu rascherer Bewegung gewährt. Die Natur der hierher gehörenden Säfte ist recht verschieden; bald sind es harzliefernde, ätherische Oele, so in den Harzgängen der Nadelhölzer, bald Gemenge von Gummischleim mit öligen und harzigen Stoffen, wie bei den Doldenpflanzen, oder Gummigänge, wie bei den Araliengewächsen.

Diesen Kanalsystemen gegenüber sind die Drüsen mehr örtlicher Natur, entweder einzellige oder doch nur durch Verschmelzung weniger Zellen entstandene kleinere Behälter für meist stark riechende, gefärbte und ölige Stoffe, welche in den Ernährungsprozessen und in dem damit verbundenen Stoffwechsel der Pflanzen keine weitere Verwendung finden sollen. Als Beispiele mögen erwähnt sein die Oeldrüsen in den Fruchtschalen der Citronen, die Kampferdrüsen, so wie endlich die Gummizellen der Kaktuspflanzen und der unter dem Namen Salep in den Handel kommenden Orchisknollen.

Alle diese Gewebeformen und Gewebesysteme finden sich indessen nur in älteren Pflanzentheilen vor, während sie an deren jungen, fortwachsenden Enden fehlen. Hier tritt ein eigenthümliches Gewebe auf, welchem der Name Urmeristem zu Theil wurde. Meristem heißt Theilungsgewebe, Gewebe, welches durch Theilung seiner Zellen Veranlassung zu regem Wachsthume giebt, und Urtheilungsgewebe wird dieses Gewebe genannt, weil aus ihm sich alle Gewebearten der Pflanze, sei es direkt, sei es indirekt entwickeln. So stempelt denn die Anwesenheit von Urmeristem gewisse Körpertheile, namentlich die Spitzen von Stengeln, Wurzeln und Knospen, zu Vegetationspunkten, zu Stellen an welchen ein besonders intensives Wachsthum sich zeigt. Ein zweifaches kann hier zur Erscheinung gelangen: der Vegetationspunkt kann eine Scheitelzelle besitzen, oder einer solchen ermangeln. Im ersteren Falle steht eine einzige Zelle, eine Scheitelzelle, an der Spitze des Vegetationspunktes; sie ist die Mutterzelle des ganzen Organes, indem sie sich in mehrere Zellen theilt von denen eine an der Spitze verbleibt und so zu sagen Majoratserbin ist, welche alle Eigenthümlichkeiten ihrer Mutterzelle überkommt, während die übrigen Tochterzellen dann ihrerseits durch Theilung nach allen Richtungen hin den Pflanzenkörper aufzubauen haben. So ist es bei den höheren blüthenlosen Pflanzen der Fall (vergleiche Figur 21). Anders dagegen bei den Blüthenpflanzen, deren Vegetationspunkt keine Scheitelzelle besitzt. Während bei den blüthenlosen Pflanzen mit Scheitelzelle sich an solchen Orten, wo ein neues Organ gebildet werden soll, zuerst eine Scheitelzelle zeigt, welche als Urzelle des ganzen heranwachsenden Gebildes betrachtet werden kann, tritt hier, bei den Blüthenpflanzen,

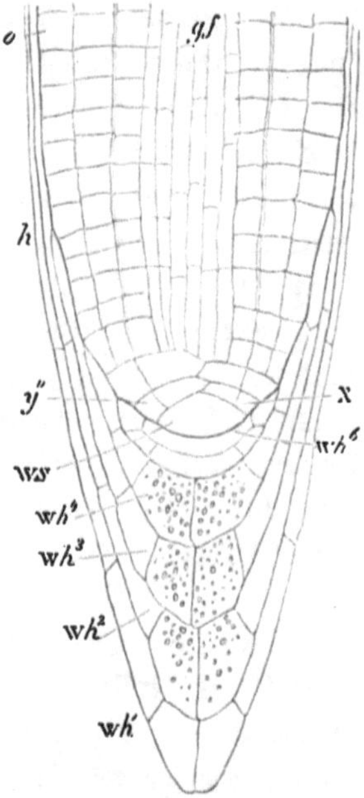

Figur 21.

Längsschnitt durch eine etwas ältere Hauptwurzel von Marsilia salvatrix. ws Scheitelzelle. wh1 + wh2 die beiden Zelllagen der ersten Wurzelkappe; wh3 + wh4 die der zweiten; wh6 die dritte Wurzelkappe. Alle Wurzelkappen in ihrer Gesammtheit bilden die Wurzelhaube. — xy die jüngsten Zellen des Wurzelkörpers. o Oberhaut. — gf Gefäßbündel. — h die am weitesten zurückreichenden Theile der Wurzelhaube.

eine größere Menge von Urmeristemzellen gemeinsam auf, um die Formbildung zu übernehmen. Aeußere und innere Zellpartieen betheiligen sich daran, und nicht findet sich eine dominirende Einzelzelle. Selbst die Bildung des Keimes, des geringen Anfanges neuer Pflanzen unterliegt diesen Gesetzen. (Vergleiche Figur 22). In wenige,

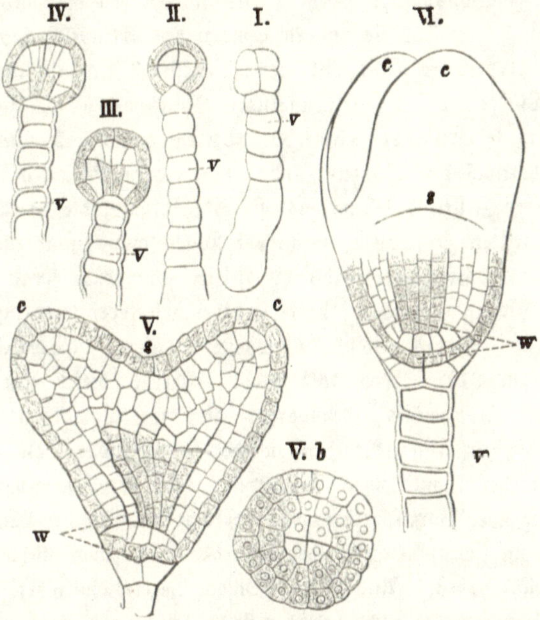

Figur 22.

Keimbildung beim Hirtentäschel (Capsella bursa pastoris). Entwickelungsfolge von I bis VI. Vb Wurzelende von unten gesehen. v Vorkeim, s Scheitel der Axe, c die Keimblätter, w Wurzel. Hautgewebe und Füllgewebe sind dunkel gehalten. Stark vergrößert.

gleiche Zellen zerfällt die Urmutterzelle der werdenden Pflanze; bald aber trennen sich jene; eigenartig gestaltet sich das Hautgewebe um den füllenden Kern, bis nach kurzer Zeit auch dieses Füllgewebe in Grundgewebe und Strangsysteme sich scheidet.

Aber noch andere wesentliche Unterschiede können die Vegetationspunkte besitzen, sie können frei oder bedeckt sein. Frei sind sie an den Spitzen des Stengels, bedeckt an denen der Wurzeln, denn hier findet sich als locale Wucherung des ursprünglichen Hautgewebes die sogenannte Wurzelhaube vor. Diese ist das charakteristische Merkmal der Wurzeln, und, aus trocknen Schichten derberer Zellen bestehend, hat sie die Aufgabe, die zarteren Partieen zu schützen, wenn des Wachsthums zwar langsame, aber unwiderstehliche, Felsen sprengende Kraft sie einzwängt zwischen harte Erdtheilchen oder eindringen läßt in des Menschen festeste Bauten. (Vergleiche Figur 21). Und nothwendig erscheint dieser Schutz, denn die weichen, dehnbaren, noch im Wachsthum begriffenen Wurzeltheilchen werden unmittelbar von ihm überdeckt: nur wenig Millimeter über der Wurzelhaube liegende Wurzelpartien wachsen nicht mehr in die Länge, wenn sie auch meist ihre bleibende Dicke noch nicht erreicht haben. Anders dagegen die Vegetationsspitzen der Stengeltheile; nicht bedürfen sie der schützenden, dauernden Hüllen; denn seitlich entsprießen ihnen der Blätter freundliche Flächen, suchend die Luft und das Licht.

Die äußere Gestaltung der Pflanzen.

„Werdend betrachte sie nun, wie nach und nach sich die Pflanze
Stufenweis geführt bildet zu Blüthen und Frucht.
Aus dem Samen entwickelt sie sich, sobald ihn der Erde
Stille befruchtender Schoß hold in das Leben entläßt,
Und dem Reize des Lichts, des heiligen, ewig bewegten,
Gleich den zärtesten Bau keimender Blätter empfiehlt.
Einfach schlief in dem Samen die Kraft, ein beginnendes Vorbild
Lag, verschlossen in sich, unter die Hülle gebeugt,
Blatt und Wurzel und Keim, nur halb geformt und farblos;
Trocken erhält so der Kern ruhiges Leben bewahrt,
Quillet strebend empor, sich milder Feuchte vertrauend,
Und erhebt sich sogleich aus der umgebenden Nacht.
Aber einfach bleibt die Gestalt der ersten Erscheinung;
Und so bezeichnet sich auch unter den Pflanzen das Kind.
Gleich darauf ein folgender Trieb, sich erhebend, erneuet,
Knoten auf Knoten gethürmt, immer das erste Gebild.
Zwar nicht immer das gleiche; denn mannigfaltig erzeugt sich,
Ausgebildet, du siehst's, immer das folgende Blatt,
Ausgedehnter, gekerbter, getrennter in Spitzen und Theile,
Die verwachsen vorher ruhten im untern Organ.
Und so erreicht es zuerst die höchst bestimmte Vollendung,
Die bei manchem Geschlecht dich zum Staunen bewegt.
Viel gerippt und gezackt, auf mastig strotzender Fläche,
Scheint die Fülle des Triebs frei und unendlich zu sein.

Goethe.

Einfach, sehr einfach sind die vorhin gezeichneten Elemente aus denen die Pflanzen sich aufbauen; unendlich mannigfaltig aber ist die Pflanzenwelt selbst. Die Formen und Gestalten, welche sie uns bietet, seien jetzt Gegenstand unserer Betrachtung.

Wer hat nicht schon vom blutenden Brode gehört und von den Schauermären, welche an die üble Vorbedeutung seiner Erscheinung sich knüpfen? Was aber ist jenes Blut? Ein unschuldiges, aus nur einer einzigen Zelle bestehendes Pflänzchen, Palmella prodigiosa, ein unendlich kleines Kügelchen, ein Organismus, der an Kleinheit seines Gleichen sucht, von dem Tausende gleichzeitig durch das feinste Nadelöhr gehen, da sein Durchmesser nur ein zehntausendstel Millimeter beträgt. Zu Milliarden zusammengehäuft bildet er blutrothe, fast tropfende Flecken auf Brod, Reis, gekochten Kartoffeln, kurz auf stärkemehlhaltigen Substanzen. Periodisch erscheint diese Alge, plötzlich, wie sie gekommen, verschwindet sie, und Niemand weiß, woher sie stammte und wohin ihre Fortpflanzungszellen — als welche der ganze Organismus fungirt — gerathen sind. Kann man es da dem Unwissenden verargen, wenn er mit abergläubischer Furcht ihr Erscheinen betrachtet? Solch einzelliger Pflanzen gibt es noch manche, aber bereits bei ihnen zeigt sich der Gestaltungstrieb der Natur äußerst hoch entwickelt; scheibenförmig, einem Goldstücke vergleichbar ist Coscinodiscus, sternförmig Quastrum, zur bewurzelten Kugel gestaltet sich Botrydium, und die bis zwei drittel Meter langen Caulerpa-Arten der tropischen Meere gleichen mit Blättern und Wurzeln versehenen Stämmen. Ja Udotea cyathiformis besitzt dadurch scheinbar eine gewebeartige Struktur, daß ein und dieselbe Zelle sich vielfach verzweigt und ihre Zweige innigst und in besonderer Weise aneinanderlegt, so daß ein Durchschnitt des Ganzen dort die zahlreichen Zellen einer Mark- und zweier Rindenschichten vermuthen läßt, wo nur Ausbuchtungen einer einzigen Zelle vorhanden sind.

Vielzellige Pflanzen treten in ihrer einfachsten Gestalt als einfache Fäden hintereinander gereihter Zellen auf, wie dies bei der Spirogyra (vergleiche die frühere Figur 6) der Fall ist; höher organisirt sind bereits die verzweigten Zellfäden. So stellt der auf Speiseresten so häufig erscheinende grüne Pinselschimmel sich unter dem Mikroskope als ein kleines Bäumchen dar, dessen Wurzel und Stämmchen mit ihren Aestchen nur Zellfäden sind. Andere Pflanzen erscheinen als Zellflächen, als hautartige Gebilde, deren Zellen in einer Ebene neben einander liegen, wie bei dem in Figur 13 abgebildeten Pediastrum. Alle diese Bildungen in denen der Gestaltungstrieb der Natur sich ergeht, verschwinden indessen fast ganz gegen diejenigen Pflanzen in welchen die gewöhnliche Art der Gewebebildung auftritt; die Gliederung solch höherer Pflanzen wollen wir an einer jugendlichen, keimenden Pflanze verfolgen.

Nimm des Wunderbaumes reifen Samen und löse von ihm die derbe, glänzende Schale, so erblickst du zwei fleischige Massen, von zierlichen Nerven durchzogen, die Keimblätter, Samenlappen oder Kotyledonen, der jugendlichen, im Samen ruhenden Keimpflanze; vereint werden beide durch eine kleine Achse, die Keimachse. (Vergleiche Figur 23). Sprossender Erde vertraue den Samen. Mächtig regen sich bald innere Kräfte. Vorbei ist die Zeit der Ruhe, lange genug schlief der Zellen bil-

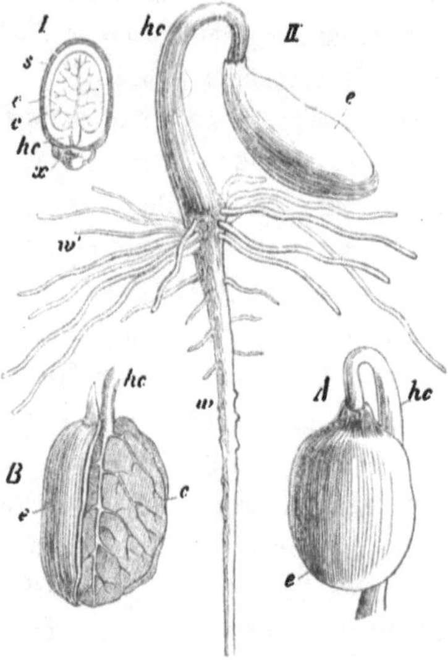

Figur 23.

Wunderbaum (Ricinus communis). I der reife Same der Länge nach durchgeschnitten. II die Keimpflanze, deren Samenlappen noch im Sameneiweiße stecken, was aus A und B noch näher ersichtlich ist. — s Samenschale, e Sameneiweiß, c Keimblätter, hc Stengelglied unterhalb der Keimblätter (Samenlappen), w Hauptwurzel, w' Nebenwurzeln derselben, x ein den Wolfsmilchpflanzen (wozu auch der Wunderbaum gehört) eigenthümliches Anhängsel des Samens.

dende Kraft im Schreine der Schale; bald wird diese gesprengt; hervor tritt die Keimachse; Nahrung suchende Wurzeln senkt sie tief in den mütterlichen Boden; jetzt erheben sich auch die Blätter empor zu dem Lichte des

Tages; fertig stehet es da, ein jugendliches Pflänzchen. Was nach oben hin die Keimachse entsendet, das ist der Stengel, nach unten aber streckt sich die Wurzel. Bedeckt von zierlicher Wurzelhaube sind die Enden der letzteren, frei strebt ersterer zur Höhe empor, Blätter entwickeln sich hier und Blüthen und Früchte.

Doch mannigfaltiges zeigen verschiedene Pflanzen, und leicht könnte man irren, wollte man alles was in der Erde sich birgt zur Wurzel stets rechnen. Ein Beispiel soll's lehren; es sei der Kartoffel Nahrung spendende Knolle. (Vergleiche Figur 24). Erzieht man jene Pflanze aus Samen, dann ist's wie vorhin, doch niemals findet man an der Wurzel die Knolle; aber saftige, zarte Aeste entstehen in den Winkeln der Samenlappen und untersten Blätter, die wohl ein gar geheimer Zug zur Erde niederführen muß; denn abwärts wenden sie sich, um einzudringen in den Boden und dort, bald an ihren Spitzchen, bald seitwärts in den Winkeln winziger Blättchen willkommene Früchte und doch nicht Früchte, die Knollen, zu bilden. Wehe dem Zweiglein, welches vergebens die Erde erstrebet, vergebenes Dasein wird es führen, keine Knolle kann es erzeugen und bald wird es vertrocknen. Stengelgebilde sind also die Knollen und leicht als solche an ihren Blättchen zu erkennen. Diese sitzen in jenen seichten Vertiefungen, den sogenannten Augen, aus welchen neue Pflanzen hervorsprießen, wenn Knollen zur Saat man im Boden versenkte; gar klein sind diese Blättchen und nur an jugendlichen Knöllchen zu sehen. — Aehnlich wie mit den Knollen geht es den

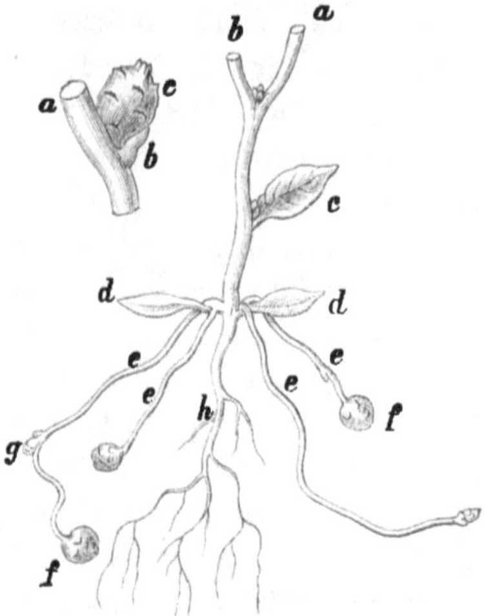

Figur 24.

I. Sechs Wochen alter Sämmling der Kartoffel. a, b abgeschnittene Aeste c Blatt; d Samenlappen; e Zweige, welche in den Blattwinkeln der Samenlappen (selten auch in denen der untersten Laubblätter) entspringen; an ihrer Spitze (f) oder in Blattwinkeln (g) entwickeln sie die Kartoffelknollen; h die Wurzel, welche niemals Knollen trägt. — II Knolle c, in der Achsel des Blättchens b, an dem Stengel a.

Zwiebeln und Wurzelstöcken; auch sie sind unterirdische Stengeltheile, bald von Blättern umkleidet, bald nur mit spärlichen, Blätter darstellenden Schuppen besetzt. Freilich nicht grün sind diese Blätter; aber anders spricht hier das Volk, anders der pflanzenzergliedernde Forscher; letzterer unterscheidet als Glieder der Pflanzen nur

Stamm (oder Stengel), Blatt, Wurzel und Haargebilde. Aus diesen wenigen Grundformen baut sich der Pflanzenkörper auf, wenn man die Entwicklung, gegenseitige Stellung, relative Zeit der Entstehung und die jüngsten Zustände der Glieder allein in Betracht zieht und absieht von der unendlichen Mannigfaltigkeit der Form und von den Aufgaben, welche den fertigen Pflanzentheilen zufallen. Da zeigt sich's, daß die häutigen Anhängsel vieler Knollen, die bald häutigen, bald fleischigen Schalen der Zwiebeln, manche Ranken und Stacheln, die Deckschuppen der Knospen, die Theile der Kelche und Blumenkronen, die Staubblätter und Fruchtblätter sich in den genannten Beziehungen sehr ähnlich verhalten jenen grünen Laubblättern, welche man gewöhnlich schlechtweg als Blätter bezeichnet. Daher nennt man denn auch all diese Gebilde Blätter, und kann sie, wenn man besondere Bezeichnung wünscht, metamorphosirte Blätter nennen. Goethe war es, welcher zuerst die Metamorphose der Blätter erkannte, weil er, aufmerksamen Auges, direkten Uebergang der genannten Blattformen ineinander gar oft erblickte. Aehnlich verhält sichs mit allen Gebilden, aus welchen Blätter als seitliche Anhängsel hervorwachsen; sie alle nennet man Stammgebilde oder Achsen, mag es nun der hochaufstrebende Holzstamm der Eiche, der windende Stengel der Winde, der Krautstengel eines Gemüses, der Halm der Gräser, der anschmiegende Stengel des Epheu, der fluthende des Seegrases, die fleischige Knolle der Kartoffel sein, oder seien es auch nur spitzige Dornen wie bei den

Schlehen oder die zierliche Ranke der Rebe. Metamorphosirte Stämme oder Stengel sind die letzteren Gebilde immerhin, aber es sind Stammgebilde, wenn man ihre Uebereinstimmung als Träger von Blättern bezeichnen will. So bezeichnen Stamm und Blatt korrelative Begriffe; der eine ist ohne den andern unmöglich, er existirt nur als Gegensatz des andern; daher ist es gar oft Sache der Uebereinkunft, oder des Taktes wie manche lieber sagen wollen, wo die Grenze zu suchen ist. — Viel weniger metamorphosirt als Stamm und Blätter erscheinen die Wurzeln, obgleich auch sie in ihrer äußern Erscheinung mancherlei Unterschiede erkennen lassen. — Endlich ist der Haargebilde zu gedenken, welche sich alle dadurch als zusammengehörig charakterisiren, daß sie Auswüchse, Anhängsel und Bildungen der Oberhaut darstellen; auch ihre Formen und Aufgaben sind sehr verschieden, genügen mag hier die Erwähnung der wolligen Behaarung mancher Blätter, der Brennhaare der Brennnesseln, der Stacheln der Rosen und der Früchte (Sporenbehälter) der Farnkräuter.

Genauere Untersuchung hat nun gelehrt, daß bei den niedersten Pflanzen, den Algen, Pilzen und Flechten ein Gegensatz von Stamm und Blatt nicht vorhanden ist; auch fehlen allen diesen Pflanzen echte Wurzeln. Man nennt nun alle Pflanzentheile, welche man mit Sicherheit weder zu den Stamm- noch zu den Blattgebilden rechnen kann, Thallus oder Lager und bezeichnet die dahin gehörenden Pflanzen als Lagerpflanzen oder Thallophyten im Gegensatze zu den Stammpflanzen oder Kormophyten. Die niederste Stufe unter diesen letzteren nehmen die Armleuchtergewächse und die Moose ein, doch besitzen sie noch keine echten Wurzeln, obgleich ihnen Organe nicht fehlen, welche deren Aufgabe übernehmen. Hieraus erhellt schon, daß eine Grenze zwischen Stamm- und Lagerpflanzen nicht existirt, und kann es daher nicht wundern, daß sich unter den Moosen echte Lagerpflanzen befinden, während bereits gar manche Algen an beblätterte Stengel erinnern, und das nicht nur unter den schon ziemlich hoch organisirten Tangen, sondern auch schon unter den nur aus einer einzigen Zelle bestehenden, wie zum Beispiel die Caulerpa-Arten.

Nur vier Arten von Gliedern betheiligen sich demnach am Aufbaue der Pflanzen und dennoch ist deren äußere Gestaltung, Tracht oder Habitus so unendlich mannigfach. In den mannigfaltigsten Ursachen ist dies begründet. Schon der Ursprung gleichwerthiger Glieder ist ein verschiedener. Sehen wir ab von der Verzweigung, durch welche eine Wurzel der Wurzel, Stamm dem Stamme, auch Blattgebilde und Haare ihres Gleichen den Ursprung verdanken, und wenden uns vielmehr zu den Neubildungen. Da entspringen blattbildende Achsen bald einem unentwickelten Thallus wie bei den Moosen, bald auch aus Blättern wie bei manchen Farnkräutern; Knospen entstehen mitunter an älteren Blättern, Stamm- und Wurzelstöcken, zumal wenn diese in dunkelfeuchtem Raume bewahrt werden. Von größerer Bedeutung für die äußere Formbildung der Pflanzen sind aber die verschiedene Entwicklungsfähigkeit der Glieder eines Verzweigungssystems, die Stellungsverhältnisse seitlicher Glieder an gemeinsamer Achse, die Wachsthumsrichtungen, so wie endlich die jedesmaligen Gestalten der Blätter und Achsen. Einiges zur Erläuterung.

Bei dem Gartenvergißmeinnicht endigt zwar jeder Sproß des Blüthenstandes mit einer Blüthe, aber von den zwei Aestchen, welche je einer Verzweigungsstelle entspringen, entsendet nur einer und zwar der seitliche einen neuen Zweig; Folge dieses sich stets und einseitig wiederholenden Entwicklungsvorganges ist dann endlich die schraubenförmige Aufrollung des ganzen, die Blüthen tragenden Stengeltheiles. —

Die Betrachtung der Stellungsverhältnisse seitlicher Glieder an gemeinsamer Achse kann, bei den höheren Pflanzen wenigstens, fast ausschließlich auf die der Blätter zum Stengel beschränkt werden, — dies aus dem Grunde, weil neue Aeste und Zweige fast nur in den Blattachseln, das heißt in den Winkeln entstehen, welche die Blätter mit dem Stengel bilden, und demnach die Blattstellung die Art der Verzweigung regelt und umgekehrt. In vielen Fällen stehen die Blätter nun quirlförmig, das heißt in gleicher Stengelhöhe im Kreise geordnet, in anderen entgegengesetzt, oft kreuzständig, endlich zerstreut. Doch nicht regellos finden im letzten Falle sie sich angeheftet; die Betrachtung des Erlenzweiges mag dies lehren (vergleiche Figur 25). Verbindet man auf dem Stengel die Ansatzstellen der Blätter auf dem kürzesten Wege durch eine den Stengel umkreisende Schraubenlinie, so zeigen sich an dieser sogenannten genetischen Spirallinie die eigenthümlichsten Verhältnisse; da stehen das erste und vierte, das zweite und fünfte, dritte und

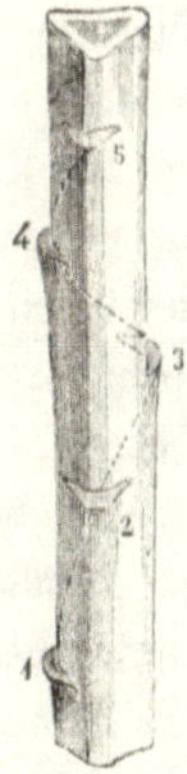

Figur 25.

Theil eines Zweiges der Erle mit der durch die Ansatzstellen der Blätter gehenden Spirale.

sechste Blatt genau senkrecht übereinander, und immer wird die Spirale einmal den Stengel umkreisen, bevor man ein Blatt findet dessen Ansatzstelle in derselben Lothlinie liegt mit dem am Ausgangspunkte befindlichen

Blatte; zählt man aber die auf solchem Stengelstücke angehefteten Blätter, dann ist ihre Zahl stets 3. Derartige Blattstellung bezeichnet man als $^1/_3$-Stellung, indem man die Zahl der Umläufe, welche die Spirale von einem Blatte bis zu dem senkrecht darüber stehenden macht, als Zähler und die Zahl der darauf fallenden Blätter als Nenner setzt. Aehnlich verhält sichs mit der $^3/_8$-Stellung des Wegerichs und den Spiralen zahlloser anderer Pflanzen. Nicht selten wird aber die ursprüngliche Gesetzmäßigkeit in der Stellung der Blätter zwar nicht aufgehoben, aber doch dadurch verdeckt, daß die Achsengebilde auf der einen Seite stärker in die Dicke wachsen als auf der andern, sich somit selbst derartig drehen, daß anfänglich übereinander stehende Blätter jetzt in spiraliger Anordnung sich finden; auch kann durch Fehlschlagen einiger oder vieler Blätter die als Gesetz bestehende erste Anordnung zur Unkenntlichkeit verstaltet werden.

Die ferneren, die Gesammtform der Pflanzen bedingenden Momente, die Wachsthumsrichtungen und verschiedenen Gestalten ihrer Theile sind in ihrer Thatsächlichkeit so bekannt, daß darüber kein Wort zu verlieren ist; anders über deren Ursachen. Da hat schon die auffallende Erscheinung, daß die Richtung vieler Pflanzentheile in einer bestimmten Beziehung zum Horizonte steht, zumal daß die Stämme und Wurzeln der höheren Pflanzen bis herab zu den Stengeln vieler Moose und den Stielen der Pilzhüte an allen Orten ungefähr der Lothlinie folgen schon seit dem vorigen Jahrhunderte Anlaß zu wissenschaftlichen Erörterungen über ihre Ursache gegeben. Man mußte sich zunächst fragen, wofür denn eigentlich hierbei die Pflanze einen Sinn an den Tag lege, und da wurde denn, zuerst durch Knight nachgewiesen, daß es unter allen denjenigen auf die Pflanzen wirkenden Agentien, welche unter den gewöhnlichen Verhältnissen in einer gewissen Beziehung zur Lothlinie stehen, vorzüglich die Anziehungskraft der Erde (Gravitation) ist, auf welche die Pflanze reagirt, daß diese Kraft es ist, mittelst deren den Stengeln und Wurzeln die jedesmalige Auffindung ihrer natürlichen Stellung ermöglicht wird. (Geotropismus nennt man dies Streben nach dem Erdmittelpunkte). Ja es zeigte sich sogar, daß manche Pflanzenglieder, welche unter gewöhnlichen Verhältnissen in keiner gesetzmäßigen Beziehung zur Vertikalen sich zu befinden scheinen, eine streng lothrechte Stellung einnehmen, wenn alles Licht von ihnen fern gehalten wird. Es haben nämlich viele Stengel und Blattstiele auch einen Sinn für diejenige Richtung, in welcher Lichtstrahlen dieselben treffen, was ihnen die weitere Fähigkeit vermittelt, sich, wenn sie von einer Seite vorwiegend beleuchtet werden, nach dieser Seite hin zu richten (positiver Heliotropismus), oder auch von ihr hinwegzukehren (negativer Heliotropismus). Durch die Wirkungen der Gravitation und des Lichtes werden also, wenn man die verhältnißmäßig wenigen Fälle des negativen Heliotropismus ausnimmt, die oberhalb des Bodens, in der Luft lebenden Stengel zu vertikal-aufrechter Stellung gebracht. Diese Richtung ist denn auch ein so allgemeiner und charakteristischer Zug in der Erscheinung der ganzen Vegetation, daß der Laie es den über dem Boden stehenden Stengeltheilen als ein allgemeines Gesetz zuspricht, eine vertikal aufsteigende Richtung anzunehmen, im Gegensatze zu den Wurzeln und manchen unterirdischen Stengeln, welche sich bei ihrem Wachsthume abwärts wenden sollen. Eine weitere Folge dieser Ansicht ist die Annahme, daß, wenn Stengelglieder von der vermeintlich ihnen gesetzmäßig zukommenden Richtung abweichen, wenn sie statt vertikal zu stehen eine schräge, wagerechte oder gar abwärts geneigte Stellung einhalten, dies einfach daher rühre, daß ihre Anlagerichtung, das heißt diejenige Richtung, in welcher sie hervorwuchsen, von der Lothlinie abwich, und daß das Bestreben einzelner Theile sich geotropisch oder heliotropisch zu krümmen nicht so energisch wie das anderer Theile, auch wohl der Last des zu hebenden Gliedes nicht gewachsen war. — Es gibt jedoch eine nicht geringe Anzahl verschiedener Pflanzenglieder, denen eine andere, zumal horizontale Stellung eben so gesetzmäßig zukommt, wie den übrigen die vertikal aufrechte welche wir regelmäßig in dieser oder doch einer annähernden Lage antreffen, gerade so wie die übrigen augenscheinlich alle nicht lothrechten Stellungen vermeiden. Die charakteristische Tracht gewisser Nadelholzpflanzen, namentlich jener der Fichte, Balsam- und Schierlingstannen kommt beispielsweise dadurch zu Stande, daß ihr Hauptstamm in senkrechter Richtung emporwächst, während sich die aus ihm hervorgehenden Aeste, sowie alle weiteren Verzweigungen in völlig oder doch nahezu horizontaler Richtung befinden; es hängen zwar an ausgewachsenen Bäumen die älteren Aeste in Folge ihrer Schwere mehr oder weniger abwärts, allein dann suchen sich die jüngeren beblätterten Zweige immer wieder horizontal zu stellen, wobei sie an ihrer oberen Kante etwas hohlgebogen (konkav) werden. Aehnlich verhält es sich auch mit der gemeinen Kiefer. Wie gewaltig gar oft bei einzelnen Pflanzentheilen das Bestreben sich wagerecht zu stellen sein muß, läßt sich sehr schön an der hartheublätterigen Spierstaude, deren aufrechte Sprossen nach oben horizontal werden, beobachten. So weit nämlich ihre Blätter den ungefähr senkrechten, unteren Theil des Stengels bedecken, sind sie genau nach der $^2/_5$-Stellung geordnet, es kommen also, wenn man auf dem kürzesten Wege die Anheftungspunkte der Blätter durch eine um den Stengel laufende Spirale verbindet, auf je zwei Umläufe der Spirale fünf, unter sich gleich weit divergirende Blätter. An dem horizontal überneigenden Stengelstücke nehmen sie dagegen eine zweizeilige Stellung ein; sie sitzen abwechselnd rechts und links an den Seitenkanten des Stengels. Es handelt sich dabei indessen nicht um eine wirkliche Aenderung der $^2/_5$- in die $^1/_2$-Stellung, es drehen sich vielmehr die einzelnen zwischen den Blättern liegenden Stengelglieder, wie man sich leicht dadurch überzeugen kann, daß die Längsriefen des Stengels, welche für gewöhnlich eine gerade Richtung haben, hier einen spiraligen Verlauf besitzen. — Versuche, welche nun angestellt wurden um die Ursachen dieser und anderer ähnlicher Stellungen aufzuklären, haben ergeben, daß auch diese Richtungen auf den kombinirten Wirkungen des Lichtes und der Schwerkraft beruhen. Ein in ganz Deutschland gemeines Unkraut ist der Vogelknöterich. Wächst diese Pflanze auf ebenem Boden, so liegt sie flach darnieder, aber nicht weil ihr Stengel etwa zu schwach wäre sich aufrecht zu halten, denn wo unsere Pflanze hart am oberen Rande eines senkrechten oder steil abschüssigen Terrains, zum Beispiel von Hohlwegen oder Flußufern, sich vorfindet, da sieht man stets die über den Rand ragenden Stengel in nahezu horizontaler Richtung ins Freie hinauswachsen; nur wenn sie sehr lang werden, senken sie sich etwas in Folge ihrer Schlaffheit; aber auch dann wird man doch die im Längenwachsthume begriffenen Enden etwas erhoben sehen; sie sind bestrebt, sich immer wieder in horizontale Richtung zu setzen. Fixirt man einen auf horizontalem Boden hingestreckten Stengel in aufrechter Stellung, so wächst er in dieser Richtung nicht weiter, sein Endtheil krümmt sich vielmehr, bis es ungefähr die horizontale Richtung erreicht hat; ist dies geschehen, dann steht die Bewegung stille und der Stengel wächst horizontal weiter. Umgekehrt bei Stengeln, welche man abwärts gebogen, ihr freies Ende hebt sich, bis wagerechtes Wachsthum eintreten kann. Anders aber bei Pflanzen, welche man in völliger Dunkelheit kultivirte, sie richteten ihre sämmtlichen, vorhin horizontalen Zweige senkrecht auf und ließen sie in dieser Richtung fortwachsen. Daraus folgt, daß auch diese Stengel geotropisch sind, daß aber das Licht die Wirkung der Schwerkraft aufzuheben vermag und Bewegungen veranlaßt, welche bei gewöhnlicher Beleuchtung die horizontale Richtung des Stengels zum Ziele haben. — Die Lagen, in welche sich Blätter mit organisch verschiedener Ober- und Unterseite zur Lothlinie und zur Richtung intensivster Beleuchtung setzen, sind ebenfalls sehr interessant. Bei den meisten flächenförmigen Blättern, und von solchen allein kann hier nur die Rede sein, spricht sich der Unterschied in der Organisation beider Seiten im Allgemeinen darin aus, daß auf der einen Seite, in der Regel der Oberseite, die Spaltöffnungen fehlen oder doch seltener sind, daß die unter ihrer Epidermis liegenden Zellen pallisadenförmige Gestalt haben, reichliches Blattgrün enthalten, engere Zwischenzellräume bilden und so weiter. Es kommt nun in allen Fällen dahin, daß diese Blattseite zenithwärts, eventuell gegen die Quelle des intensivsten Lichtes, die entgegengesetzte also erdmittelpunkt-, beziehentlich schattenwärts gekehrt wird; so daß man auch kurz die eine als Licht- die andere als Schattenseite bezeichnen kann. Befindet sich nun ein Blatt in einer von der erwähnten natürlichen Lage abweichenden Stellung, so bewegt es sich selbständig in der Weise, daß schließlich seine Lichtseite der Quelle der Beleuchtung ungefähr rechtwinkelig zugewendet ist. Diese Bewegung wird auf dem kürzesten Wege ausgeführt, das Blatt wendet der Lichtquelle bald seine konkav, bald seine konvex gekrümmte Lichtseite zu, bald dreht es sich rechts, bald links, bald hebt, bald senkt es sich, wie es gerade nöthig ist. Der respektive Antheil, welchen Licht und Schwerkraft dabei haben, ist für verschiedene Pflanzen verschieden.

In manchen Fällen reicht letztere allein aus dem Blatte eine horizontale Stellung zu geben, so bei dem Ahorn, dessen Blätter ihre natürliche Stellung auch dann annehmen, wenn man sie in völliger Dunkelheit sich aus dem Knospenzustande entwickeln läßt. Bemerkenswerth ist, daß es sich in diesen Fällen nicht um Biegungen, sondern um Wachsthumserscheinungen handelt, daß also eine Drehung nach rechts durch ein intensiveres Wachsthum der linksseitigen Zellen hervorgerufen wird. Daher sind denn auch alle diejenigen Pflanzentheile, welche ihr Wachsthum definitiv vollendeten, nicht mehr beweglich, und die Bewegungsfähigkeit ist überall in derjenigen Periode am größten, in welcher auch die stärkste Streckung des Organes in die Länge oder in die Fläche erfolgt. Ganz besonders beachtenswerth sind in dieser Richtung wieder die Blätter. Es ist bekannt, daß ihr Grund und ihre Stiele sehr lange, wenn auch nur in geringem Grade zu wachsen fortfahren; und damit steht in auffallender Weise die Thatsache im Einklange, daß sich Blätter, welche anscheinend schon ihre vollständige Ausbildung erlangt haben, noch gegen das Licht zu richten vermögen. Nur ganz alte Blätter haben mit ihrem Wachsthum auch ihre Beweglichkeit verloren. Andere Blätter haben am Grunde ihres Stieles eine polsterartige Anschwellung, welche zu jeder späteren Zeit, sobald sie aus ihrer natürlichen Stellung zum Lichte gekommen ist, ihr Wachsthum wieder aufnehmen und so die erforderlichen Krümmungen und Drehungen ausführen kann. — Dem Lichte entgegen strebt so die Fläche des Blattes, weshalb nicht auch sein Stiel? Es besitzen nämlich einige Akazienarten Neu-Hollands in ihrer ersten Jugend doppelt gefiederte Blätter mit einem mehr oder weniger flächenartig ausgebildeten Blattstiele; später aber kommen die Fiederblättchen nicht mehr zur Ausbildung; auch die Verzweigung unterbleibt und der einfache, jetzt stark flächenartig entwickelte Blattstiel versieht allein den Dienst der Blätter. Er wird Blattstielblatt genannt und unterscheidet sich von normal gebildeten Blättern außer durch seine Entwicklung auch noch durch eine vertikale Stellung: seine scharfe Kante bietet er dem Lichte, und rechtfertigt so den parador klingenden Ausspruch, Neuholland sei eine verkehrte Welt, schwarz seien dort die Schwäne, weiß die Raben und schattenlos reichlich belaubte Bäume.

Geheimnißvoller Beziehungen der Pflanzengestaltung zum Lichte giebt es noch viele. Die vielgestaltige Marchantie, ein Lebermoos, entwickelt im Grunde schüsselförmiger sogenannter Brutbecher kleinere flache Zellgruppen, welche sich von der Pflanze loslösen und unter günstigen Umständen zu neuen Pflanzen heranwachsen. Brutknospen nennt man diese Gebilde. Die vermögen sich leicht verschiedenen Wachsthumsbedingungen anzupassen, denn jede ihrer beiden Seiten ist im Stande Wurzelhaare zu bilden, wenn sie nach unten gekehrt ist oder einem festen Körper anliegt. Der Gegensatz von Bauch- und Rückenseite, welcher der erwachsenen Pflanze eigen ist, bildet sich erst an dem aus der Brutknospe herauswachsenden flachen Sprosse aus. Die beleuchtete Seite desselben, wie deren Lage auch sein mag, wird unter allen Fällen die Spaltöffnungen führende Oberseite, die beschattete Seite aber gestaltet sich zur Unterseite, sie sproßt Wurzelhaare und blattähnliche Flächen hervor. Selbst nachdem sich die Seitensprossen gebildet haben, ist die Brutknospe noch beiderseits gleichwerthig.

Es sei uns erlassen zum Schlusse die habituellen Gestalten der Sprosse und Blätter zu betrachten. Eilen wir lieber hinaus in Garten, Flur und Wald und schauen dort in freier Natur die unendliche Vielgestaltigkeit schöpferischer Flora!

Das Pflanzenleben der Erde.

„Die Erde aber war wüste und leer."
„Und die Erde brachte hervor Kraut, das grünet und das Samen trägt, ein jegliches nach seiner Art, und fruchttragende Bäume, die jegliche Samen haben nach ihrer Art."

Moses.

Von der Scholle weg in unermeßliche Räume lenkt die Astronomie unsern Blick! Sie zeigt, daß unser ganzes Planetensystem sein Dasein einer einheitlichen Entstehung verdankt. In seiner ursprünglichen (?) Form wurde dasselbe repräsentirt durch einen von West nach Ost sich um seine Achse drehenden Gasball, einen Nebelfleck von ungemein hoher Temperatur. Durch Wärmeabgabe in den kalten Weltraum erfolgte eine Abkühlung dieser Masse, in Folge deren ihre Zusammenziehung und raschere Achsendrehung. Sobald aber letztere eine gewisse Grenze überschritt, trat eine Bildung von Ringen — ähnlich den Saturnsringen — ein, welche den centralen, die Sonne bildenden Kern umgaben, oft in Folge ungleicher Beschaffenheit und Erkaltung zerrissen und sich zu neuen

Weltkörpern, zu Planeten, zusammenballten. Jeder dieser Körper hatte dann mehrere Entwicklungsstadien zu durchlaufen; erst war er noch ein glühend-gasförmiger, dann ein glühend-flüssiger Körper. Darauf entstand allmählig eine kalte nicht leuchtende Kruste, welche oft durch innere Gluthmassen zerbrochen wurde, bis sie endlich starr genug geworden um Organismen als Wohnort dienen zu können: ein Stadium, in welchem unsere Erde jetzt sich befindet. Lehrt uns so die Astronomie, daß die Flora unserer Erde ihre jetzige Daseinsform nicht von Ewigkeit her gehabt haben kann, so führt uns die Geologie zur Erkenntniß des Entwicklungsganges, welchen die Pflanzenwelt genommen.*) Wenn man nämlich nicht, willkürlichen Launen mehr als sorgfältigen Forschungen folgend, auf Bergesgipfeln gefundene Versteinerungen von See-Pflanzen und Thieren als Naturspiele, oder, um mit dem anglikanischen Diakonus Miller zu reden, als eigens zu dem Zwecke geschaffen ansehen will, um die „schrecklichen Gotteslästerungen“ der Geologen zum Schweigen zu bringen, wenn man vielmehr jene Versteinerungen ansieht als uralte Inschriften, welche uns belehren über das was einst Lebendes, unsere Erde trug, dann erkennt man bald, daß unsere jetzige Pflanzenwelt — und mit den Thieren ist es nicht anders — andere Formen, andere Gestalten zeigt als jene versteinerten Ueberreste und Abdrücke der ersten Organismen, den Ahnen heutiger Lebensfülle.

*) Näheres in Band 8 und 9 dieser Serie „Zittel: Aus der Urzeit.“

Gleichgültig ist es für uns, wann und auf welche Anregung die ersten Pflanzenkeime der Erde Licht begrüßten; mögen Andere berathen, ob jene Morgenröthe irdischen Lebens vor Millionen oder Milliarden von Jahren erglühte; mögen Andere sich streiten, ob das Machtwort eines Schöpfers, oder ob langsames, sicheres Wirken terrestrischer Massen und kosmischer Kräfte Anorganisches zwang in organische Form sich zu kleiden, und so durch Urzeugung das erste Lebendige ins Dasein rief, das ein Kind der Erde sich nennen konnte; genug, ein Leben erschien! Kinder der Welle waren es, nicht Thiere, nicht Pflanzen, Mittelwesen vielmehr, bereit Ausgangspunkte zu werden bald thierischer, bald pflanzlicher Gestaltung. Kaum eine Andeutung jener Organismen bewahrte uns die Erde, vielleicht, daß die Graphite der Urgebirge Spuren ihres Daseins uns sind. Mit Sicherheit erkennen wir erst in den darüber lagernden Schichten der späteren, silurischen Formation die ersten Reste der Pflanzenwelt, einige Meeresalgen; doch mögen viele gänzlich zerstört worden sein, wenigstens weisen kohlige Kalksteine auf ihre einstige Anwesenheit hin. Später erst stellen Landpflanzen sich ein, an wenig Orten zuerst, und auch da in spärlicher Anzahl. Fast alle sind blüthenlose Gewächse, meist Farne, Bärlappe und Schafthalme; einige Nadelhölzer gesellen sich ihnen zu. Geringe Aenderung vollzieht sich — die Arten verschwinden, die Gattungen bleiben, würde der starre Systematiker sagen — und die Flora der Steinkohlenzeit steht vor uns. Unendlich einfach und einförmig müssen jene Landschaften

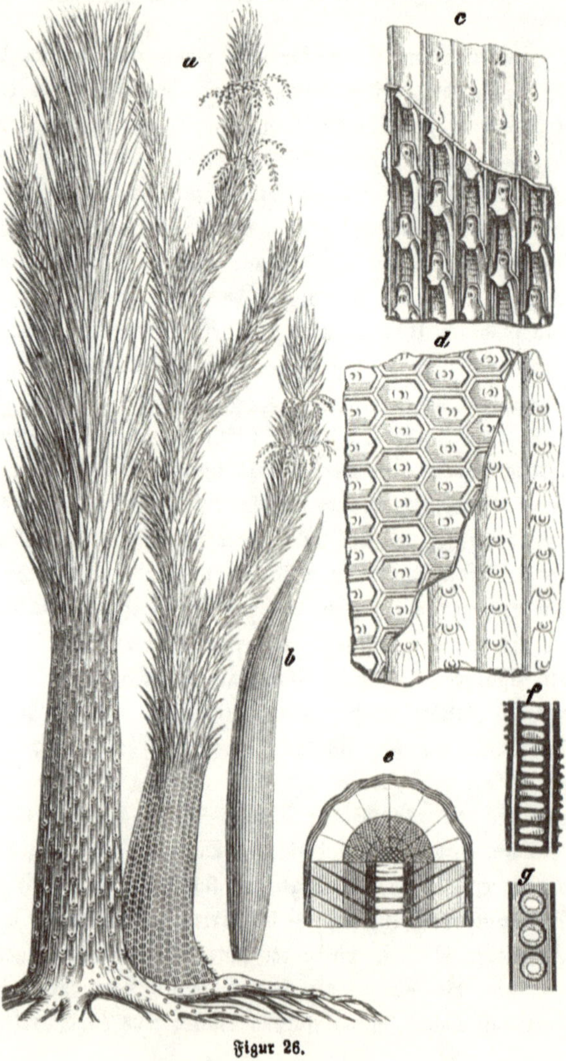

Figur 26.
(Beschreibung siehe nächste Seite.)

gewesen sein, aber das vegetabilische Leben hatte sich in einer Zahl und Ueppigkeit der Formen über die Erde ausgebreitet, welche unsere heutigen Verhältnisse weit überragt. Farnkräuter finden wir vorzüglich vertreten; feinfiederige Arten bildeten hohe Bäume oder Sträucher, welche mit ihren Fuß langen Blättern herrliche Pflanzengruppen darstellten, in deren Schatten kleinere Geschlechter als Unterholz sich vorfanden. Riesige Schachtelhalme (die Calamiten) und Bärlappgewächse (die Siegel- und Schuppenbäume), vielleicht die eigentlichen Bildner unserer Steinkohlen gehörten zu den mächtigsten Gestalten jener Wälder, der eigentlichen Urwälder unserer Erde. Gewaltigen Besen vergleichbar, 20 bis 25 Meter hoch und 1 bis 2 Meter dick ragten die sonderbaren Stämme der Siegelbäume empor, fast ihrer ganzen Länge nach geschmückt mit schmalen, grasähnlichen Blättern. Parallele Furchen, dazwischen zierliche Reihen von Narben abgeworfener Blätter bedeckten die nackten Theile des Stammes. (Vergleiche Figur 26). Dagegen hatten die Schuppenbäume vielfach gabelig getheilte Stämme, von 30 und mehr Meter Höhe und 4 Metern im Umfange; auch diese ebenso eigenthümlich mit Narben besetzt. Zu diesen staunenerregenden Formen gesellten sich riesenhafte Calamiten, Schachtelhalme, von denen die heutigen eben so zwerghafte Verwandte sind wie die Bärlappe den Siegel-

Beschreibung von Figur 26.

Siegelbäume (Sigillarien). a Restaurirte Bäume; b ein Blatt; c und d Stammstücke mit Rinde von zwei verschiedenen Arten; e Durchschnitt eines Stammes; f Treppengefäß aus dem den Markcylinder umschließenden Holzringe; g getüpfeltes Gefäß aus dem äußeren Theile desselben Holzringes.

und Schuppenbäumen gegenüber. Auch krautartige Pflanzen fehlten nicht; Ringpflanzen, Stern- und Keilblätter fanden sich ein. — Mit merkwürdiger Gleichförmigkeit erstreckt sich die Kohlenflora über die ganze Erde. In den fernsten Theilen Europa's überall dieselben Formen! Nordamerika trägt fast die Hälfte aller europäischen Arten; selbst Spitzbergens, Ost-Indiens, Chinas, Süd-Afrikas, Brasiliens und Australiens Floren zeigen alle gleiche Gestalten; zwar nicht die europäischen Arten, doch fast durchaus dessen Gattungen. Denn blüthenlos ist jene Flora — welch ein Abstand von der unserer heutigen Tropenwälder! — und die ungemein kleinen Samen — Sporen nennt sie der Botaniker — werden durch den Wind über weite Strecken fortgeführt, sie entwickeln sich, wo immer günstige Lebensbedingungen sie antreffen, und diese finden sie überall, weil gleichmäßiges Klima und gleiche atmosphärische Beschaffenheit über der ganzen Erde sich breiten. Das ist die Herrschaft der höheren blüthenlosen-Pflanzen.

Hat sich erschöpft die Erde, aufgezehrt ihre Kraft, uns, jetzt zum Heile? Oder was ist es anders, daß sie, nachdem nutzbarer Kohlen unendliche Fülle, düsterer Flora kostbare Reste in ihrem Schooße sie barg, auffallende Armuth zeigt? Hinschwinden die Riesen des Steinkohlenwaldes. Vorbei ist das erste Zeitalter pflanzlichen und thierischen Lebens, ein zweites nahet heran. Die Erde schmückt sich mit neuen Formen, welche unseren heutigen Organismen ungleich näher stehen als die ausgestorbenen. Wir treten hinüber in die Nadelwälder der

Sekundärzeit; damit auch gleichzeitig in die Zeit der Blüthen- und Samentragenden Pflanzen. Zapfentragende, den Cedern der Jetztzeit gleichende Voltzien, hoch- und dickstämmige, Neuhollands Araukarien ähnliche Widdringtoniten, kryptomerienartige Albertien sind die Hauptformen der Wälder. Zahlreiche Farne, einzelne Sagopalmen reihen sich ihnen an, Wasserpflanzen, wirtelblätterige Kalamiten und ächte Schachtelhalme mögen die Ufer umkleidet haben. Aber bald müssen Farnkräuter und Nadelhölzer ihre Herrschaft abtreten an die Sagopalmen (Zapfenpalmen oder Cykadeen), Pflanzen, welche sowohl ihrer Gestalt als ihrem Baue nach eine eigenthümliche Mittelstellung einnehmen zwischen den Farnen, Nadelhölzern und Palmen; dann aber verschwindet dieser schöne Pflanzentypus mehr und mehr, und in der Gegenwart giebt es nur noch wenige Arten, welche allmälich ihrem Untergange entgegengehen. (Vergleiche Figur 27). Nicht gerade artenreich ist jene Flora, aber Kohlenbildungen zeigen, daß die Pflanzenentwicklung in ihrer Massenhaftigkeit jener nicht unähnlich gewesen sein muß, welche wir in der Steinkohlenzeit bewunderten. Das Unterholz der Wälder wird noch immer von Farnen gebildet, zwischen denen fleischige Pilze sich zeigten. Die sumpfbewohnenden Calamiten fehlen und die Schachtelhalme jener Zeit überragen die unsrigen kaum an Größe. Schon bereitet neue Gestaltung sich vor, höher organisirte Pflanzen: den Monokotyledonen angehörende Rohrkolbengewächse, Nixkräuter, Cypergräser und Schilfrohre umsäumen den Rand der Gewässer, auch Pandang=Gewächse, Palmen und Lilien finden sich ein. Eine neue Erschöpfung der Erde tritt ein, oder war es nur ein Aufspeichern aller formbildenden Kraft zur Gestaltung dikotyledonischer Laubhölzer, welche, ein epochemachendes Ereigniß in der Geschichte der Erdbewohner,

Figur 27.

Eine noch lebende Süd=Afrikanische Sagopalme (Cycas circinalis).

gegen Ende der Sekundärzeit erscheinen? Hätte man bei Aufstellung der geologischen Zeiten die Pflanzen in erster Linie berücksichtigt, zweifelsohne wäre hier die Grenze eines Weltalters gezogen worden. Der landschaftliche Charakter ist nun ein anderer geworden; immergrüne dikotyledone Laubhölzer, Walnuß- und Ahornarten, Weidengebüsche, Erlen und Hainbuchen, immergrüne Eichen, Feigen und Proteaceen haben die Erde besetzt und die Herrschaft an sich gerissen. All diese Pflanzen, denen Fächerpalmen und Pandanggewächse sich beimischen, liefern den Beweis, daß ein warmes Klima noch herrschte.

In dem dritten Zeitalter in welchem organisches Leben sich findet, dem vierten der Erde selbst, bahnen sich heutige Zustände mehr und mehr an. Die Physiognomie der Flora wird nicht mehr wie vorhin von wenigen Formgruppen bestimmt. Sagobäume und Farne sind fast gänzlich verschwunden, und die Nadelhölzer, wenn auch noch ziemlich häufig durch Cypressen, Pinien und Wachholder vertreten, walten nicht mehr vor. Es erscheinen bereits alle wichtigeren Ordnungen der heutigen Pflanzenwelt; vorab und zumeist diejenigen, welche heutzutage die Tropen bewohnen. Tange bilden die Meerflora, Schachtelhalme, Armleuchter und Nixkrautgewächse bedecken den Strand, Palmen, Bananen, Myrten, Lorber- und zahlreiche Laubgewächse ragen hervor. In bunter Zusammenstellung mischen sich die Gewächse. Tropisches Klima scheint noch allenthalben zu herrschen; aber wenn auch alle aus jener Zeit bekannten Pflanzen im Allgemeinen auf gleiche oder doch ähnliche Vegetationsbedingungen schließen lassen, so müssen dennoch die Pflanzenteppiche, welche über verschiedene Gegenden sich ausbreiteten, schon bedeutende Verschiedenheiten aufzuweisen gehabt haben. Vergebens sieht man sich nach einem Lande um, welches heutzutage eine ähnliche Zusammenstellung der Pflanzen zeigt, und wenn auch die Missisippiniederungen wohl die meisten Analogien bieten dürften, so finden sich doch auch genug Anknüpfungspunkte an die Florengebiete Kaliforniens, Neuseelands und Australiens. Werfen wir einen Blick auf die Vegetation Mitteleuropas zur jüngeren Tertiärzeit, so waren damals Pandanggewächse, Palmen, Amberbäume (deren Vettern jetzt nach Nordamerika, Indien und China sich geflüchtet) immergrüne Eichen, Lorber- und Zimmtbäume, Magnolien und Myrten in Europa vertreten: alles Pflanzentypen, welche heutzutage über alle Welttheile zerstreut sind und meist wärmeren Klimaten angehören (vergleiche Figur 28). Erreicht war nun die Höhe der Formgestaltung, wie wir sie heute am Pflanzenreiche bewundern, neue Typen sollten von da ab, bis jetzt und wer weiß für wie lange Zeit, sich weiter nicht mehr bilden, wohl neue Gattungen und Arten. Aber sondern mußten sich noch die eigenthümlichen Mischungen der Floren; und mit der Theilung der Erde in klimatische Zonen, welche nun eintrat, löste sich früher Nebeneinandergestelltes in einzelne Gruppen, wie jetzt die Länder sie bieten.

Klar und deutlich ist nun der Pflanzen Entwicklung: einfaches Leben entrang sich zuerst dem Schooße der nährenden Erde; aber immer vollkommeneres folgte einander, bunteren, kunstreicheren Teppich breitete in schöpferischer Folge die blüthenreiche Flora über den nackten Boden, gleichsam schmückend die Erde zur Begrüßung des Menschen.

Die heutige Anordnung der Pflanzen auf der Erde

Figur 28. Die Vegetation in Mitteleuropa zur jüngeren Tertiärzeit, dargestellt in ihren hervorragendsten Pflanzenformen.

zu lehren, die Pflanzen der einzelnen Länder zu Floren zusammenzustellen, die Einflüsse zu untersuchen, welche, entweder noch jetzt oder in der Vorzeit wirksam, jeder Pflanze einen bestimmten Wohnsitz anwiesen und nur einzelnen Pflanzen erlaubten sich, über größere Strecken oder gar über die ganze Erde auszubreiten, das ist die Aufgabe der Pflanzengeographie.

Nicht überall hat die Erde alles hervorgesproßt, was sie an jedem einzelnen Orte zu erhalten vermag; sonst müßten entfernte, aber ähnlichen Klimaten ausgesetzte Orte dieselben Pflanzen erzeugen und dann könnten keine Einwanderungen fremdländischer Pflanzen vor unseren Augen sich vollziehen. Es bildeten sich also nur an bestimmten Orten die Keime der einzelnen Arten. Doch nicht beschränkt auf diese ihre Vegetationscentren, konnten viele Pflanzen durch Wanderung sich mehr und mehr Terrain gewinnen, bis Meere, Wüsten, Gebirge, klimatische Aenderungen und andere Mitstreiter im allgemeinen Kampfe ums Dasein ihnen Halt geboten. So entstanden Pflanzengemische, welche in natürliche Floren oder Vegetationsgebiete getrennt wurden, um uns ein anschaulicheres Bild der Pflanzendecke zu geben. Jedes dieser Gebiete zerfällt noch in Regionen, deren pflanzlicher Charakter von der Erhebung über den Meeresspiegel bedingt ist, bis endlich die Schneeregion fast allem Pflanzenleben ein Ziel setzt. — Dem Künstler aber ist es gegeben diese Gruppen zu zergliedern; und unter seiner Hand löst sich (wenn man den Ausdruck wagen darf) das große Zauberbild der Natur, gleich den geschriebenen Werken der Menschen, in wenige einfache Züge auf. So haben Georg Forster, Goethe in den Naturschilderungen, welche so manche seiner unsterblichen Werke enthalten, Büffon, Bernardin de St. Pierre, Chateaubriand, unser gewaltiger Humboldt (dem wir diese Zeilen entnehmen) und nach ihnen so manche mit unübertrefflicher Treue den Charakter einzelner Himmelsstriche geschildert. Solche Schilderungen sind aber nicht bloß dazu geeignet einen Genuß der edelsten Art zu verschaffen; nein, der Naturcharakter verschiedener Weltgegenden ist mit der Geschichte des Menschengeschlechtes und seiner Kultur aufs innigste verknüpft. Denn wenn auch der Anfang dieser Kultur nicht durch physische Einflüsse allein bestimmt wird, so hängt doch die Richtung derselben, so hangen Volkscharakter, düstere oder heitere Stimmung der Menschheit großentheils von klimatischen Verhältnissen ab. Wie mächtig hat der griechische Himmel auf seine Bewohner gewirkt! Wie sind sie nicht in dem schönen und glücklichen Erdstriche zwischen dem Euphrat, dem Halys und dem ägäischen Meere früh zu sittlicher Anmuth und zarteren Gefühlen erwacht! Die Dichterwerke der Griechen und die rauheren Gesänge der nordischen Urvölker verdankten größtentheils ihren eigenthümlichen Charakter der Gestalt der Pflanzen und Thiere, den Thälern, welche den Dichter umgaben, und der Luft, die ihn umwehte. Wer fühlt sich nicht, um nur an Nahes zu erinnern, anders gestimmt in dem dunkeln Schatten der Buchen, auf Hügeln, mit einzeln stehenden Tannen bekränzt, oder auf der Grasflur, wo der Wind in dem zitternden Laube der Birke sich reget? Melancholische, ernst erhebende, oder fröhliche Bilder rufen diese vaterländischen Pflanzengestalten in uns hervor, und so giebt der Einfluß der physischen Welt auf die moralische, das geheimnißvolle Ineinanderwirken des Sinnlichen und Außersinnlichen dem Naturstudium, wenn man es zu höheren Gesichtspunkten erhebt, einen eigenen, leider zu wenig gekannten Reiz.

Mag aber auch der Charakter verschiedener Weltgegenden von allen äußeren Erscheinungen zugleich abhängen, mögen auch Umriß der Gebirge, Physiognomie der Thiere und Pflanzen, Himmelsbläue, Wolkengestalt und Durchsichtigkeit des Luftkreises alle zusammen den Totaleindruck bewirken; so ist doch nicht zu läugnen, daß im Allgemeinen das Hauptbestimmende dieses Eindruckes die Pflanzendecke ist. Dem thierischen Organismus fehlt es an Masse; die Beweglichkeit der Individuen und oft ihre Kleinheit entziehen sie unseren Blicken. Die Pflanzenschöpfung dagegen wirkt durch stetige Größe auf unsere Einbildungskraft. Ihre Masse bezeichnet ihr Alter und damit gepaart den Ausdruck sich stets erneuernder Kraft.

Wärme und die durch des Jahres Verlauf vertheilte Menge von Feuchtigkeit sind die bestimmenden Faktoren für die Zusammensetzung der Flora. Nicht ist es hier uns vergönnt die Länder der Erde und ihre Pflanzen zu charakterisiren; einzelnes Detail soll später bei genauerer Betrachtung der Lebensbedingungen der Pflanzen und ihrer Anpassung an äußere Verhältnisse geboten werden.

Das Leben der Pflanzen.

„Nach ewigen ehernen
„Großen Gesetzen
„Müssen wir alle
„Unseres Daseins
„Kreise vollenden.

Goethe.

Schau das Körnlein, welches der Säemann dem dunkeln Schooß der Erde, hoffend, vertraut. Fröhlich entsprießt es dem Boden, wenn milder Regen und heller Sonnenschein im Frühling nach oben es locken. Wunderbar gemischte Säfte entzieht es dem Boden, von ihnen sich nährend. Nun wächst und gedeiht es, doch bald hat seiner Größe Maaß es erreicht; schwankende Aehren trägt jetzt der Gipfel; es blüht, dann schließen reifende Früchte den Kreis seines Wachsthums. — So bewegt sich aller Pflanzen Gedeihen zwischen Ernährung, Wachsthum und Fortpflanzung. Bewegung, Empfindung scheiden das Thier von der Pflanze, so sagt man, doch treibt geheimnißvoller Zug auch manches Pflanzengebilde sich zu bewegen.

Ernährung und Wachsthum der Pflanzen.

„Il faut manger pour vivre . . .“
Molière.

Elementarorgane der Pflanzen nennt man die Zellen; sie sind in der That winzige und doch so mächtige Einheiten, aus welchen jeglicher lebende Körper besteht. Sie bilden die Grenze mikroskopischen Schauens. Doch weiter als noch so vollendetes Instrument bringt scharfer Geist, wenn richtig gedeuteter Versuch ihn leitet. Gestützt auf zahlreiche, feinste Versuche nimmt man nämlich an, daß alle Theile der Pflanzen aus kleinen, selbst bei den stärksten Vergrößerungen noch nicht erkennbaren festen, relativ unveränderlichen Theilchen bestehen, welche man Moleküle genannt hat. Isolirt neben einander liegen die Moleküle, nicht vereint durch feste Verbindung und ein fester Körper existirt als solcher nur dadurch, daß seine Moleküle sich gegenseitig anziehen; je stärker diese Anziehung, um so fester das Ganze. Allseitig und vollständig umgibt eine Wasserschicht jegliches Molekül; diese kann in gewissem Grade durch Austrocknen vermindert, durch Quellen vergrößert werden, ohne daß dadurch das organische Leben gefährdet wird. Endlich sind benachbarte Moleküle immer verschiedener chemischer Natur, so daß sich also an jedem durch das Mikroskop erkennbaren Punkte chemisch verschiedene, durch zwischengelagerte Wasserschichten getrennte Moleküle befinden.

Aus dieser Annahme folgt bereits, daß das Leben selbst des kleinsten Pflanzentheilchens ohne Wasserzufuhr undenkbar ist. Aber auch zu anderen Zwecken bedarf die Pflanze des Wassers. Ihr fehlt ja ein Mund und so kann sie nur flüssige und gasförmige Nahrung aufnehmen. Aufgabe des Wassers ist es daher, zahlreiche Stoffe des Bodens in sich aufzulösen und so der Pflanze als Nahrung zu bieten. Auch spielt im Innern der Pflanze das Wasser eine gewaltige Rolle als bewegende Kraft; zahlreiche Stoffe, welche die Pflanze in sich erzeugte, muß es weg zu anderen Stellen hinführen, wo die Pflanze deren gerade bedarf oder wo jene zu späterer Benutzung, als Reservestoffe, aufbewahrt werden sollen. Daher streckt die Pflanze denn auch zahlreiche, durstige Wurzeln dem Wasser entgegen; einbringt es in die zarten Wurzelhaare, von dort in die Wurzeln. Alle diese kleinen, in den Bereich des Lebens gezogenen Wasserbächlein fließen zusammen erst zu kleineren Strömchen, endlich im Stamme bald (bei zweisamenlappigen Pflanzen und Nadelhölzern) zu einem Hauptstrome, bald (bei einsamenlappigen Pflanzen und Farnen) zu mehreren Strömen. Dann aber vertheilen sich diese Wassermengen wieder und bringen, folgend des Pflanzenkörpers Verzweigungen, ein in die feinsten Aestchen, bis zu den Spitzen der Blätter; dort aber bleiben sie nicht, sondern entweichen, transpiriren, dem Schweiße der Thiere vergleichbar. Gewaltig sind die Wassermassen, welche so durch die Pflanzen dem Boden entzogen und der Luft übergeben werden. Nach Alexander von Humboldt schneidet man in Mexiko der Agave americana, der sogenannten hundertjährigen Aloë unserer Gewächshäuser, das Herz aus, bevor die Streckung des Blüthenstammes beginnt; in der erweiterten, beckenförmigen Wunde sammeln sich dann während 24 Stunden gewöhnlich 3 bis 4 Liter Saft, und sehr kräftige Pflanzen liefern sogar 7 bis 8 Liter. Dies dauert etwa 4 bis 5 Monate lang, so daß eine Pflanze gegen 8 bis 9 Hektoliter eines Saftes liefert, welcher gegohren als Pulque getrunken wird. Solcher Beispiele — und bis jetzt sind nur verhältnißmäßig wenig Pflanzen in dieser Beziehung untersucht worden — könnten mehrere angeführt werden, es genüge die Bemerkung, daß kräftig vegetirende Pflanzen oft in kaum eines Tages Frist mehr Wasser dem Boden entziehen und transpiriren als ihr ganzes Gewicht beträgt; so floß aus der Wunde einer über dem Boden abgeschnittenen Brennnessel in $39^1/_2$ Stunden 112600 Kubikmillimeter Saft, obgleich die ganze Wurzel nur einen Raum von 1450 Kubikmillimetern erfüllte.

Aus dem Gesagten ergiebt sich — und hier dürfte der Ort sein diese Bemerkungen einzuschalten — die große Bedeutung der Vegetation, speciell der Wälder, auf das Klima. Es werden nämlich durch die Laubkronen die

Sonnenstrahlen von den erwärmungsfähigsten Körpern, der festen Erdkrume, abgehalten, die dem Boden durch die Atmosphäre zugeführten Wassermassen werden durch die Wurzeln zurückgehalten und dazu tritt als dritte stetig wirksame Quelle der Abkühlung die Verdunstung der Blätter. So wirken die großen Vegetationsmassen der Wälder in der wärmeren Jahreszeit abkühlend auf ihre Umgebung und führen dadurch neue Regenmengen sich zu. Im Winter aber treten entgegengesetzte Bedingungen ein, zunächst hört mit dem herbstlichen Blattfalle die Verdunstung auf und dann strahlt der unbewaldete Boden sehr viel mehr Wärme aus und kühlt sich daher außerordentlich rascher ab, als der bewaldete, so daß also dieselben Wälder, welche des Sommers Gluten linderten, auch die Strenge des Winters abschwächen. Streitig ist es noch, ob die Entwaldung die Menge der atmosphärischen Niederschläge mindere, sicher ist, daß sie wesentlich einwirkt auf die Jahreszeit, in welcher jene erfolgen. Dennoch darf man kühn den Satz aussprechen, die Entwaldung Europas habe dessen Klima bedeutend geändert: seine Sommer wärmer, seine Winter kälter gemacht. Dem entsprechend sah man denn auch in den Tiefländern der Tropen, in Indien, in Brasilien, stets eine Schwächung der Regenzeit auf Waldverwüstungen folgen. Daher ist die Schonung der Wälder und die Wiederbewaldung kahler Striche und Bergeswipfel im Interesse des Ackerbaues dringend geboten. Endlich erblicken wir auch in einer solchen Umänderung des Klimas hinreichenden Grund dafür, daß in historischer Zeit manche

Organismen ihre Verbreitungsgrenzen ändern mußten, auch wenn nicht der beutedurstige Mensch, ein nie versöhntes Geschlecht, sie vertilgte: Rennthiere, Ure und den grimmen Schelch jagten unsere Ahnen noch in historischer Zeit.

Doch kehren wir zurück zur Ernährung der Pflanzen. Die in der Erde enthaltene Feuchtigkeit, dieselbe, welche in die Pflanze eintritt, ist niemals chemisch rein, sondern enthält stets gewisse Stoffe in sich aufgelöst, — ähnlich wie auch etwa ein Stückchen Zucker im Wasser seine feste Gestalt verliert und in ihm sich vertheilt. Die so in dem Wasser befindlichen Stoffe bilden die feste, mineralische Nahrung der Pflanze. Wenn man aber einer gewissen Wassermenge alle diejenigen Stoffe beimischt, deren die Pflanzen erfahrungsgemäß zu ihrem Unterhalte bedürfen, und in diesem Wasser verschiedene Pflanzenarten kultivirt, Kulturen, welche unter Beobachtung einzelner Vorsichtsmaßregeln leicht gelingen, dann findet man, daß die verschiedenen Pflanzen ihre Bedürfnisse aus jener Nährflüssigkeit in sehr verschiedener Weise befriedigen; die Erbse hat sich vorzugsweise des Kalkes, das Getreide der Kieselsäure, Kartoffeln und Rüben des Kalis bemächtigt. Es war kein glücklicher Griff, daß man mit Rücksicht hierauf den Pflanzen ein gewisses Wahlvermögen zuschrieb, denn nach festen physikalisch-chemischen Gesetzen, Diffusionsgesetzen, geht die Nahrungsaufnahme vor sich, und es erscheint natürlich, daß anders organisirte Zellhäute sich anders verhalten gegen eine bestimmte Flüssigkeit, welche durch sie eindringen soll in das Innere der Pflanze.

Gestatten wir uns eine kleine Abschweifung zur Erläuterung des Begriffes Diffusion. (Vergleiche Figur 29.) In dieser Figur ist das äußere Gefäß bb für die

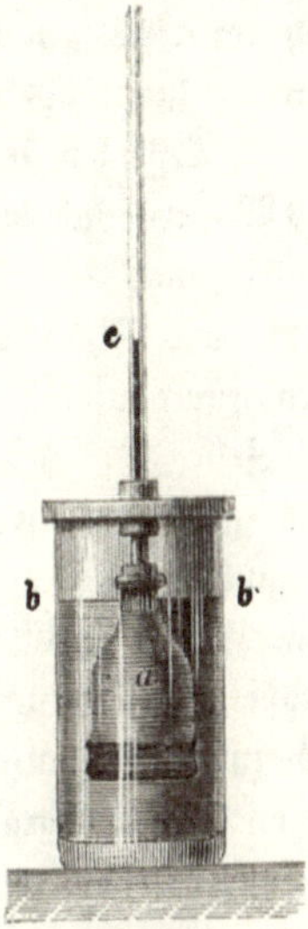

Figur 29.

Apparat zur Darstellung der Diffusionserscheinungen, sogenanntes Osmometer. (Erklärung im Text.)

Aufnahme von Wasser bestimmt; das trichterförmige Gefäß a enthält eine Kochsalzlösung, unten ist es mit einer thierischen Blase zugebunden; die mit Theilstrichen versehene Röhre c ist mit einem Pfropfen in den Hals des Trichters a eingepreßt und durch einen zweiten Pfropfen in dem Deckel des Gefäßes befestigt. Ueberläßt man diese Vorrichtung sich selbst, dann bemerkt man, wie sich die Flüssigkeit in der graduirten Röhre c erhebt und im äußeren Gefäße sinkt, wobei gleichzeitig die äußere Wassermenge nach und nach einen salzigen Geschmack annimmt. Dieser Vorgang dauert so lange bis alle Flüssigkeit gleich stark salzig geworden ist. Offenbar findet hier eine gegenseitige Anziehung des Wassers und der Salzlösung statt: Wasser tritt zur Salzlösung, Salzlösung zum Wasser. Die Aeußerung dieser und ähnlicher Anziehungen verschiedener Flüssigkeiten nennt man nun Diffusion. Im Pflanzenkörper, wo Zelle von Zelle durch dazwischenliegende Zellmembran geschieden ist, werden ebenfalls mehr oder minder energische, aber stete Diffusionsvorgänge einen Austausch benachbarter Zellflüssigkeiten herbeizuführen suchen. Größe und Richtung der Diffusionsbewegungen richten sich in der Pflanze hauptsächlich nach der Natur und dem Concentrationsgrade der diffudirenden Säfte, doch wirken auch Beschaffenheit der Zellwände, Temperatur und manche andere, vielleicht noch unbekannte Umstände maßgebend hierauf ein. Kehren wir jetzt zurück zu den Ernährungsvorgängen in der Pflanze.

Aufgabe der Agrikulturchemie ist es, sowohl die Nahrungsmittel der Pflanze, als auch deren Rolle beim Aufbaue der Pflanzen zu erforschen, und jene Wissenschaft ist in verhältnißmäßig kurzer Zeit von Chemikern nicht minder als von Botanikern gefördert worden. Erst im Jahre 1838 schrieb die Akademie in Göttingen einen Preis aus für eine entscheidende Lösung der vielbestrittenen Frage, ob die mineralischen Bestandtheile des Pflanzenkörpers, dieselben, welche bei Verbrennung desselben als Asche zurückbleiben, zum Wachsthume der Pflanzen überhaupt nothwendig seien. So jung ist eine genauere Kenntniß von der Ernährung der Pflanzen. Jetzt kennen wir bereits nicht nur die unbedingt nöthigen Nährstoffe für die Pflanzen, sondern auch die Quellen, aus welchen dieselben von den Pflanzen geschöpft werden können. Die Chemie lehrte, daß Kohlenstoff, Sauerstoff, Wasserstoff, Stickstoff, Schwefel, Phosphor, Eisen, Calcium, Kalium, Magnesium, vielleicht auch Natrium und Chlor die wichtigsten Nährstoffe sind, daß die Luft Felsen zerstört und die Gesteinstrümmer in fruchtbaren Boden umwandelt. Kluge Landwirthe haben nicht gezögert diese Lehren in der Praxis anzuwenden; daher der ausgedehnte Handel mit Knochenmehl, Guano und Chilisalpeter, die großen Schwefelsäure- und Superphosphatfabriken, die Fabriken von Fischdünger, der Bergbau auf fossile Knochen, Apatit und Phosphorit, sowie auf Kalisalze; daher der große Fortschritt der Landwirthschaft, welcher nicht so sehr uns befähigt zwei Halme zu erziehen wo früher nur einer wuchs, als darin besteht, daß wir den Boden möglichst ausnützen können und ihm, durch Düngen, zuzuführen wissen, was immer an Nahrungsstoffen für die Pflanzen ihm fehlt.

Es nehmen aber die Pflanzen ihre Nährstoffe, das heißt diejenigen Stoffe, welche sie zu normalem Leben bedürfen, nicht in jeder Form auf.

Der Kohlenstoff fehlt keiner in der Pflanze vorhandenen organischen Verbindung, seiner kann somit die Pflanze nimmer entrathen. Doch gar nicht oder nur in geringer Menge entnimmt ihn die Pflanze dem Boden: Quelle für ihn ist die Kohlensäure der Atmosphäre; diese tritt in die blattgrünhaltigen Zellen ein und wird dort unter dem Einflusse des Lichtes in ihre Elemente Sauerstoff und Kohlenstoff zerlegt. Während dann ein Theil dieser Stoffe in den Kreislauf organischen Lebens gezogen wird, kehrt der andere zurück in das wogende Luftmeer, andern Zwecken zu dienen.

Gleich unentbehrlich zur Konstituirung der pflanzlich-organischen Verbindungen ist der Wasserstoff; Zersetzung von Wasser und Aufnahme von Ammoniak sind die Wege, durch welche er der Pflanze einverleibt wird; auf ersterem Wege mag er in die stickstofffreien, auf letzterem in die stickstoffhaltigen Verbindungen gelangen. Das Wasser selbst gelangt aber entweder ganz ausschließlich, oder doch zum allergrößten Theile durch die Wurzeln in die Pflanzen; atmosphärisches Wasser, sei es Regen, Thau oder Wasserdampf trägt kaum, wahrscheinlich gar nicht zur Ernährung der Pflanzen bei; erst wenn es sich mit dem Boden vereinigt hat, tritt es reichlich in die Pflanze ein. Dies schließt natürlich nicht aus, daß gewisse Luftpflanzen, deren Wurzeln festen Boden oder tropfbares Wasser nicht erreichen, vielmehr in die Luft hinaus, als sogenannte Luftwurzeln sich strecken, fähig sein können den Wasserdampf der Luft zu verdichten und sich dienstbar zu machen.

Eine eigenthümliche Rolle ist dem Sauerstoffe

zugetheilt. Im gewöhnlichen Leben pflegt man viel zu sprechen von der gegenseitigen Ergänzung des Thier- und des Pflanzenreiches; ersteres athme Sauerstoff ein und Kohlensäure aus, letzteres athme aber in umgekehrter Weise Kohlensäure ein und Sauerstoff aus. Hinsichtlich der Thiere ist dies richtig, was aber die Pflanzen angeht, so zeugt es von gänzlichster Verkennung ihrer Lebensvorgänge. Wahr ist es, daß Kohlensäure in die Pflanze ein-, Sauerstoff austritt, diese Kohlensäure dient aber als Nahrung und der austretende Sauerstoff gleicht, um an ähnliches zu erinnern, den unverdauten Ausscheidungen der Thiere. Gleichzeitig wird aber auch eine nicht unbedeutende Menge Sauerstoff in dem Pflanzenleibe als Nahrung zurückbehalten; woher sie genommen wird, ob aus der Atmosphäre, ob aus den Zersetzungen der Kohlensäure und anderer aufgenommener Nahrungsstoffe, das wissen wir mit Sicherheit nicht anzugeben. Wie sich diese Verhältnisse aber auch gestalten mögen, die Pflanze bedarf auch noch atmosphärischen Sauerstoffes zu ihrer Athmung; bei den Athmungsvorgängen werden dann organische Stoffe zerstört und Kohlensäure entweicht, wie bei den Thieren. Athmung findet bei allen lebenden Zellen statt; sie ist Bedingung zum Leben des Protoplasmas; Pflanzen, welche man in sauerstofffreie Luft, etwa in reine Kohlensäure, versetzt, ersticken darin gerade so, wie es den in ähnlicher Lage befindlichen Thieren ergehen würde. Der Athmungsprozeß ist die Hauptquelle der thierischen Wärme, und auch bei den Pflanzen kann er nicht ohne Wärmeentwicklung stattfinden; freilich ist diese selten so bedeutend, daß wir mit unsern, immerhin verhältnißmäßig ungenauen Instrumenten im Stande wären, direkte Messungen anzustellen, doch sind namentlich in Blüthenständen und Blüthen zur Zeit der Befruchtung nicht unbedeutende Erwärmungen beobachtet worden, so bei der Victoria regia, dem Kürbisse, besonders aber am Blüthenkolben der Aroideen (bis 10° C.). Dafür nehmen die Blüthen in 24 Stunden aber auch mehrere, bisweilen viel Mal ihr Volumen an Sauerstoff auf, ja der Blüthenkolben eines Arum absorbirte in einer Stunde 28½ mal so viel Sauerstoff, als sein eigener Rauminhalt betrug.

Stickstoff und Schwefel sind zum Aufbaue des Protoplasmas nöthig. Ersterer kann nicht aus der Atmosphäre, von der er doch 79 Raumprocente ausmacht, aufgenommen werden, muß vielmehr von den Ammoniak- und den salpetersauern Salzen des Bodens geliefert werden; letzterer tritt im schwefelsauern Kalke in die Pflanze ein.

Der Phosphor steht wahrscheinlich in einer noch geheimnißvollen Beziehung zur Bildung der Eiweißstoffe des Protoplasmas, wenigstens findet er sich stets in deren Gesellschaft, auch besteht in manchen Samen ein feststehendes Verhältniß zwischen dem Gewichte ihres Phosphors und ihres Stickstoffes. Aehnliche allgemeine Beziehungen scheint das Kali zum Zellstoffe, zum Zucker und zur Stärke zu besitzen, wie daraus folgen dürfte, daß mit der Geschwindigkeit und Energie des Wachsthums eines Pflanzentheiles sein Kaligehalt zu- und abnimmt. In welcher Form aber Phosphor (Phosphorsäure?) und

Kali in die Pflanze eintreten und wie sie dort allseitig wirken, ist noch unbekannt.

Wichtig ist das Eisen; es ist nothwendig zur Bildung des Blattgrüns. In eisenfreiem Boden erzogene Pflanzen bleiben bleich, sie sind bleichsüchtig oder chlorotisch. Obgleich es trotz alledem noch fraglich ist, ob Eisen ein integrirender Bestandtheil des Blattgrünes ist, oder ob nicht, so wird dadurch Eisen absolute Lebensbedingung für die Pflanze, weil nur die grünen Pflanzentheile die aufgenommene Nahrung gleichsam verdauen, oder wie der Botaniker sagt, assimiliren, das heißt verähnlichen.

Nur sehr wenig läßt sich über die übrigen vorhin erwähnten Nährstoffe der Pflanzen sagen. Da sich ergab, daß vollkommen gesunde Pflanzen in kieselsäurefreiem Boden erzogen werden konnten, so darf die Kieselsäure, obgleich sie bei vielen Pflanzen, besonders Halmgewächsen den größten Bestandtheil der Pflanzenasche ausmacht, doch nicht als eigentlicher Nährstoff betrachtet werden, mag sie auch immerhin als begünstigendes Moment bei der Vollendung des Pflanzenkörpers mitwirken.

Doch genug von dieser mehr chemischen Darlegung.

So weit die nöthigen Nährstoffe im Boden enthalten sind, werden sie der Pflanze durch den in sie eindringenden Wasserstrom zugeführt, aber die Pflanzen nehmen nicht nur, wie bereits vorhin erwähnt wurde, gewisse Stoffe mit besonderer Vorliebe auf, so daß man darnach Kalk-, Kali- und Kieselpflanzen unterscheiden kann, sondern sie wirken auch in merklicher Weise ein auf die Zersetzung des Bodens und somit auf die Bereitung ihrer Nährflüssigkeit. Zunächst ist die Berührung der Wurzeln mit den kleinsten Theilchen des Bodens eine überaus innige. Wenn man zum Beispiel eine junge Weizenpflanze vorsichtig aus trocknem Boden herausnimmt, bemerkt man, daß jede Wurzelfaser mit einer Hülle von Erde bekleidet ist. Diese hängt mit merklicher Zähigkeit an jener fest, so daß ein schwaches Rütteln nicht im Stande ist, sie loszulösen, und wenn sie endlich durch heftiges Schütteln oder Waschen größtentheils entfernt ist, so findet man die meisten Wurzelhaare abgerissen, und fast alle übrigen untrennbar mit kleinsten Erdtheilchen verbunden; das jugendliche Wurzelhaar war eine plastische Masse, welche, dem Zuge der Schwerkraft folgend, sich jeglicher Unebenheit seines Bodens anschmiegte, dann stärker werdend erhärtete und so in ihren umklammernden Fortsätzen gleichsam verwuchs mit der mütterlichen Erde. Nun besitzen zwar nicht alle Wurzeln, so jene der Weißtanne, Wurzelhaare, aber dann sind ihre Faserwurzeln mit einer sehr zarten, zur Nahrungsaufnahme besonders geeigneten Haut bedeckt; auch wird der Mangel an Wurzelhaaren meist durch die Bildung einer größern Menge von Faserwurzeln aufgehoben. Entsprechend den bei der Nahrungsaufnahme durch die Wurzeln stattfindenden physikalischen Gesetzen der Diffusion, tritt aber nicht allein mit Nährstoffen beladene Bodenfeuchtigkeit in die Wurzeln und Wurzelhaare ein, es findet vielmehr ein Austausch statt zwischen dem Safte der Wurzel und jenem des Bodens; freilich überwiegt die Aufnahme die Abgabe ganz außerordentlich, der austretende Wurzelsaft enthält indessen saure Säfte, dazu geeignet, unlösliche Bestandtheile des Bodens zu verändern und in löslichen Zustand überzuführen. Unpassend genug hat man auch diese Ausscheidungen mit dem Austreten unverdauter Nahrungsreste bei den Thieren vergleichen wollen; auch sollten, kein kleiner Irrthum, die ausgeschiedenen Stoffe giftig, speciell ihrer Stammpflanze schädlich sein. Die Einwirkungen dieser Ausscheidungen kann man mitunter beobachten; so findet man häufig in Wiesen glatte Kalksteine, deren Oberfläche mit feinen Furchen netzartig bedeckt ist und wenn der Stein frisch aus der Erde genommen wird, so sieht man, daß eine jede vertiefte Linie oder Furche einer Faserwurzel entspricht, gleich als ob diese sich in den Stein gefressen hätte. Aehnliche Wirkungen rufen auch die feinen, wurzelhaarähnlichen Haftfasern der Flechten hervor; so fand Goeppert das harte feinkörnige Gestein des Zobtenberges in Schlesien an allen Stellen seiner Oberfläche gelockert, wo diese mit Flechten bedeckt war, während sich der nebenan stehende nackte Fels so hart erwies, daß er dem Eindrucke eines Messers widerstand.

Die Nährstoffe, welche, in großen Wassermengen gelöst, in die Pflanzen eintreten, sind in dieser ihrer ursprünglichen Form durchaus nicht im Stande sich an irgend welchen pflanzlichen Neubildungen zu betheiligen, gerade wie auch die Nahrung der Thiere nicht als solche direkte Verwendung findet; beide müssen vielmehr ebenmäßig verdaut, oder, wie man bei den Pflanzen sagt assimilirt werden. Der Assimilationsprozeß findet nun ganz ausschließlich in den blattgrünhaltigen Zellen, in der Regel also in den Blättern statt; dorthin müssen die Nährstoffe mithin zuerst geleitet werden und dies geschieht in einem in den Pflanzen aufsteigenden Saftstrome. Man darf aber nicht, wie früher vielfach geschehen, glauben, daß hier eine regelmäßig aufsteigende, genau vorgezeichneten Wegen folgende Strömung des Saftes stattfände, es ist vielmehr eine langsame, nach allen Seiten hin sich ergießende, rein physikalischen Gesetzen folgende Diffusion, oder Aufsaugung von einer Zelle in die andere durch die geschlossenen Zellwände hindurch.

In den blattgrünhaltigen Zellen angelangt wird die Nährflüssigkeit, das heißt die mit Nährstoffen beladene aufgenommene Wassermenge assimilirt. Wenn es bis jetzt auch noch nicht möglich gewesen den Vorgang der Assimilation von Stufe zu Stufe und in seinen Details zu verfolgen, so darf man wohl behaupten, daß sich derselbe in folgende hauptsächliche Momente zerlegt: Entwässerung des Nahrungssaftes durch die Verdunstung, Zersetzung der atmosphärischen Kohlensäure und Fixirung ihres Kohlenstoffes, Bildung der Eiweißstoffe und Bildung der Baustoffe für die Zellhaut. Daß eine Entwässerung der Nährflüssigkeit stattfinden muß, weil dieselbe stets ungemein wasserreich ist, und daß dieselbe durch die Verdunstung oder Transpiration stattfindet, ist an sich klar. Ueber die Zersetzung der atmosphärischen Kohlensäure und die Fixirung ihres Kohlenstoffes wurde bis jetzt etwa folgendes klargelegt: Nur das lebende Blattgrün besitzt die Kraft die Kohlensäure zu zerlegen, und im allgemeinen nimmt dabei jede der beiden Blattseiten, wenn auch mit verschiedener Energie, Antheil. Licht und Wärme sind unerläßliche Erfordernisse zu diesem Prozesse; freilich kann dabei ein geringer Wärmemangel durch intensivere Beleuchtung ersetzt werden, dennoch gibt es Grenzen, welche nicht überschritten werden dürfen, auch ist es, wie später gezeigt werden soll, nicht gleichgültig, welcherlei Lichtstrahlen die Pflanzen treffen. Noch ist es nicht gänzlich festgestellt in welcher Art und Weise die (aus Kohlenstoff und Sauerstoff zusammengesetzte) Kohlensäure in den blattgrünhaltigen Zellen zerlegt wird, doch glaubt man, daß die Kohlensäure die Hälfte ihres Sauerstoffes verliert und diese aushaucht; indem sich dann aber der übrig bleibende, Kohlenoryd genannte Körper an der Bildung organischer Substanzen betheiligt und so in den Organismus einverleibt, wird noch ein gleich großes Quantum Sauerstoff aus dem Pflanzenkörper ausgeschieden und ebenfalls ausgehaucht. Es muß schon ziemlich hell sein, wenn dieser Prozeß regelmäßig von statten gehen soll, wie denn die meisten im Zimmer absterbenden Pflanzen nur aus allmählicher Erschöpfung zu Grunde gehen, ja man könnte sagen Hungers sterben, weil sie von zu wenig Licht getroffen werden, als daß sie die aufgenommenen Nährstoffe in hinreichender Menge assimiliren könnten. Wenn aber die äußeren Bedingungen günstig sind, dann geht die Assimilation oft wunderbar rasch vor sich. Kultivirt man grüne Pflanzen eine gewisse Zeit lang im

Finstern, dann findet man, daß das vorhin in ihren Blattgrünkörpern vorhandene Stärkemehl verschwunden ist. Bei den Spiralalgen (Spirogyra) genügt alsdann eine nur 5 Minuten lange Einwirkung direkten Sonnenlichtes, um mikroskopisch nachweisbare Stärkekörnchen zu erzeugen. Da hat sich denn die Kohlensäure fixirt und ist eingetreten in den Kreislauf organischen Lebens. Wie sich die Eiweißstoffe und die noch nicht betrachteten Baustoffe für die Zellhaut, Zucker, Inulin und Fette bilden, ist uns noch unbekannt; ja wir können noch nicht einmal den Ort angeben, wo die Eiweißstoffe entstehen. So müssen wir uns denn bescheiden, daß wir kaum einen Einblick in die geheimnißvollen Werkstätten des Lebens gethan haben; doch sei es gestattet nochmals einen Blick auf die unendliche Wichtigkeit gerade dieser Vorgänge zu werfen. Es wurde erwähnt, daß nur die blattgrünhaltigen Zellen der Assimilation dienen können. Daraus folgt zunächst, daß eine große Zahl von Pflanzen, eben die bleichen, das heißt blattgrünlosen Pflanzen nicht assimiliren, folglich auch nicht sich selbst ernähren können; sie sind daher angewiesen als Schmarotzer auf oder in anderen lebenden Organismen, seien es nun Pflanzen oder Thiere oder gar der Mensch, zu leben und von deren Säften sich zu nähren, oder aber auf den Ueberresten abgestorbener Körper zu vegetiren. Solcher Pflanzen gibt es nicht wenige; Genaueres darüber später. (Vergleiche Figur 30). Doch weiter; was ist die Nahrung des Menschen und der Thiere? Pflanzen und Thiere lautet die Antwort, aber bei genauerem Zuschauen findet man, daß die verzehrten Thiere in letzter Instanz ihre Nahrung aus dem Pflanzenreiche zogen, und daß somit die Thätigkeit der grünen Zelle Bedingung jeglichen irdischen Lebens ist.

Figur 30.

Der Quendel-Sommerwurz (Orobanche epithymum) auf den Wurzeln des Quendels (Thymus serpyllum) schmarotzend.

Die Assimilationsprodukte, namentlich also die Stärke, können an dem Orte ihrer Bildung nicht unbenutzt aufgehäuft werden; durchwandern müssen sie den Pflanzenkörper, und hinziehen zu Stätten, wo sie entweder zur Bildung neuer, oder zur Ernährung bereits vorhandener Zellen Verwendung finden, oder wo sie als Reservestoffe aufgestapelt werden sollen zu späterer Benutzung. Dies alles ist so ohne weiteres nicht möglich, da ja die festen Körper nicht durch die allseitig geschlossenen Zellwände hindurchdringen können. Daher muß oft eine Umwandlung der Stoffe, ein sogenannter Stoffwechsel eintreten. Soll zum Beispiel die in den Kartoffelblättern gebildete Stärke hinab in die Erde in die Knollen eintreten, um sich dort als Reservestoff anzusammeln, dann muß sie sich erst verflüssigen, und sie wird thatsächlich in Glykose umgewandelt. Auch erkennen wir sehr gut weshalb die Stärke hier als Reservestoff aufgespeichert wird; die Knolle hat ja die Bestimmung im nächsten Jahre, bei erwachender Vegetation, eine neue Pflanze aus sich zu erzeugen, sie könnte aber keinen Stengel und keine Blätter hervortreiben, wenn ihr nicht Stoffe zu Gebote ständen, aus denen sie diese neuen Organe aufzubauen im Stande wäre; das dazu nothwendige Baumaterial findet sie nun in ihrem Stärkemehl, je mehr Organe sie treibt, um so mehr verschwindet auch jenes, bis endlich neue Blätter genug gebildet sind um Wachsthum und Leben der neuen Pflanze durch ihre Kraft zu fördern und zu erhalten. Gar mannigfach sind die Orte an welchen die Pflanze Reservestoffe für sich niederlegt, und gar verschieden die Natur dieser letztern; wohl weiß dies der Mensch, indem zu seinem Gebrauch er sie aufsucht: hier findet er Stärke in den Samen der Getreide, dort in den Knollen der Kartoffel, Zucker bietet ihm dar der schwankende Stengel des Zuckerrohres, die Knolle der Rübe, der holzige Stamm des Ahorn; nährendes Oel bereitet für ihn der Same des goldigen Rapses und schenkte Pallas Athene in ihrer Olive. Doch genug der Culturpflanzen, welche wir eben nur kultiviren um ihre Reservestoffe uns nutzbar zu machen.

Manche Produkte des Stoffwechsels finden zum Aufbaue neuer, so wie zur Vergrößerung bereits vorhandener Zellen keine Verwendung, unthätig für diese Zwecke bleiben sie, meist am Orte ihrer Entstehung, aufgespeichert, gleichsam als Nebenprodukte im Chemismus des Stoffwechsels; die ätherischen Oele, jene Wohlgeruchspender der Blumen, Kautschuck, Gerbstoffe, Harze, Gummi, bunte Farbstoffe, Säuren, Wachs und manch andere Stoffe gehören hierher. Was ihre Rolle im pflanzlichen Leben ist vermögen wir meistens nicht anzugeben. Ihnen reihen sich die sogenannten Degradationsprodukte an, Stoffe, welche erst durch nachträgliche Veränderung — nicht immer Verschlechterung wie der Name anzudeuten scheint — organisirter Gebilde entstehen, so der Quitten- und Leinsamenschleim, vielleicht auch der Holz- und der Korkstoff.

Noch erübrigt es die Wege des assimilirten Nahrungssaftes und die treibenden Kräfte in Kürze darzulegen. Da ist es fast als sicher anzunehmen, daß, von den Moosen aufwärts, vielleicht nicht in allen, aber doch weitaus den meisten Pflanzen zweierlei Gewebeformen die Leitung des assimilirten Nahrungssaftes übernehmen; der Weichbast leitet gerade nicht ausschließlich, aber doch vorwiegend die eiweißartigen, schleimigen, alkalisch reagirenden Verbindungen, während das Parenchym, sowohl das der Rinde, als das des Markes, das Organ ist, durch welches hauptsächlich die stickstofffreien Verbindungen, wie Stärke, Zucker, Inulin, fette Oele und die Säuren fortgeführt werden. Auch die Milchsaftgefäße und die ihnen verwandten Schlauchgefäße enthalten Reservestoffe verschiedener Art, welche nach Erforderniß verwendbar sind; dabei ist den in ihnen enthaltenen Säften leichtere Bewegung gestattet, als den in kleinzelligem Gewebe befindlichen. — Schwieriger, ja fast unmöglich scheint es zur Zeit eine Antwort über die treibenden Kräfte zu geben, weil das Mitwirken des organisirten Protoplasmas unberechenbare Faktoren einschließt; doch mögen die Diffusionsgesetze in ihrer allgemeinsten Fassung auch hier Anwendung finden, und als bewegende Kräfte hinzutreten die Gewebespannung, das heißt der gegenseitige Druck, welchen benachbarte Zellen auf einander ausüben, sowie die durch den Einfluß des Lichtes, der Schwerkraft und des Windes hervorgerufenen Krümmungen und Zerrungen des Pflanzenkörpers.

Die Ziele aller Assimilations- und Stoffwechselvorgänge, Ernährung und Wachsthum der Pflanze und ihrer Zellen, sind uns ebenfalls noch mit undurchdringlichem Schleier verhüllte Geheimnisse; kaum daß wir die augenfälligsten Vorgänge bei Zelltheilung und Zellwachsthum anzugeben wissen.

Die Abhängigkeit der Pflanzen von ihren äußeren Lebensbedingungen und deren Anpassung an diese.

„Wer sich nicht nach der Decke streckt,
„Dem bleiben die Füße unbedeckt.
Sprichwort.

Freie Bewegung besitzet das Thier, an ihre Stelle gefesselt bleibet die Pflanze; daher ist diese viel mehr als jenes abhängig von den äußern Lebensbedingungen und muß mehr ausgerüstet sein mit Schutzmitteln aller Art, soll sie den äußern Fährlichkeiten und ihren Feinden nicht allzu frühzeitig erliegen.

Zunächst mechanischen Einwirkungen ist die Pflanze unterworfen. Ununterbrochen und auf jeden Pflanzentheil wirket die Schwerkraft und es müssen daher besondere Vorrichtungen getroffen sein um deren Einfluß zu mindern. Dies ist in der That der Fall: die Festigkeit und Elasticität des Holzes aufrechter Stämme, die gleichmäßige Vertheilung der Aeste und des

Laubes nach allen Seiten hin, die Ranken und anderen zum Klettern befähigenden Einrichtungen bei schwachen Stämmen, welche von ihrer eigenen und ihres Laubwerkes Last zu Boden gedrückt würden, die Flugapparate mancher Samen und Früchte, die Luftblasen schwimmender Pflanzen und so manches andere dient eben nur dazu, das Gewicht der Pflanzentheile zu mindern und ihr Niederfallen zu hindern, wo dies der Gesammtorganisation zum Nachtheile sein würde. Gehen wir genauer auf Einzelnes ein, dann gestaltet sich manches anscheinend Unbedeutende ganz überraschend. Es scheint natürlich, daß Organe, welche in der Luft leben, wie zum Beispiel die Stämme und Blüthenschäfte, einer gewissen Biegungsfestigkeit bedürfen um allen seitlich wirkenden Kräften (Wind, einseitige Belastung und dergleichen) Widerstand zu leisten, daß andere Organe, welche im Boden, oder in rasch fließendem Wasser vegetiren, und ebenso die Ranken und schlingenden Stengel vorzugsweise Zugfestigkeit, daß endlich andere Organe gegen äußere Druckkräfte geschützt sein müssen. Gehen wir nun auf die anatomischen Verhältnisse der betreffenden Organe ein, dann finden wir zuvörderst, daß bestimmte Zellgruppen, nämlich die langgestreckten, stark verdickten Bastzellen und einige verwandte Zellgruppen das mechanische System im Pflanzenkörper bilden, daß sich mithin die Aufgabe dieses Zell-Systems in etwa vergleichen läßt mit jener des Skeletes der Wirbelthiere. Diese mechanischen Zellen besitzen einen hohen Grad von Widerstandsfähigkeit. Stark verdickte Bastzellen, wie sie bei den Lilien, Palmen und Gräsern vorkommen, besitzen nahezu die Zugfestigkeit des Schmiedeeisens. Man hat Fälle beobachtet, wo eine Belastung von 15 bis 20 Kilogramm pro Quadratmillimeter der Querschnittsfläche weder ein Zerreißen noch eine bleibende Verlängerung zur Folge hatte; gewiß außerordentlich viel, da man ja beim Baue eiserner Brücken eine Belastung von höchstens 6 bis 8 Kilogramm pro Quadratmillimeter für zulässig erachtet. Was aber die lebenden Bastzellen (und nur von solchen ist hier die Rede) wesentlich vom Eisen unterscheidet, das ist ihre ungleich größere Dehnbarkeit. — Außerordentlich elegant, menschlichen Bauten zum Muster, sind die mechanischen Gerüste der Pflanzen konstruirt. Bei biegungsfesten Construktionen findet sich vielfach der hohle Cylinder, indessen auch einzelne, durch Quer- und Dreiecksverbindungen verstärkte Träger oder Pfosten; dazu sind alle diese Einrichtungen durch entsprechende Wandstärke oder durch vorgeschobene Construktionstheile gegen das Einknicken geschützt. Nach dem Gipfel zu nehmen sie gesetzmäßig an Stärke ab, im allgemeinen so, daß sie sich wie „Träger von gleichem Widerstande“ verhalten. Unter dem Einflusse biegender Kräfte krümmen sie sich daher in den zierlichsten Formen und in streng mathematischen Linien. — Finden sich hier die mechanischen Zellen meist nach außen gedrängt, so bei den zugfesten Organen nach der Mitte. Muster solcher Gebilde sind die Wurzeln; ähnliche Bildung, wie sie, zeigen auch die unterirdischen Stengeltheile, die Wurzelstöcke und die in fluthendem Wasser stetem Zuge ausgesetzten Stengel der Wasserpflanzen. Wurzeln, welche auch als Stützen fungiren, wie die der Pandanus-Arten (vergleiche Figur 31), sind dem entsprechend abweichend gebaut von den im Boden vegetirenden Normalwurzeln derselben Pflanze. — Die centrale Stellung des mechanischen Systems in den Wurzeln, Wurzelstöcken und Stengeln von Wasserpflanzen erfordert es, daß die für feuchte Standorte unentbehrlichen Luftkanäle in die Rinde verlegt werden müssen. Hier aber bedürfen sie unter Umständen eines Schutzes gegen äußere Druckkräfte; eine nach außen gelegene, zuweilen noch durch dickwandige Zellen verstärkte Baströhre entspricht diesem Zwecke. In lockerer Erde und Wasser ist ein solcher Schutz entbehrlich, in letzterem dagegen oft ein anderer nöthig um Beschädigungen, namentlich Abstreifen der Rinde zu verhüten, da durchziehen denn zerstreute Bastbündel die Rinde. Kurz, die mechanischen Einflüssen ausgesetzten Pflanzenorgane sind nach allen Prinzipien menschlicher Mechanik gebaut.

In Luft oder in Wasser muß die Pflanze leben, und demgemäß ist sie gebaut, manchen aber ist auch amphibisches Leben zu eigen. Völlig flach zu beiden Seiten sind die Ufer des Amazonenstromes, unermeßliche Wälder spiegeln sich in seinen Fluthen. Die Regenzeit erscheint, um 40 bis 50 Fuß steigt die Höhe des Flusses, 4 bis 5 geographische Meilen weit überschwemmt er seine Ufer, Monate lang stehen dann die Wälder — Igapo ist ihr Name — 10 und mehr Meter tief, zum Theil bis an die Kronen der Bäume unter Wasser. Oft wird freilich

Figur 31.
Ein auf seine Luftwurzeln gestützter Pandanus.

der thonreiche Boden des Ufers durch die wachsende Kraft der Strömung zerstört. Kanäle, Lagunen entstehen, zu Inseln löst der Igapo sich auf, und, indem unterwaschen der Boden einsinkt, stürzen die Hochstämme mit gewaltigem Schall in die Fluth und setzen den Strom, mit Treibholz ihn füllend, weithin in brandenden Wogenschwall. Zahlreiche hochragende Palmen finden sich hier, aber mit ihnen ist auch der Reiz des Waldes erschöpft; einen unerfreulichen Anblick bieten die Wälder mit ihren schlammumgürteten Stämmen. Farbige Blüthen bemerkt man nur selten, unansehnlich sind sie, weißlich und grünlich, auch dauert die Entfaltung der Blüthen nur kurze Zeit; dagegen tritt die dichte Belaubung der Kronen so eigenartig hervor, daß von Humboldt in ihr den Charakter der Wälder des tropischen Amerika erkannte. Von geringer Festigkeit endlich ist das Holz der Bäume, wie es auch sonst sich findet in Uferwaldungen, wo rascher durch das Gewebe die Säfte dahinziehen. — Ob wohl manch andres Gewächs so eigenes Leben ertrüge? — An der Mainkur nahe Frankfurt am Main findet sich in großer Menge eine Wasserranunkel vor. Ihr Boden ist während des Monates März durchschnittlich 25 Centimeter hoch mit Wasser bedeckt und im April erheben sie bereits ihre gelblich weißen Blüthen in Menge über den Wasserspiegel. Aber während der Blüthezeit sinkt das Wasser, und nach einiger Zeit ist gar keins mehr vorhanden; dann vertrocknen die langgestielten, haarförmig zertheilten Wasserblätter, oder erhalten sich nur noch eine kurze Zeit, wenn sie vom Schlamme bedeckt werden. Bald sind diese Wasserpflanzen gänzlich verschwunden und in den folgenden Monaten findet man nur die buschige Landform derselben Pflanze mit ihren lederigen, glänzenden, gekerbt nierenförmigen Blättern, welche sich aus den Knospen in den Achseln der frühern Blätter entwickelte. Weiterhin, im Juli, verschwindet auch diese und man trifft alsdann keine Spur mehr von der früher so reichlich vorhandenen Pflanze. Doch sind die Samen im Boden geblieben, und unter dem Einflusse der sich sammelnden Feuchtigkeit beginnt im Laufe des Spätherbstes und Winters die Keimung. So ist nicht nur an jenem Orte, weil es die Wachsthumsverhältnisse also verlangen, eine als perennirend bekannte Pflanze einjährig, sondern es kann auch die Zusammengehörigkeit und der Uebergang von zweierlei, als besondere Varietäten beschriebenen Pflanzenformen direkt beobachtet werden. — Noch ein Beispiel. In den Getreidefeldern, welche man in den ausgetrockneten alten Wallgräben von Alt-Breisach angelegt hat, wächst die sogenannte Landform des ortwechselnden Knöterichs sehr üppig. Dieselbe besitzt einen steifen, aufrechten Stengel, kurzgestielte, ziemlich schmale lanzettförmige, steifhaarige Blätter. Jene Form findet man daselbst seit langen Jahren und man könnte glauben, sie sei in ihrer typischen Form gleichsam erstarrt; aber mit dem Umwandeln und dem Verlieren von Eigenthümlichkeiten geht es nicht so schnell, wie wohl manche Gegner und übelberichtete Freunde des Darwin'schen Transformismus es als Ansicht ihrer Anhänger irrthümlich darstellen. Von dort nahm man nämlich mehrere, ungefähr 75 Centimeter hohe Pflanzen und versenkte sie in das 1 Meter tiefe Wasserbecken des Freiburger botanischen Gartens, und siehe da, die Zweige jener Pflanzen hörten bald in ihrem Wachsthume auf und ihre Blätter verdarben; an ihrer Stelle bildeten sich aber aus dem Wurzelstocke andere, schlaffe Zweige, welche nach einigen Wochen mit ihrer Spitze die Oberfläche des Wassers erreichten und hier ihre nunmehr ausgebildeten langgestielten, breiteren und kahlen Schwimmblätter ausbreiteten. Es war hiernach in wenigen Wochen aus der Land- die Wasserform entstanden und zwar einfach durch Versenken der ersteren in Wasser. — Es ist selbstverständlich, daß derartige äußere Aenderungen mit Modifikationen des inneren Baues Hand in Hand gehen. Nimmt man von der vierblätterigen Marsilie — einer in Deutschland nur selten wild wachsenden, in Gärten aber in feuchtem Boden vielfach kultivirten und unter solchen Verhältnissen reichlich fruchtenden Pflanze — ein in guter Vegetation befindliches, mit Luftblättern versehenes Stück des kriechenden Stengels und versenkt dasselbe so tief unter einen Wasserspiegel, daß alle Blätter überfluthet werden, dann ändert sich in kurzer Zeit die ganze Tracht der Pflanze; die zur Zeit des Eintauchens schon vollständig ausgewachsenen Blätter bleiben unter dem Wasser unverändert, die jüngern aber und alle sich noch neu entwickelnden erhalten außerordentlich lange und schlaffe Blattstiele, so daß sie sich zur Oberfläche erheben und einen auf derselben schwimmenden, vierstrahligen Stern bilden. Steigt der Wasserspiegel schnell, gerathen dadurch die früher schwimmenden

Blattspreiten unter denselben, so legen sich die vier Theilblättchen, wie von einem empfindlichen Reize getroffen, fächerartig aneinander. Bald aber accomodirt sich die Pflanze den neuen Verhältnissen, ihre Blattstiele verlängern sich und ihre Spreiten erreichen den Spiegel des Wassers, auf dem sie wieder, ausgebreitet wie zuvor, schwimmen. Während nun zunächst die Wasserform in allen vegetativen Organen weit üppiger ist als die frühere Landform, unterbleibt ihre Fruchtbildung gänzlich; sodann ist auch der anatomische Bau der Schwimmblätter insofern geändert, als ihre Unterseite gänzlich frei von Spaltöffnungen ist, während die Luftblätter dergleichen auf beiden Seiten ihrer Spreite und ziemlich gleichmäßig vertheilt besitzen — was sollten jene auch an der immer mit dem Wasser in Berührung stehenden Fläche? —

Erwähnt mag noch werden, daß Pflanzen, welche gleichzeitig untergetauchte und in der Luft befindliche Blätter besitzen, meist verschiedenblätterig sind, indem erstere anders gebildet sind als letztere (vergleiche Figur 32).

Ein mäßiger Wind hat sich erhoben, doch kein Sturmwind, der alles mit sich fortreißen könnte; feiner Lehmstaub steigt in die Höhe und Weite; da jagen kugelförmige Gestalten vorbei, in klafterlangen Sprüngen rollen sie auf dem Boden fort, athemlos ist ihre Eile, Grauen überfällt den Reisenden, den Zeugen dieses zwecklosen Rennens. Das sind die Steppenläufer der kaspischen Steppen: sparrige, beim Absterben völlig trocken

Figur 32.

Blühende Wassernuß (Trapa natans), mit schwimmenden, rautenförmigen und mit untergetauchten, haarförmig gefiederten Blättern.

gewordene Pflanzen, welche der Wind nun losreißt und vor sich hertreibt, bis der Rest eine Kugelform annimmt. Allein so ganz ohne Bedeutung für die Vegetation ist diese Bewegung der durch die Dürre leicht gewordenen Körper doch nicht, weil sie die Wanderung der an den Bruchstücken befindlichen Samen befördert und an entfernten Standorten neues Leben ansiedelt. Aehnlich verhält es sich mit der sagenberühmten Rose von Jericho und der eßbaren Mannaflechte. Jene Rose ist eine kleine Pflanze, welche sich zur Zeit ihrer Fruchtreife zu einer Kugel zusammenballt, die aber vermöge ihres Schleimgehaltes begierig Wasser einsaugt und ihre Organe wiederum ausbreitet, wie zur Zeit ihrer Blüthe. Es ist die Pflanze, welche fromme Pilger aus dem heiligen Lande herüberbrachten, Wunder erzählend von ihrer Kraft am Weihnachtsabende, in Wasser getaucht, neu zu erblühen und blutig zu färben das Wasser, das ihr gereichet. Freilich hat sie die Kraft ihre Aeste zu entfalten, nicht an jenem Abend allein, sondern immer, sobald ihr des Wassers Fülle geboten. Aber dieser Schein des Lebens erneut nicht ihr Wachsthum, er beeinflußt allein die Früchte, denn diese öffnen sich erst durch eingesogenes Wasser und entlassen nur dann die Samen. Wird in der Heimath die Pflanze vom Boden gerissen, dann wohl treibet der Wind sie hin durch Wüsten und Felder, bis die Feuchte des Bodens die Pflanze entrollet, die Samen verstreut und so neues Leben den syrischen Wüsten darbietet. Gleich jener kleinen Kreuzblume, Anastatica Hierochuntica lautet ihr Name, ist auch die Mannaflechte

(Parmelia esculenta) ursprünglich am Boden befestigt, aber durch die Stürme losgerissen, zerbröckelt und weggeführt, fällt sie an entfernten Orten als Mannaregen in kleinen, erbsenähnlichen Stückchen nieder — einst dem wandernden Volke willkommene Nahrung — jetzt um in Folge von atmosphärischen Niederschlgäen aufs Neue fortzuwachsen und allüberall durch die Wüste Leben zu verbreiten. So sind die einfachsten, aber sichern Mittel verwandt um auch den ungünstigsten Verhältnissen die Organisation anzupassen, oder wie könnte man sparsamer verfahren, als daß man den Pflanzenschleim in kleinen Pflänzchen ablagert um den Thau der Wüste zu sammeln, oder indem man die trockene Flechte herrschender, tödtender Dürre entreißt und in kleine, leichte Stückchen zerlegt um ihre Beweglichkeit zu erhöhen und überall ihre Ansiedlung zu ermöglichen.

Doch das sind Ausnahmen. — Aber gegen trockne Klimate sind doch sehr viele Pflanzen in ganz besonderer Weise geschützt durch die Bildung von Dornen, Bekleidung mit Haaren und die vielfache Absonderung ätherischer Oele. Dornig sind die meisten Sträucher der Wüsten und Steppen, weniger Wasser dünsten sie aus und länger können dann sie aushalten mit dem geringen Maße, das ihre Heimath ihnen bietet. Auch die Haare mäßigen die Hitze der Sonne; mannigfach ist ihre Gestalt; bald bilden sie, die Oberhaut verhüllend und beschattend, dichte Wolle, bald schmiegen sie dieser seidenartig sich an, bald auch schützen sie durch ihre Starrheit sich selbst gegen Saftverlust. Indem sich endlich durch die Verdunstung jener ätherischen Oele jedes Blatt mit einem Wölkchen umgibt, das mit wohlriechenden Dämpfen beladen ist, wird des Wassers Verdunstung gehemmt, und auch mag durch die dabei entstehende Verdunstungskälte der Sonne Gluth einigermaßen gemäßigt werden.

„Und dräut der Winter noch so sehr
Mit trotzigen Geberden
Und streut er Eis und Schnee umher,
Es muß doch Frühling werden.

Und drängen die Nebel noch so dicht
Sich vor den Blick der Sonne,
Sie wecket doch mit ihrem Licht
Einmal die Welt zur Wonne.

Da wacht die Erde grünend auf,
Weiß nicht wie ihr geschehen,
Und lacht in den sonnigen Himmel hinauf
Und möchte vor Lust vergehen.

Sie flicht sich blühende Kränze ins Haar,
Und schmückt sich mit Rosen und Aehren,
Und läßt die Brünnlein rieseln klar,
Als wären es Freudenzähren."

Geibel.

Winter ist es. Mit weißem Sterbegewande hat die Erde sich und ihre Lieblinge, die Blumen alle, bedeckt. Zu Eis erstarrt sind die Säfte der Pflanzen; scheinbar todt ruhen sie da, wartend, daß neue Wärme zu neuem Leben sie wecke. Weg schmelzen Schnee und Eis, nun wachen sie allmälich auf, die Schläfer des Winters. Ungleich begabt wie sie sind, ruhen manche noch lange, andere, genügsamere aber strecken bald empor ihre Blätter und Aestchen und Blüthen. Kaum daß die kleinen nur Zoll langen Polarweiden von den ersten Sonnenstrahlen getroffen werden, da beginnen ihre Kätzchen schon zu blühen, obgleich eine Safterneuerung aus dem gefrorenen Boden noch Wochen lang unmöglich ist. Die Sonne thaut nur den Saft im Gewebe ihrer äußersten Triebe und Knospen auf, und diese vollenden ihre Aufgabe, während der größte Theil des Organismus, der unterirdische Holzstamm noch im Winterschlafe verharrt und vielleicht nur in günstigen Jahren zu vollständigem Saftumtrieb und entsprechendem Wachsthume gelangt. Mögen wir dies vielleicht noch erklärlich finden, indem wir annehmen, daß die bereits ziemlich weit entwickelten Blüthenknospen von dichten Hüllblättern und dicker Schneelage vor der Einwirkung tieferer Kältegrade geschützt waren, und daß die im Stengel aufgespeicherten Reservestoffe Nahrung genug lieferten zur völligen Entwicklung der Blüthen, so bietet sich hier doch ein physiologisches Räthsel; wie ist es möglich, daß jede arktische und manche alpine Pflanze einen neunmonatlichen Winterschlaf aushält, während dessen alle Säfte zu Eis erstarrt sind, da doch andere, tropische Pflanzen bereits dahinsterben bevor noch die Wärme bis zum Gefrierpunkt des Wassers gesunken? Andere Pflanzen schließen jenen Weiden sich an. Untersuchungen, am Rande von Schneefeldern der Alpen angestellt, ergaben, daß das in den Boden einsickernde Schmelzwasser bereits den Stoffwechsel der unter Schnee und Firn begrabenen

Pflänzchen anzuregen vermag; warmen Hauch athmen jetzt die Pflänzchen, warm genug, um die eisige Decke, die sie berührt, zu schmelzen; so schafft sich die wachsende Pflanze selbst Raum, endlich durchlöchern die kleinen Stengel die oft ein bis zwei Zoll dicke Firnschichte und strecken ihre Blüthen fröhlich gen Himmel. Es ist ein eigenes Bild, der Rand der Schneefelder von tausend Kanälchen durchlöchert und mit blühenden Pflänzchen, meist Alpenglöckchen (Soldanella), durchspickt; eigener noch, wenn die Blüthchen sich öffnen so völlig vom Eise umschlossen, wie jene kleinen Insekten urweltlicher Zeiten, welche der Bernstein umfloß und so uns bewahrte. Da darfs uns nicht wundern, daß oft, auf eisigen Boden gefesselt, die Schneealge, Protococcus nivalis, weithin mit rother Decke den Schnee überzieht, und daß die wenigen bei uns im Winter blühenden Gewächse, wie Maßliebchen und Nießwurz in allen Stadien der Blüthenentwicklung gefrieren, um nach dem Aufthauen einfach weiter zu wachsen.

„Ein Fichtenbaum steht einsam
Im Norden auf kahler Höh'.
Ihn schläfert; mit weißer Decke
Umhüllen ihn Eis und Schnee.
Er träumt von einer Palme
Die, fern im Morgenland,
Einsam und schweigend trauert
Auf brennender Felsenwand."

Heine.

Gegen die Pole hin ruhen im Winter die Pflanzen, im trocknen glühenden Sommer aber die nach dem Aequator zu; hier setzt die Wärme der Pflanzenentwicklung ein Ziel, gerade wie dort die Kälte es that. Unter dem senkrechten Strahl der niebewölkten Sonne, so schildert es Humboldt, zerfällt in Staub die verkohlte Grasdecke der Llanos; dann klafft der erhärtete Boden auf, als wäre er von mächtigen Erdstößen erschüttert. Es verschwinden allmälich die Lachen, welche die gelb gebleichte Fächerpalme vor der Verdunstung beschützte. Ueberall kündet Dürre den Tod. Tritt endlich nach langer Dürre die wohlthätige Regenzeit ein, dann ändert sich plötzlich die Scene. Kaum ist die Oberfläche der Erde benetzt, so überzieht sich die duftende Steppe mit Blüthen und mannigfaltigen Gräsern. Hier und allerwärts in den Tropenländern treiben die Holzgewächse während der Regenzeit mit unglaublicher Schnelligkeit und Ueppigkeit, aber die Spuren des Sonnenbrandes und seiner Trockenheit bleiben erkennbar; in den Nilländern zum Beispiel sucht man vergebens einen Baum an dem nicht ein Theil abgestorben ist, sei es unten die Rinde des Stammes, oder ein Ast, den die Sonne versengte, oder eine vertrocknete Schlingpflanze, welche den Stamm verunstaltet. — Aber ungleich vertheilt die Natur an die verschiedenen Organismen die Hülfsmittel der Dürre zu widerstehen; bald entfernt sie die leidenden Organe, bald auch schützt sie dieselben durch besondere Organe gegen Verdunstung und Austrocknung. So ist nur an wenig Orten in der heißen, trocknen Jahreszeit die grüne Farbe völlig verschwunden; in den heißesten Gegenden Nubiens bewahren, wenn alles übrige verdorrt oder entlaubt ist, gewisse Sträucher den dürftigen Schmuck ihrer Blätter; anderorts sind es die Saftpflanzen, besonders Kakteen, welche durch die in ihre Organisation gelegten Kräfte den Saft zurückhalten und ihr Wachsthum durch lange Dürre hindurch beibehalten (vergleiche Figur 33).

Figur 33.

Blühende Mammillaria.

Zwischen bestimmte Temperaturgrenzen ist demnach alles pflanzliche Leben eingeschlossen; da lehrt nun die Forschung folgendes große und doch so einfache Gesetz:

Jede Thätigkeit der Pflanzenorgane beginnt erst, wenn die Temperatur einen bestimmten Grad über dem Gefrierpunkt ihrer Säfte erreicht hat. Wenn die Wärme von dieser unteren Grenze anfangend steigt, dann tritt eine Beschleunigung und größere Energie der Lebensthätigkeiten ein, bis diese bei einem gewissen Temperaturgrade einen Höhepunkt erreicht haben. Bei weiterer Steigerung der Temperatur nehmen dann Geschwindigkeit und Energie der Lebensfunktionen wieder ab, bis endlich ein gänzlicher Stillstand eintritt, wenn die Temperatur eine gewisse Höhe erlangt hat, welche, wie es scheint, niemals dauernd über 50 Grad des hundertheiligen Thermometers betragen darf. Endlich nehmen die verschiedenen Lebensäußerungen derselben Pflanze bei wechselnder Temperatur nicht gleichmäßig zu oder ab. — Gehen wir auf specielleres ein, dann wird vielleicht ungeahnte Resultate fernere Forschung noch bieten, doch soll das wenige Bekannte seiner Hauptsache nach nicht unvergessen bleiben. Man nahm bis unlängst an, daß bei einer Temperatur unter dem Nullpunkte nichts wachse; da beobachtete man, daß Weizen, welcher durch Zufall mit Eisblöcken in einen Eiskeller gelangt war, schon bei einer Temperatur von Null Grad keimen könne, daß durch die bei diesem Keimen entwickelte Wärme Eis geschmolzen und Raum geschafft wurde für die hervortretenden Wurzeln. Ja es wurde wahrscheinlich, daß das Wachsen der Keimtheile beginnen könne, wenn nur der protoplasmatische Saft ihrer Zellen nicht durch Frost erstarrt, ein Stoffwechsel also nicht absolut unmöglich sei. Bis zu dieser Beobachtung aber glaubte man, daß das Wachsen des Keimes von Weizen und Gerste bei ungefähr 5° C, das der Schminkbohne und des Mais (um einige fernere Beispiele hinzuzufügen) bei 9,4° C, das des Kürbis dagegen erst bei 13,7° C beginne und auf Kosten der in den Samen aufgespeicherten Reservestoffe fortgeführt werde, daß aber eine höhere Temperatur eintreten müsse, wenn, nach Verzehrung jener Reservestoffe, das Wachsthum durch Benutzung neu geschaffener Assimilationsprodukte fortgesetzt werden solle. Man sieht, wie bis dahin hinsichtlich einer so wichtigen und verhältnißmäßig leicht zu beobachtenden Pflanze wie der Weizen ist, schon erhebliche Täuschungen vorlagen. Verhältnißmäßig leichter zu beobachten als die niedrigsten, sind die höchsten Keimungstemperaturen; dieselben liegen für Weizen, Gerste und Erbsen bei 37° bis 38° C, für Schminkbohnen, Mais und Kürbis dagegen bei ungefähr 42° C. Uebrigens erkennt man aus diesen wenigen Thatsachen, daß die Keimungstemperatur zwischen höher liegenden Wärmegraden eingeschlossen ist bei Pflanzen, welche ein wärmeres Klima zu völlig normalem Wachsthum verlangen, als bei solchen, denen geringere Wärmemenge genügt. — Die Unterschiede, welche die verschiedenen Pflanzen hinsichtlich ihrer niedrigsten Keimungstemperatur besitzen, zeigen deutlich, daß ihr Protoplasma verschieden organisirt ist; deutlichen Beweis hierfür liefert auch dessen Beweglichkeit. Taucht man Pflanzentheile, bei welchen die Bewegung des Plasmas leicht beobachtet werden kann, in recht kaltes Wasser, dann steht jene Bewegung stille; erwärmt man solche Präparate vorsichtig unter dem Mikroskope, so tritt bei gewissen Wärmegraden die Bewegung ein, bei Nitella schon bei Null Grad, in den Haaren des Kürbisses aber erst bei 10 bis 11 Grad Celsius. Anfänglich langsam und träge sind diese Bewegungen, mit steigender Temperatur wächst ihre Geschwindigkeit; jetzt, bei Nitella bei + 37 Grad C, beim Kürbis zwischen 30 und 40 Grad ist ein Höhepunkt erreicht; dann nimmt sie ab oder steht plötzlich stille, ersteres beim Kürbisse, dessen Protoplasma noch zwischen 40 und 50 Grad Bewegungen zeigt, letzteres zum Beispiel bei jener Nitella. — Aehnliche Unterschiede zeigen sich bei der Aufnahme des Wassers durch die Wurzeln. Die Wurzeln einzelner Kohlarten und gewiß auch manch anderer Pflanzen können aus einem nahezu gefrorenen Boden hinreichend Wasser aufnehmen um ihrem mäßigen Bedarf zu genügen; nicht so bei anderen: Taback- und Kürbispflanzen lassen zum Beispiel bei einer Temperatur von nur + 3 bis 5 Grad Celsius ihre Blätter schlaff herabhängen; nicht als ob ein Wärmemangel sie tödtlich getroffen, sondern weil die Wurzeln weniger Wasser aufnehmen, als durch die nur schwache Transpiration der Blätter abfließt, und weil so die nöthige Saftfülle fehlt, um die Blätter straff zu erhalten. — Gleiches gilt für die Assimilationsvorgänge; die Blätter der Lärche zersetzen die aufgenommene Kohlensäure schon bei + 0,5 bis 2,5 Grad Celsius, die der Wiesengräser bei + 1,5 bis 3,5 Grad; andere Pflanzen bedürfen indessen höherer Temperaturen, wenn sie ihre Nahrung assimiliren sollen, so das Laichkraut, das ein Temperaturminimum von 10 bis 15 Grad verlangen soll. Leider liegen über diesen so wichtigen Punkt des pflanzlichen Lebens nur wenige Beobachtungen vor, wie denn über eine obere Temperaturgrenze dieser Lebensthätigkeit noch nichts bekannt ist. — Gehen wir über auf das Verhalten der Blattgrünkörper zur Wärme. Treten wir hinaus aus dumpfer Stube ins Freie, wenn der nahende Frühling den winterlichen Schnee erst eben vertrieben hat, dann mögen wir uns mitunter wundern über das fröhliche Grün des Rasens und freuen über die mannigfachen Blüthen sonst verachteten Unkrautes. Das alles ist aber nicht in wenigen Tagen hervorgesproßt, wahrscheinlich auch nicht unter der Schneedecke entstanden, wir erkennen nur, daß die Zahl der immergrünen Pflanzen viel größer ist, als man gewöhnlich glaubt, und daß unsere Gräser und viele Wiesenpflanzen auch zu jenen zu rechnen sind. Andererseits zeigen bereits im Herbste manche von Jedermann zu den immergrünen gerechnete Gewächse, namentlich Nadelhölzer, Stechpalmgewächse und Buchsbaum, eigenthümliche Verfärbungen, und einzelne sind statt in Grün in mißfarbiges Braun und Grau gekleidet. Diese Winterfärbung, Folge der Winterkälte, kann, so viel wir jetzt wissen, dreierlei Ursachen entspringen: zunächst ballen sich bei allen immergrünen Pflanzen die früher an den Zellwänden vertheilten Blattgrünkörper zu einem centralen Klumpen zusammen; bei vielen gesellt sich hierzu eine Rothfärbung in Folge des Auftretens eines in Gerbstoffballen eingelagerten, in Wasser löslichen Farbstoffes, bei einigen auch eine Braunfärbung in Folge eigenthümlicher Umwandlung des Blattgrüns, so bei den Nadelhölzern und dem Buchsbaume. In allen diesen Fällen stellt Wärme den normalen Zustand wieder her; doch erheischt eine vollständige Wiederherstellung oft lange Wochen, während eine einzige Frostnacht hinreicht, um Form- und Farbenänderung des Blattgrüns hervorzurufen.

Die Dehnbarkeit des pflanzlichen Lebens, welche sich in allem Gesagten ausspricht, geht auch hervor aus der Leichtigkeit, womit zahlreiche Pflanzen selbst sehr bedeutende und plötzliche Temperaturschwankungen zwischen 0 und 50 Grad Celsius ertragen können; solch gewaltige Aenderungen, wie Versuche sie mit sich brachten, mögen in Wirklichkeit nicht oft, vielleicht gar nicht sich ereignen, dennoch findet sich in der Sahara ein beständiger Wechsel von tropischer Sonnengluth und nächtlicher, fast bis zum Froste gesteigerter Abkühlung, auch müssen daselbst die Dattelpalmen, diese Königinnen der Oasen, welche nach arabischer Bildersprache ihren Fuß in Wasser und ihr Haupt in das Feuer des Himmels tauchen, im Winter zuweilen eine Kälte von 4 bis 5 Graden unter dem Gefrierpunkte ertragen.

Werden die oben genannten Temperaturgrenzen, die untere durch weitere Erniedrigung, die obere durch Steigerung der Temperatur überschritten, dann können die Lebensthätigkeiten entweder einfach zur Ruhe kommen, um später wieder aufzuwachen — wie dies die Ruhe des Winterschlafes und der Sommerdürre beweisen — oder aber es kann eine andauernde Schädigung, selbst Tödtung die Folge sein. In beiden Fällen, mag Erfrieren, mag Ueberhitzung eintreten, spielt der Wassergehalt des leidenden Organes eine bedeutende Rolle; saftreiche Organe leiden eher und in höherem Maße als trockene; so keimten noch 98% von Weizenkörnern, welche trocken, eine Stunde lang einer Wärme von 65 Grad Celsius ausgesetzt waren, während alle mit Wasser vollgesogenen schon bei 53 bis 54 Grad getödtet wurden. Aehnliches Verhalten zeigten zahlreiche andere Pflanzen. Die Ursache der Tödtung mag zum Theil in der Gerinnung der Eiweißstoffe des Protoplasmas liegen; durch höhere Temperaturen wird aber auch der Zellstoff merklich geändert. Einzelne Pflanzen, namentlich Flechten, Moose und trockene Pilze, aber auch die Mistel und trockene Samen scheinen niemals zu erfrieren; ja gewisse Algen wie die Naviculaceen, können bei 15 bis 20 Grad Kälte einfrieren, um sofort nach dem Aufthauen wieder aufzuleben; Knospen, welche von dicken Knospenschuppen umhüllt sind, ertragen leicht ein mehrmaliges Einfrieren und Aufthauen, während die aus ihnen sich entwickelnden jugendlichen Blätter leichten Nachtfrösten erliegen. Bei dem Gefrieren eines Pflanzentheiles werden zuweilen dessen Zellen zerrissen und es ist klar, das solch gewaltsamer Eingriff nicht selten den Tod zur Folge haben wird; aber auch in anderen Fällen, in denen kein Zerreissen der Zellen eintrat, sah man oft ein Absterben der Zellen erfolgen. Es scheint indessen in diesen Fällen die Tödtung Folge des Aufthauens, nicht des Gefrierens zu sein, so daß also Pflanzentheile durch rasches Aufthauen getödtet werden, welche bei langsamerem Erwärmen und Aufthauen lebend erhalten worden wären. Einigermaßen läßt sich dies folgendermaßen erklären: bei langsamerem Aufthauen werden die durch das Gefrieren dem Organismus entzogenen und zu Eis zusammengeballten Wassertheilchen den Zellen langsam zurückgegeben, so daß sich die normale Säftemischung wieder herstellen kann, während bei raschem Aufthauen ein mehr oder minder großer Theil des Schmelzwassers rasch in die Zwischenzellräume abfließt, bevor es von den wasserarmen Theilen, die es abgegeben, wieder aufgesogen werden konnte. Ein klares Bild von der mitunter gewaltig zerstörenden Kraft des Gefrierens kann man sich machen, wenn man gewöhnlichen Stärkekleister gefrieren, dann aufthauen läßt; erst eine gleichartige Masse, ist er nachher ein grobporöses Gebilde, aus dessen zahlreichen Höhlen klares Wasser abläuft, kurz, aufgethauter Kleister ist kein Kleister mehr.

„Maienglöcklein läuten wieder,
Denn der Frühling ziehet ein,
Und der Vögel helle Lieder
Heißen ihn willkommen sein.

Und mit Sonnenschein beladen
Und mit Blumenduft besä't,
Nahet er von Gottes Gnaden
Er, des Frühlings Majestät.

Hoffmann von Fallersleben.

Wie sie so krank und traurig da stehen, meine Lieblinge am Fenster! Weh' der schlimme Winter hat sie getroffen! Sehnsüchtig schaut jedes Blättchen, vor allem aber die einzelne Blüthe am Fenster hinaus, ob der Frühling noch nicht nahe und ihnen Sonnenschein bringe und neues Leben. Das zieht sie mit unwiderstehlicher Gewalt! wenn ich sie wende, um mich ihrer zu freuen, da dauert's nicht lange, dann richten aufs Neue dem spärlichen Lichtstrahle sie sich entgegen; Licht, mehr Licht, heischen sie alle. Ach nicht gelingt es jenem schwächlichen Blättchen auch einen milden Strahl zu erhaschen, zurück wird es gedrängt von den gierigen Schwestern, frühem Tode fällt es anheim. — Hei! nun ist er da der fröhliche Sommer; wie die Blumen ihn lieben, wie gern sie sich baden in seinem Sonnenschein!

Morgen ist es, sonniger Morgen. Kaum beginnt es zu dämmern; Bocksbart öffnet schon früh seine Blumen, der Sonne entgegen zu lächeln. Diese erhebet sich jetzt und überschaut die Zahl der wonnigen Schläfer, Cichorie merkt es, erwachet sogleich; bald folget der Löwenzahn, dann auch der Lattich; Gauchheil war müde, schon schlägt die Uhr acht, da erhebt es das Haupt; Feldringelblume ist faul, erst gegen zehn Uhr reibt sie den Schlaf aus den Augen, die Sonne zu grüßen; Taglilie aber und Pfauenlilie gar müssen sehr vornehm sein, denn jetzt ist es Mittag, da erst öffnen sie sich, um, prunkhaft geschmückt, der Sonnenstrahlen Besuch zu empfangen. Regelmäßig geht's so, auch mit dem Schließen; doch möcht es gewagt sein in unserer Zeit der Eisenbahnen und Telegraphen solch Linné'scher Blumenuhr allzu festes Vertrauen zu schenken. Wird es jetzt Abend, dann schließen sich zahllose Blüthen, theils um am Morgen sich wieder zu öffnen, theils auch weil ihr Leben beendet. Aehnliches, Tag- und Nacht- oder Schlafstellung, zeigen auch viele Blätter. Da ist der Klee und neben ihm viele Hülsenpflanzen und Sauerkleearten mit dreizähligen Blättchen, welche des Abends ihren gemeinsamen Blattstiel oder die einzelnen Blättchen müde herabsenken, letztere auch zierlich zusammenlegen, um sie am Morgen dem Lichte aufs neue entgegenzustrecken. Nachtstellung nehmen viele Pflanzen auch dann an, wenn der Himmel bewölkt, nur wenig Licht der Erde zusendet; so die Regenringelblume, welche alsdann ihre Blüthenköpfe geschlossen hält. Doch nicht alle Pflanzen sind solche Freunde des Lichtes, wie sie und die Bäume des Waldes, welche ihre Aeste hoch ausbreiten dem Lichte entgegen; kalte Gesellen gibts auch, sie freuen sich zwar noch des Lichtes, starr aber und steif stehen sie da, man kann es kaum merken. Finster verkriechen im Walde am dunkeln Orte oder an schattigem Quell sich noch manche Pflanzen; schwächlicher Art sind sie wohl, es könnte sie tödten des Lichtes üppige Fülle, oder tückisch gesinnt: o seht ihre Farbe, nicht schmücket ein freundliches Grün sie; Tod und Verderben bereiten sie andern, oder nähren sich auch von Leichen der Thiere und Pflanzen!

Auf dreischneidig geschliffenes Glas, ein Prisma, richte jetzt den einzelnen Strahl der Sonne, ein Farbengebilde, Spektrum genannt, erscheint, dem Regenbogen ganz gleich. Damit du es besser erkennest, beschau durch ein Fernrohr das Wundergebilde, schwarze Linien erscheinen alsbald, die Farben zertheilend; Fraunhofer'sche Linien nennt man sie auch dem ersten Entdecker zu Ehren; im rothen Lichte liegen zwei breite, A und B ist ihr Name; an der Grenze von roth und orange liegt C; D mitten im Gelben, E im Grünen, F an der Grenze von Grün schon im Blauen, G zwischen Indigo und Violett, in letzterm H. Bringt man an H ein Thermometer, dann steht es nicht höher als auch an benachbartem Ort, wo nicht der durch das Prisma zerstreute Sonnenstrahl es trifft; bewegt man dann dem Spektrum entlang jenes wärmemessende Instrument, höher und höher steigt es;

weit über A hinaus, wo kein Licht mehr das Auge gewahrt, erreicht es einen Höhepunkt, um rasch dann wieder zu sinken (vergleiche Figur 34). Anders als das Thermometer verhält sich das Auge; dunkel ist es bei H, gleich wie auch kalt, heller erscheinet das Blau als

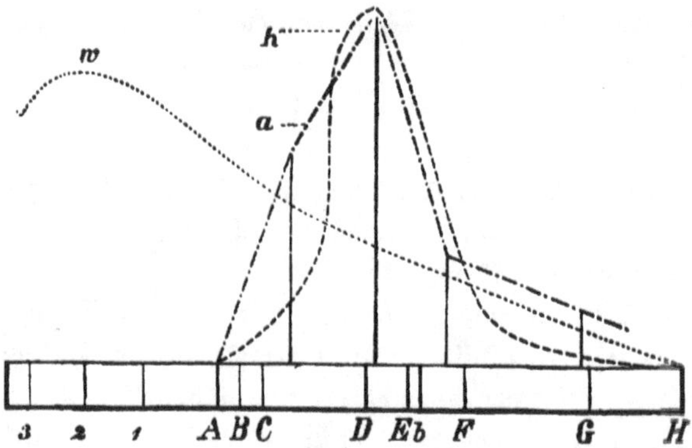

Figur 34.

Darstellung der Wirkung verschieden brechbarer Lichtstrahlen auf die Sauerstoffabscheidung (a) verglichen mit ihrer Wirkung auf das Auge (h) und ihrer erwärmenden Kraft (w). Unten das Sonnenspektrum mit den Fraunhofer'schen Linien.

das Violette, am hellsten aber das Gelbe; schwächer wird dann der Eindruck des Lichtes, um zu enden bei A. Aber wie über A noch Wärmestrahlen hinausdringen, so übt das Licht, obgleich wir es nicht schauen, auch über H hinaus noch kräftige Wirkungen, dort finden sich die sogenannten ultravioletten Strahlen, denen namentlich gewisse chemische Eigenschaften zukommen.

Beobachtungen ergeben nun sofort, daß die Wirkung des Lichtes auf die Pflanze abhängig ist von dessen Eindringen in den Pflanzenkörper. Abgesehen von einzelnen, freilich für noch stattfindende Lebensvorgänge mehr oder minder abgestorbenen Elementen der Rinde, namentlich Kork und Borke, sind die übrigen, an der Oberfläche gelegenen Zellen aller Pflanzen mehr oder minder durchleuchtet. Die volle Stärke des Lichtes wird aber nur den alleroberſten Zellschichten zu Theil, die darunter liegenden erhalten, je mehr sie von der Oberfläche entfernt sind, weniger und weniger Licht, sei es, daß die in den Zellen enthaltenen Farbstoffe einzelne Farben des Spektrums gleichsam verschlucken, absorbiren, sei es, daß andere Farben zurückgeworfen oder gar zerstreut werden. Kurz ins Innere dickerer Pflanzentheile dringt kein Lichtstrahl; am weitesten gelangen aber noch die rothen Strahlen. Auch die Stärke oder Intensität des Lichtes ist von wesentlichstem Einflusse, wie dies durch die Mißerfolge der Kultur der, meist aus Entkräftung zu Grunde gehenden, Zimmerpflanzen bewiesen wird. Wenn es auch noch nicht gelungen ist vollständig sichere Daten hierüber zu erlangen, so steht doch bereits fest, daß, wie es bei der Wärme der Fall, so auch ein gewisses Lichtminimum nöthig ist, wenn ein (vom Lichte überhaupt abhängiger) Lebensprozeß beginnen soll, und daß Energie und Intensität dieser Prozesse zu- und abnehmen mit der des Lichtes. Ja es ist sogar wahrscheinlich, daß die Lebensthätigkeiten auch bei einer gewissen Lichtfülle einen Höhepunkt erreichen, um bei weiterer Lichtsteigerung wieder abzunehmen, freilich ist es noch fraglich, ob dieses Lichtmaximum für die Lebensvorgänge aller Pflanzen im gewöhnlichen Sonnenlichte erreicht sei, oder ob nicht. Ein hierher gehörendes, interessantes Beispiel bietet der Kakaobaum. In der tropischen Zone, wo er allein kultivirt werden kann, muß er stets zwischen zwei andere Bäume gepflanzt werden, damit er geschützt sei gegen die Einwirkung der intensivsten Sonnenstrahlen. Ohne diese Schutzpflanzen ist die Cultur des Kakao unmöglich; madre Cacao nennt jene daher dankbar der Mexikaner. — Künstliches Licht scheint von gleichem Einflusse auf die Pflanzen zu sein, wie auch die Strahlen der Sonne, wenn es nur die wirksamen Elemente jener in sich enthält. Physiologisch noch sehr wenig aufgeklärt ist die Wirkung längeren Einflusses von Licht auf die Pflanzenwelt, zumal also die Einwirkung der monatelangen Tage auf die Vegetation der Polarpflanzen; oder darf man die im Verhältnisse zu den Vegetationsorganen oft ungewöhnliche Größe der Blüthen, so wie deren Farbenpracht wenigstens theilweise auf Rechnung des Lichtes setzen? Gleicht doch der Rasen Nowaja Semlja's mit seinen purpurfarbigen Lichtnelken und Steinbrechen, seinen blauen Vergißmeinnicht, goldgelben Butterblumen, dem weißen Hornkraut, den hellrothen Himmelsschlüsseln und anderen Blüthen von bunten Farbentönen einem Garten, welchen kunstreiche Hand in der Eisregion, rings umstarrt von Gletschern, derartig anlegte, daß man unter dem bunten Blüthenteppich kaum das Grün des geringen Laubes bemerkt.

Gehen wir auf einzelnes näher ein. Da dem Blattgrün allein die Fähigkeit zukommt, aufgenommene Nahrung völlig zu zersetzen, scheint es nicht unbillig mit ihm zu beginnen. Früher wurde erwähnt, es bestehe das Blattgrünkorn aus einer protoplasmatischen Unterlage, untermischt mit Körnchen eines grünen Farbstoffes. Letzterer entsteht nun bei Farnkräutern und Nadelhölzern ganz ohne die Mitwirkung des Lichtes, dagegen bleiben die Blattgrünkörper der übrigen Blüthenpflanzen im Dunkeln klein und gelb, so daß der ganze Pflanzentheil bleich, etiolirt, erscheint, wie dies von den im Keller ausgewachsenen Kartoffeln sattsam bekannt ist; ans Licht gebracht ergrünen bleiche Pflanzen bald, schon bei dämmeriger Helle, welche das Lesen eines Buches kaum noch gestattet, dann wachsen die Blattgrünkörper rasch; die gelben Strahlen des Lichtes und ihre Nachbaren scheinen bei diesen Vorgängen die wirksamsten zu sein, was jedoch eine mitwirkende Thätigkeit der übrigen keineswegs ausschließt. Haben die Blattgrünkörper ihre normale Größe erreicht, dann bildet sich in ihnen als Produkt der Assimilationsvorgänge Stärkemehl aus, rascher im direkten Sonnenlichte, langsamer in dem diffusen Lichte des Tages. Nur das dem Lichte ausgesetzte Blattgrün hat die Fähigkeit, Stärke zu bilden; entzieht man demselben das Licht, dann verschwindet das Stärkemehl wieder: es setzt sich um in Körper, welche im Zellsafte löslich sind und durch Saftströmungen aus der Zelle fortgeschafft werden können. So wird einerseits Raum für späterhin noch zu bildende Stärke geschafft, andererseits ist dies aber auch das einfachste Mittel, die Assimilationsprodukte dem Pflanzenleben zugänglich zu machen. Stärkebildung und Zersetzung der Kohlensäure gehen hier Hand in Hand; mit a in Figur 34 wurde eine Kurve bezeichnet, welche Aufschluß geben soll über den Einfluß der einzelnen Farbenstrahlen des Spektrums auf diese Prozesse; jener beginnt im rothen Lichte, wird bald stärker, erreicht im gelben einen Höhepunkt, sinket dann rasch, um im grünen, blauen und violetten Lichte nur in geringem Maße stattzufinden. Von Interesse ist hier noch die Bemerkung, daß während der Zersetzung der Kohlensäure so viel Sauerstoff ausgeschieden wird, als zum Verbrennen des ganzen Pflanzenkörpers nöthig wäre; dies als neuer Beweis für die früher angeführte Thatsache, daß die Pflanze nur aus der Atmosphäre Kohlenstoff an sich nehme, und gar nicht oder doch nur äußerst wenig auch von den Humusbestandtheilen des Bodens sich nähre.

Während also der Assimilationsprozeß nur unter Mitwirkung des Lichtes erfolgt, ist das Wachsthum der Pflanzen in hohem Grade unabhängig von demselben: in völliger Dunkelheit beginnen die Samen zu keimen, Knollen und Zwiebeln zu treiben; Knospen entwickeln sich durch holzige, völlig undurchsichtige Rinde hindurch; ganze Zweige wachsen im Dunkeln heran, selbst Blüthen und keimungsfähige Samen umschließende Früchte vermögen sich ohne Zuthun des Lichtes zu bilden. Aber nur in beschränktem Sinne ist dies alles wahr, denn wenn auch der Same in völliger Dunkelheit die junge Keimpflanze entsendet, so geschieht doch deren Wachsthum nur auf Kosten der im Samen aufgespeicherten Reservestoffe, und diese sind unter dem Einflusse des Lichtes entstanden. Aehnlich verhält es sich in den übrigen angeführten Beispielen; es hat sich also, so kann man sagen, die Kraft des Lichtes umgesetzt in andere Kräfte, welche jenes Stärkekörnchen, Oeltröpfchen oder Zuckertheilchen in sich birgt, das den wachsenden Pflanzentheil ernährt; und so ist es in letzter Instanz das Licht, dem die Pflanzen, und mit ihnen Menschen und Thiere ihre Nahrung, die unerläßlichste Existenzbedingung verdanken. Davon sind selbst nicht ausgenommen die unterirdischen Pflanzen, welche nie des milden Lichtstrahles sich erfreuen, jene Trüffeln zum Beispiel, welche wälscher Boden unsern Feinschmeckern bietet: denn auch sie ernähren sich ausschließlich von Stoffen, welche unter des Lichtes Einfluß entstanden.

Auch verlaufen die Wachsthumsprozesse grüner Pflanzentheile im Dunkeln nicht immer in normaler Weise, namentlich die der Stengel und Blätter. Hier zeigt sich nämlich die auffallende Erscheinung, daß sehr oft, ja fast in der Regel die Blätter außerordentlich klein und in jeder Hinsicht verkrüppelt sind, während die Stengelorgane eine riesenhafte, ihre gewöhnliche Länge um das Vielfache übertreffende Größe annehmen, so daß also die eine Ursache, der Lichtmangel, in den verschiedenen Organen scheinbar ganz entgegengesetzte Folgen nach sich zieht; Mangel an Material und an Kräften für den Aufbau der Zellhäute sind aber in beiden Fällen die wirksamen Faktoren. Das Baumaterial, welches das junge Blatt aus den Reservestoffen des Stammes erhält, reicht nämlich in der Regel gerade hin, um es ans Licht zu setzen, seine vollkommene Ausbildung muß es selbst, durch eigene Assimilationsthätigkeit besorgen. Bei normalem Wachsthum beginnt es zuerst in den Zähnen seiner Blattfläche und um die Nerven Stärkemehl in dem Blattgrün zu erzeugen, und in gleichem Maße, wie diese Stärke erscheint, geht auch die Weiterentwicklung der Blattfläche von statten. Da ist es denn an sich klar, daß alle Blätter, welche auf die selbst gebildete Stärke, und damit vielleicht auch auf noch andere Stoffe, als Material für ihr Wachsthum angewiesen sind im Finstern auf jener Stufe der Entwicklung stehen bleiben, von welcher aus sie am Lichte ihre Weiterentwicklung selbst besorgen müssen, und dies aus dem einfachen Grunde, weil sie eben nur unter dem freundlichen Einflusse des Lichtes Stärke zu bilden vermögen. Ein ferneres Moment der Bildungshemmung liegt auch noch darin, daß ohne Zuthun des Lichtes bereits vorhandene Stärke auf die Dauer nicht in Zellhaut umgesetzt werden kann. Denn wenn man stärkehaltige Blätter, welche im Lichte ergrünten, reichlich Stärkemehl erzeugten und energisch wuchsen, ins Finstere versetzt, dann wachsen sie 1 bis 2 Tage ruhig fort, bleiben nach dieser Zeit aber plötzlich stehen, obschon sie noch, Zelle für Zelle, mit Mehl erfüllt sind; bei neuer Einwirkung des Lichtes tritt erst nach einiger Zeit das Weiterwachsen ein. Gleich den verkümmerten Blättern gewähren auch die riesig vergrößerten Stempelorgane in ihrer innern Organisation durchaus das Bild von jungen, in der ersten Ausbildung stehengebliebenen Organen. Während nämlich bei normal gebildeten Pflanzen die äußeren wachsthumsträgen Gewebe bald verholzen und dadurch so erstarken, daß sie das rasch und intensiv wachsende Mark für immer zu ihrer Länge zusammenpressen, so ist dies bei im Finstern wachsenden vergilbenden oder etiolirenden, Pflanzen nicht der Fall. Bei diesen streckt das Mark durch seinen unaufhaltsamen Zug die äußeren Zellen mindestens zur doppelten, oft drei- bis fünffachen Länge normaler Gebilde, und vermag selbst eine gesteigerte Zellbildung in den äußeren Partieen hervorzurufen; dazu kommt als zweiter Faktor eine beträchtliche Ueberverlängerung der Markzellen selbst, eine Verlängerung, welche durch bloße Wasseraufnahme zu Stande gebracht wird.

Wir haben jetzt die interessante Thatsache zu konstatiren, daß diejenigen Zellen, welche mit der chemischen Arbeit der Assimilation beschäftigt sind, nicht gleichzeitig die mechanische neuer Zellbildungen ausführen; daß vielmehr diese beiden physiologischen Prozesse bald räumlich, bald zeitlich getrennt sind. Wenn der Baum unter seiner Rinde die Zellen eines neuen Jahresringes (vergleiche die frühere Figur 19) bildet, dann sind es die Zellen der Blätter, welche das Baumaterial bilden; wenn aber die Blätter selbst wachsen sollen, geschieht dies vorwiegend nicht am Tage, weil dann die Mehrzahl der Zellen assimilirender Thätigkeit obliegt, vielmehr geht es im Dunkel der Nacht vor sich. So übt das Licht wenigstens indirekt einen verzögernden Einfluß auf die Wachsthumsvorgänge noch assimilirender Sprosse aus, und dieser macht sich schon in kurzer Zeit geltend: ein periodisches Auf- und Niedersteigen der Wachsthumsgeschwindigkeit wird bereits durch den Wechsel zwischen dem Lichte des Tages und dem Dunkel der Nacht herbeigeführt, indem dieselbe am frühen Morgen einen Höhepunkt, am Nachmittage ein kleinstes Maß und zwischen diesen Grenzen ein stetiges Ab- und Zunehmen zeigt. Die Feststellung dieser Einwirkung des Lichtes auf die Pflanzen ist aber dadurch erschwert, daß Licht und Wärme sich hier gegenseitig, wenigstens einigermaßen, auszugleichen im Stande sind, so daß der Beobachter seine Versuchspflanzen in Räumen aufstellen muß, deren Temperatur Tag und Nacht dieselbe bleibt. Viel deutlicher als an höheren Pflanzen läßt sich die Arbeitstheilung der Zellen bei niederen Pflanzen erkennen, namentlich bei den einfachen Algen, zum Beispiel der in den Figuren 6 und 9 dargestellten Spirogyren, welche am Tage ausschließlich assimiliren und in der Nacht beinahe ausschließlich neue Zellen und ihre Schwärmsporen ausbilden.

Es erübrigt noch hinzuzufügen, daß die blauen und violetten, so wie die dem Auge nicht mehr sichtbaren ultravioletten Strahlen vorwiegend, vielleicht gar allein, die Geschwindigkeit des Wachsthums beeinflussen.

Die Bewegungen der Pflanzen.

„Und sie bewegt sich auch.“

Es ist nicht ganz Gebilde dichterischer Phantasie, wenn uns erzählt wird vom heimlichen Leben und Treiben der Blumen und Pflanzen, denn dem eingeweihten Auge zeigen sie alle Bewegungen und einige unter ihnen tragen sogar eine an Empfindung erinnernde Beweglichkeit zur Schau.

Unsere Aufgabe kann es natürlicherweise hier nicht sein zu schildern wie die anfänglich kleine Pflanze später ihre Aeste zum Himmel hebt und so ihre Wachsthumsspitze aufwärts bewegte, auch brauchen wir nicht ausführlicher darzulegen die Bewegungen der Pflanze, wenn der Wind sie schüttelt, wenn reicher Früchte ungemessener Segen sie wieder drückt, und wie sie wieder sich hebt, wenn abgeschüttelt die Last; fluthende Welle, wirbelnder Wind mag immerhin die Pflanze erfassen und oft weit weg, neuem Leben oder sicherm Verderben entgegenführen, nicht kümmert's uns hier.

Keine Bewegung ohne treibende Kräfte, diesen soll zuerst unsere Aufmerksamkeit sich zuwenden. — Die ganze Form eines Organismus, einer Pflanze, eines

Thieres, selbst des Menschen ist nur ein Gerüst, zwischen und in dessen Molekülen*) immer Kräfte frei werden, welche weitere Veränderungen bewirken. Es beruht dies wesentlich auf der eigenthümlichen Molekülarstruktur, welche es erlaubt, daß zu jedem Punkte des Innern gelöste und absorbirte gasförmige Stoffe von außen her eindringen und wieder nach außen geschafft werden können. Auch sind mit den Wachsthumsvorgängen der Zellhaut durch Intussusception, wie sie früher**) dargelegt wurden, immer chemische Prozesse im Innern des wachsenden Gebildes verbunden. Es enthält nämlich die von Außen in die Zellhaut eindringende, ernährende Flüssigkeit zwar das Material zur Bildung der Moleküle von bestimmter chemischer Natur, aber dieses Material ist chemisch sehr verschieden von den Molekülen, die es ernährt; so ernähren sich zum Beispiel die Stärkekörner aus einer Flüssigkeit, welche keine aufgelöste Stärke enthält; es wächst die Zellhaut durch Aufnahme von Stoffen aus dem Protoplasma, welche nicht Zellstoff sind, und der Blattgrünfarbstoff entsteht erst im Protoplasma. Daher ist das Wachsthum nicht nur mit einer beständigen S t ö r u n g d e s m o l e k ü l a r e n G l e i c h g e w i c h t e s, sondern auch mit den mannigfachsten c h e m i s c h e n V o r g ä n g e n im Innern des wachsenden Gebildes verbunden. Weil nun das Wachsthum nur so lange stattfindet, als die wachsenden Zelltheile von atmosphärischer Luft durch-

*) Vergleiche Seite 90.

**) Vergleiche Seite 10.

tränkt sind, wirkt der Sauerstoff zersetzend auf die chemischen Verbindungen des wachsenden Pflanzenleibes ein, und dadurch wird Kohlensäure gebildet und ausgeschieden. Auf diese Weise wird aber nicht nur das Gleichgewicht der chemischen Kräfte fortwährend gestört, sondern auch nothwendigerweise Wärme erzeugt und vielleicht mögen auch elektrische Wirkungen dabei zu Tage treten. Diese chemischen und physikalischen Kräfte setzen nun die kleinsten Theilchen, die Atome und Moleküle der Pflanzen in fortwährende, meist unsichtbare Bewegung und repräsentiren innerhalb des organisirten Körpers eine bestimmte, wahrscheinlich oft ganz enorme Arbeitsgröße. Hierüber ein Zahlenbeispiel: Trockene Stärkekörner erwärmen sich, wenn sie Wasser von gleicher Temperatur aufsaugen, um 2 bis 3 Grad Celsius; siedendes Wasser wird aber durch einen Druck von 10 Atmosphären nur um 0,078 solcher Grade erwärmt; weil nun, gerade wie im letzteren, so auch im ersteren Falle die Wärmesteigerung auf einer Verdichtung des Wassers beruht, so erlauben diese Angaben einen Schluß auf die gewaltige Kraft, mit welcher die Aufsaugung vor sich geht.

Außer den genannten Kräften werden im Innern der Pflanze aber noch fernere Kräfte frei durch die gegenseitige Einwirkung ihrer Zellen auf einander, Kräfte, welche sich in der sogenannten Gewebespannung bemerklich machen. Das Wachsthum der verschiedenen äußeren und inneren Schichten, aus denen jeder Pflanzentheil besteht, schreitet, wenigstens während einer gewissen Zeit mit verschiedener Geschwindigkeit in derselben Richtung fort, und die nothwendige Folge dieser ungleichen Wachsthumsintensität ist eine entsprechende Spannung der verschiedenen Schichten gegen einander; dies aus dem Grunde weil die rascher wachsenden Partieen an der ihrem Wachsthume entsprechenden Ausdehnung durch die langsamer wachsenden behindert werden und weil sie gleichzeitig eine Dehnung der letzteren hervorrufen, welche diese durch ihre Elasticität möglichst auszugleichen versuchen. Solche durch das ungleiche Wachsthum hervorgerufene Gewebespannungen können auch nach dem Aufhören des Wachsthums noch fortbestehen, sie können aber auch durch ein späteres, entgegengesetztes Wachsthumsverhältniß aufgehoben werden. Von der Existenz und der Art der Spannung kann man sich leicht eine Anschauung dadurch verschaffen, daß man die einzelnen Schichten von einander trennt; die rascher gewachsenen, vorhin zusammengedrückten Schichten dehnen sich aus, die langsamer gewachsenen bis dahin auseinandergereckten ziehen sich elastisch zusammen; jene werden länger, diese kürzer, als das Organ vor seiner Zertheilung war. Oft genügt schon eine theilweise Trennung der Schichten; schneidet man zum Beispiel einen rasch wachsenden, noch in Streckung begriffenen Stengel der Länge nach kreuzweise in vier Stücke, dann krümmt sich jedes derselben nach außen hohl, weil sich gleichzeitig das Mark ausdehnt und die Rinde zusammenzieht. Die durch das ungleichförmige Längenwachsthum hervorgerufene Gewebespannung wirkt vorzugsweise in der Richtung der Achse des wachsenden Gebildes und ist daher vorzugsweise eine Längsspannung; so sahen wir ja vorhin, daß bei vielen Pflanzen, welche im Dunkeln wachsen, die Rindentheile der Stengel kraftlos bleiben, daher dem Zuge der Markzellen nicht widerstehen können und um das mehrfache ihrer normalen Länge ausgedehnt werden. Wenn aber nach beendetem Längenwachsthum ein dauernd vorherrschendes Dickenwachsthum eintritt, wie es zum Beispiel bei den Stämmen der Laub- und Nadelhölzer der Fall ist, so entspricht diesem Dickenwachsthume auch eine in die Breite wirkende Querspannung; die Rinde wird zu enge für den Holzkörper, und wenn man einen Rindenring vom Stamme ablöst und an einer Seite aufschlitzt, dann zieht er sich zusammen, umschließt fernerhin nicht mehr den ganzen Holzkern, seine Ränder klaffen vielmehr auseinander und große Kraftanstrengung ist nöthig um ihn wieder um den ganzen Stamm zu ziehen. Solche Schichtenspannungen treten aber nicht nur in den Pflanzengeweben auf, sie finden sich auch in den Häuten der einzelnen Zellen vor, und zwar sind es in der Regel die äußeren Schichten, welche von den inneren ausgedehnt werden, während umgekehrt die letzteren von erstern zusammengepreßt werden.

Wohl zu unterscheiden von der Gewebespannung ist der Druck des Zellsaftes auf die ihn umschließende Zellhaut, die sogenannte Turgescenz. Hierunter versteht man den Druck, welchen der im Zellinnern befindliche Zellsaft auf die Zellhaut ausübt; je nachdem dieser ein größerer oder kleinerer ist, wird das ganze Pflanzenorgan bald mehr oder minder straff erscheinen, bald seine Blätter kräftig emporheben, bald auch gleichsam welkend herabhängen lassen.

Endlich sind als innere Kräfte, worüber die Pflanze verfügt, noch diejenigen anzuführen, welche aus den Bewegungen des Wassers und der Gase im Pflanzeninnern entspringen. Erstere wurden bei der Ernährung hinreichend besprochen; letztere finden sich bei der fortwährenden, durch die Spaltöffnungen begünstigten Ausgleichung derjenigen Gase, welche sich in der Pflanze angesammelt haben, mit der äußeren Luft.

Durch das Zusammenwirken all dieser Kräfte werden zahlreiche Bewegungen der Pflanzen hervorgerufen; Bewegungen deren Thatsächlichkeit wir einigermaßen darlegen wollen, wenngleich wir uns meist bescheiden müssen ihre Ursachen nicht, oder doch nur unvollkommen zu kennen.

Früher war bereits Rede von den Bewegungen des Protoplasmas; erwähnt wurde die mehrfache Art derselben, ihre mitunter an Willkür erinnernde Ausgiebigkeit und ihre Abhängigkeit von den Wärmezuständen; komplicirt gestaltet sich ihr Verhältniß zum Einflusse des Lichtes. Da ist es zunächst an sich klar, daß alle diejenigen Bewegungen, welche zur Neubildung von Zellen absolut erforderlich sind, auch im Dunkeln stattfinden können, sahen wir ja, daß das Wachsthum als solches in hohem Grade des Lichtes entrathen kann. Auch rotirt und cirkulirt das Plasma im Finstern selbst in solchen Zellen, welche nie ein Lichtstrahl getroffen. Ungewiß ist es indessen, ob alle derartigen Bewegungen nicht dennoch in beleuchteten Zellen anderen Verlauf nehmen, als in den nicht beleuchteten; so tritt die Lohblüthe, ein in gewissem Entwicklungsstadium nur aus Protoplasma bestehender Schleimpilz, im Finstern an die Oberfläche ihres Wachsthumsbodens, während sie am Lichte sich darin verkriecht, und man kann durch abwechselndes Verdunkeln und Beleuchten ein abwechselndes Hervorkriechen und sich Verstecken der Pflanze veranlassen. Die Geschwindigkeit der Protoplasmabewegungen ist bei verschiedenen Pflanzen verschieden, jedoch beobachtete man bei Didymium eine solche von 10 Millimetern in der Sekunde.

Die dem Protoplasma eingelagerten Blattgrünkörper nehmen ebenfalls Antheil an diesen Bewegungen. Es ist bereits länger bekannt, daß grüne Pflanzentheile im direkten Sonnenlichte erbleichen, um später, im Schatten, wieder eine sattere Farbe anzunehmen. Da stellte sich denn heraus, daß in solchen Fällen die Blattgrünkörper im zerstreuten Tageslichte die der Oberfläche gleich laufenden Zellwände bedecken, im direkten Sonnenlichte dagegen rasch auf die Seitenwände übergehen. Auch findet man nach kürzerer Beleuchtung die Blattgrünkörper gleichmäßig an den Seitenwänden vertheilt, nach längerer, eine halbe bis eine ganze Stunde andauernder dagegen in einzelnen Gruppen angeordnet. Alle diese Bewegungen werden nur durch die violetten und die ihnen benachbarten Lichtstrahlen veranlaßt und zwar ganz ausschließlich in den direkt beschienenen Zellen; auch pflanzen sie sich wohl in die tieferen Schichten fort, aber niemals seitlich, so daß neben einander liegende Zellen derselben Zellschicht durchaus verschiedene Anordnungen der in ihnen enthaltenen Blattgrünkörnchen zeigen können. Ungewiß ist es noch, ob das Blattgrün bei diesen Wanderungen bloß der Einwirkung des Zellprotoplasmas folgt, oder ob es nicht vielleicht selbständigen Antheil an seinen Bewegungen nehme; letzteres ist das wahrscheinlichere, da das Blattgrünkörperchen ja eine eigene protoplasmatische Grundlage besitzt.

Es sind nunmehr dreißig Jahre her, da beobachtete ein trefflicher Botaniker, Unger ist sein Name, daß sich der gesammte Zellinhalt einer grünen Fadenalge zu einer mit feinen Protoplasmafädchen, sogenannten Cilien, ausgerüsteten Kugel zusammenballte, seine Zellhaut durchbrach und sich im Wasser, scheinbar mit willkürlicher Bewegung begabt, munter umhertummelte. „Die Pflanze im Momente der Thierwerdung" war der Titel eines Werkes, in welchem er seine Beobachtungen niederlegte; der direkte Uebergang einer Pflanze in ein Thier schien gefunden (vergleiche die frühere Figur 2). Tausende Mal wurden jene Beobachtungen bestätigt und zahlreiche Pflanzen neu aufgefunden, bei denen ähnliche Bewegungen von Schwärmsporen und Samenfäden sich finden; aber die gemuthmaßte Thiernatur bestätigte sich nicht: jene Gebilde sind nur besondere Fortpflanzungszellen gewisser Pflanzen, bald befähigt aus sich selbst eine neue Pflanze ins Dasein zu rufen, bald auch dazu vorhanden, als befruchtende Elemente zu dienen und die Anlage eines neuen Individuums mitzugestalten. Aus Pflanzen hervorgegangen, zum Pflanzenreiche zurückkehrend, sind und bleiben Schwärmsporen und Samenfäden pflanzlicher Natur; aber sie tragen gar sonderbare Bewegungsorgane, zarte, mehr oder minder lange Protoplasmafädchen, durch deren Schwingungen sie in eine Drehung um ihre Längsaxe und in eine fortschreitende Bewegung versetzt werden. Ist nur ein Theil ihres Körpers mit Wimpern besetzt, dann geht dieser voran, und bei etwaigem Keimen wird er die Basis der Keimpflanze. Die schnellste derartige Bewegung fand man bis jetzt bei den Schwärmern der Lohblüthe, welche, obgleich nur mit einer Wimper versehen, etwa $3^1/_4$ Meter in der Stunde vorrücken. Die Schnelligkeit der Bewegung steht mithin in keinem festen Verhältnisse zur Zahl der Wimpern, denn die an der ganzen Oberfläche bewimperten Schwärmsporen der Vaucheria zum Beispiel bewegen sich fünfmal langsamer als jene der Lohblüthe. Die Größe dieser Ortsveränderungen scheint gering, doch darf man dabei die Kleinheit der Sporen auch nicht vergessen, es zeigt sich nämlich, daß sich sogar die Vaucheria-Sporen in einer Stunde noch immer um das Zweitausendfache ihrer Körperlänge von der Stelle bewegen. Durch Einfluß von Wärme wird die Bewegung der Schwärmsporen bis zu einem bestimmten Grade beschleunigt, durch Erniedrigung der Temperatur verlangsamt; es wurde zum Beispiel das Fortrücken der Samenfäden des Saumfarn durch Erhöhung der Temperatur von fünfzehn Grad Wärme auf fünfundzwanzig Grad etwa um das Doppelte beschleunigt, durch Abkühlung dagegen auf drei Grad Wärme äußerst verlangsamt. Unaufgeklärt ist die Wirkung des Lichtes; bald fliehen, bald suchen die Schwärmsporen und Samenfäden dasselbe, je nach ihrer Art und ihrem Alter.

Schwärmsporen und Samenfäden sind membranlos, oder während der Zeit ihrer Bewegung doch nur mit einer äußerst feinen Zellhaut umgeben. Wunderbarer als ihre Bewegungen müssen uns daher die Bewegungen gewisser Algen, der Diatomeen, Spirulinen und Oscillarien so wie einiger anderen Arten erscheinen, welche in ausgebildete Zellhäute, oft sogar in starre Kieselpanzer eingeschlossen sind. Letzteres ist bei den Diatomeen der Fall; doch glaubt man den Grund ihres lebhaften Umherkriechens darin gefunden zu haben, daß an gewissen Stellen ihrer Schalen das Protoplasma fußartig zu Tage treten und wieder zurückgezogen werden kann. Dagegen ist noch nichts Sicheres bekannt über den Grund der Bewegungen bei den Oscillarien, lebhaft hin- und herschwingenden langen Fäden, und bei den Spirulinen, eben solchen Fäden, welche sich schraubenzieherartig und in der verschiedensten Weise hin- und herwinden.

Auch das Wachsthum der Pflanzen ist mit vielen hier zu betrachtenden Bewegungen verbunden. Schon das Verhalten der noch im Wachsthum begriffenen Zellen gegen das Licht ist ein zweifaches; die einen werden vom Lichte am Wachsthume gehindert, die anderen gefördert. Sehen wir welchen Einfluß dies auf die Pflanzengestaltung besitzt. Die Blattstiele fast aller Pflanzen sind gebildet aus Zellen der ersteren, man könnte sagen vom Lichte niedergedrückten Art; stehen also

Pflanzen am Fenster, dann wird die dem Lichte abgewendete Seite ihrer Blattstiele stärker wachsen, als die ihm zugekehrte, und in einfacher Folge davon kehrt sich die volle Blattfläche dem Lichte zu. In umgekehrter Weise verhält sich das untere Ende der Ranken der Weinrebe und des sogenannten wilden Weins (Ampelopsis), ihre beleuchtete Seite wächst rascher als die beschattete; die Spitze der Ranke wird der gesuchten, die Ranke beschattenden Stütze zugeführt. Heliotropismus nennt man diese Erscheinungen, und bezeichnet die erstere Art, bei welcher die betreffenden Pflanzentheile dem Lichte ihre hohlgebogene, konkave Seite zuwenden als positive, die letztern dagegen als negative.

Andere Bewegungserscheinungen, welche von Pflanzen während ihres Wachsthums ausgeführt werden, sind Folge der Gewebespannung. Ein vorläufiges Beispiel soll das Verständniß einigermaßen erleichtern: reckt man einen Gummischlauch stark in die Länge, zieht dann einen zweiten, nur wenig dickeren Schlauch über denselben und läßt schließlich den ersteren los, so wird er sich zusammenziehen und auf seine Umhüllung einen gewissen Druck ausüben. Wenn nun jeder der beiden Schläuche in seiner Struktur ganz gleichartig wäre, dann würde sich der innere Druck äußerlich nicht zu erkennen geben, da jenes aber nicht der Fall ist, vielmehr stets nach einer Seite überwiegende, innere Spannungen der Gummimassen vorhanden sind, so wird sich das Ganze etwas um seine Längsachse drehen, in derselben Art wie sich ein Faden verhält, welchen man an einem Ende festhält und am anderen Ende zwischen den Fingern rollt. Derartige Drehungen oder Torsionen finden sich nun bei den allermeisten rasch wachsenden Pflanzentheilen vor, dies aus dem Grunde, weil Rinde und innerer Kern bedeutende Gewebespannung gegen einander zeigen, und weil beide, wohl nach den meisten Seiten hin, ungleichartig gebaut sind.

Diesen, wenigstens theilweise erklärten Bewegungsformen gesellt sich die in ihren Ursachen noch durchaus unbekannte Nutation. Hierunter versteht man alle Bewegungen, welche durch ungleiches Längenwachsthum verschiedener Seiten eines Organes veranlaßt werden. Indem sich zum Beispiel die langen Blüthenschäfte des Porree abwechselnd auf zwei einander gegenüberliegenden Seiten rascher und langsamer verlängern, werden sie sich in pendelnder Weise hin und her krümmen und bald nach rechts, bald nach links sich neigen. Weit häufiger als solche nach zwei Seiten erfolgende bilaterale Nutation, erfolgt eine drehende oder rotirende, wobei die Spitze des wachsenden Organes eine aufsteigende Schraubenlinie beschreibt, indem sich in steter Folge ein vorwiegendes Wachsthum zeigt, entweder erst vorne, dann rechts, jetzt hinten, endlich links, oder seltener auch in umgekehrter Richtung. Rotirende Nutation ist es, welche, begleitet von Torsion, das Winden der schlingenden Stengel veranlaßt.

Dieses Winden erfolgt meist von unten rechts nach oben links, in linksläufiger Spirale, seltener, wie zum Beispiel beim Hopfen, in rechtsläufiger

Schraubenlinie. Einzelne, vollständige Rotationen erfolgen mitunter in verhältnißmäßig kurzer Zeit, so bei der Zaunwinde in etwa $^3/_4$ Stunde. Zu bemerken ist noch, daß die Windungen anfangs lose sind, und sich erst allmälich, wahrscheinlich unter dem Einflusse der Schwerkraft, strecken und ihre Stütze fester umspannen.

Wunderbarer noch, wenigstens durchaus unerklärt, ist das Winden der Ranken, denn diese werden durch äußeren Reiz, Berührung, Druck oder Reibung, zu Krümmungen veranlaßt und so befähigt, ihrer Aufgabe als Haftapparat zu genügen. Torsions-, Nutations-, oder gleichzeitig beide Bewegungsformen sind es, welche zunächst die Ranke ihrer späteren Stütze anpressen; jetzt beginnt dieselbe eigenartige Bewegungen; durch den Druck der Stütze beginnt die entgegengesetzte Seite, nicht nur an der berührten Stelle, sondern der ganzen Ranke entlang, stärker zu wachsen; die Stütze ist erfaßt, fest preßt sich die Spitze der Ranke um dieselbe, korkzieherartig rollt sich der zwischen der Stütze und der Basis der Ranke befindliche Theil zusammen, allmälich verholzt jetzt die Ranke, um sich längerer Dauer zu erfreuen als jene Schwestern, welche ihren Daseinszweck verfehlten, weil sie keine Stütze fanden, denn diese fallen bald ab oder verkümmern, wie jeder Weinstock uns zeigt. Sonderbare, erwähnenswerthe Eigenthümlichkeit zeigen noch die Ranken einiger Pflanzen, so zum Beispiel die des wilden Weins, welche an ihren Spitzen breite Gewebepolster entwickeln, wenn sie längere Zeit gegen härtere Körper, Mauern und dergleichen, sich anpressen. Anfangs gleichsam von plastischer Natur, schmiegen sich diese Polster allen Unebenheiten der berührten Stelle an und heften so die Pflanze oft an senkrechte Wände, an denen ein Klettern mittelst Umschlingen unmöglich wäre.

Mit den im gewöhnlichen Leben sogenannten Ranken theilen gleiche Fähigkeiten die Blattstiele mancher Pflanzen, so bei der Kapuzinerkresse und der Waldrebe, während bei noch anderen, zum Beispiel beim Erdrauch, das ganze, feinzertheilte Blatt seine einzelnen Theile um Stützen ranken kann (vergleiche Figur 35); im allgemeinen sind die charakteristischen Eigenschaften der Ranken aber um so vollkommener vorhanden, je ausschließlicher diese dem Klettern dienen.

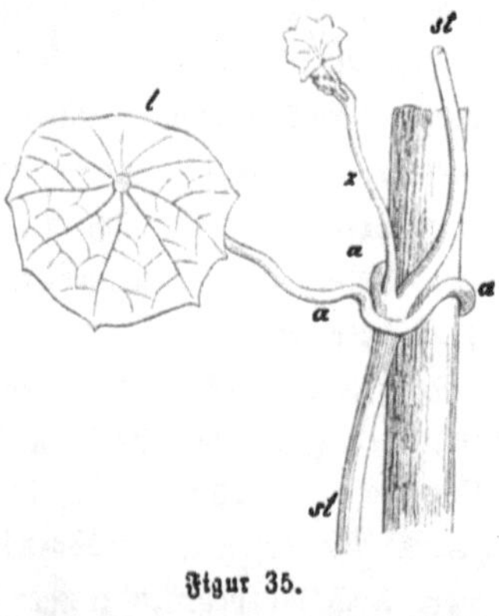

Figur 35.

Kapuzinerkresse (Tropaeolum minus): der lange Stiel a, a, a des Laubblattes l ist für dauernde Berührung empfindlich und hat sich um eine Stütze sowie um seinen eigenen Stengel st so gewunden, daß dieser an jene festgebunden erscheint; x die Achselsprosse jenes Blattes.

Den Bewegungserscheinungen der Ranken in ihrer äußeren Erscheinung vielfach gleich, ihrem inneren Wesen nach aber gänzlich verschieden davon sind die periodischen und die auf äußere Reize folgenden Bewegungen ausgewachsener Organe; ihre Bewegung ist nicht Folge von Wachsthumsprozessen, sondern nur Aeußerung der Gewebespannung. Die hierher gehörenden beweglichen Organe besitzen als innersten Kern ein oder wenige, neben einander verlaufende, wenig oder gar nicht verholzende Gefäßbündel, welche von einer sehr saftigen, und in Folge von zahlreichen Zwischenzellräumen weitmaschigen Parenchymmasse umgeben sind. Bis jetzt hat man solche Bewegungen auch nur bei Blattorganen, bei Laub-, Blumen- und Staubblättern, bei Griffeln und Narben bemerkt, welche alle eine mehr oder minder cylindrische Gestalt besitzen, oder die Bewegung in den Blattstielen und Blattgelenken vornehmen. Ihrer Natur nach kann man hier drei Gruppen von Bewegungen unterscheiden, Bewegung in Folge von Berührung und Erschütterung, Bewegung hervorgerufen von Licht- und Wärme-Einwirkung, endlich selbständige Bewegung veranlaßt durch innere, noch gänzlich unbekannte Einflüsse.

Alle drei Arten der Bewegung, namentlich aber die erste finden sich vor allem bei den Sinnpflanzen. Figur 36 zeigt uns in natürlicher Größe ein mittelgroßes Blatt der schamhaften Sinnpflanze, **Mimosa pudica**, einer $^1/_3$ bis $^1/_2$ Meter hohen, einjährigen, aus Südamerika

Figur 36.
Blatt der schamhaften Sinnpflanze (Mimosa pudica).

stammenden Krautpflanze. Das Blatt ist ein doppelt gefiedertes, an seinem Hauptstiele trägt es vier sogenannte Spindeln, welche ihrerseits mit paarweise einander gegenüberstehenden Blättchen oder Fiederchen besetzt sind. Die Hauptstiele sind mit dem Stengel, die Spindeln mit den Hauptstielen, die Blättchen mit den Spindeln durch eigenthümliche Bewegungsorgane verbunden. An kühlen Tagen ist die Pflanze im Allgemeinen wenig reizbar. Berührt man alsdann ein Blättchen auf seiner Oberseite, dann erhebt es sich mit seinem Gegenpaare und beide legen sich zusammen, etwa wie ein sitzender Tagschmetterling seine Flügel zur Ruhe zusammenschlägt; aber dieser Reiz pflanzt sich fort, denn auch die Nachbarfiederchen erheben sich in gleicher Weise. War der Reiz stark genug, dann nehmen alle Blättchen Reizstellung an;

jetzt bewegen sich auch die Spindeln nach vorne, nach Art eines Fächers legen sie sich zusammen und bilden alsdann gewissermaßen die Fortsetzung des Hauptstieles; endlich, oft erst nach einigen Minuten, senkt sich der vorher schief aufwärts gerichtete Hauptstiel wagerecht oder schief abwärts. War aber der Tag ein heißer und feucht die Luft, dann ist die ganze Erscheinung zwar keine wesentlich andere, aber doch insofern geändert, daß die Bewegungen nun fast gleichzeitig erfolgen; wie von betäubendem Schlage getroffen senken sich schon nach zarter, kaum fühlbarer Berührung die Stiele, falten die Blättchen sich zusammen; blitzschnell pflanzt sich dieser Reiz fort: schon nehmen entferntere Blätter Reizstellung an, jetzt zeigt die ganze Pflanze verändertes Aussehen. Oft kommt es auch vor, daß einzelne Blätter, wie in Eile vergessen, unberührt bleiben vom allgemeinen Reize, daß dieser von einem Blatte überspringt auf ein entfernteres und erst später dem überschlagenen sich mittheilt. Doch dauerts nicht allzu lange, da scheint neues Leben die Pflanze zu durchdringen, schon breiten die Blättchen sich wieder aus, die Blattspindeln spreitzen sich auseinander, der Hauptstiel hebt sich, in ihrer Vollkraft erscheint die Pflanze. Neue Berührung veranlaßt neue Bewegung; doch scheint die Pflanze zu ermatten: stets träger und langsamer werden die Bewegungen, wenn zu häufige Wiederholung der Reize eintritt. In ähnlicher Weise wie Berührung wirken die verschiedensten äußeren Einwirkungen, vorausgesetzt, daß sie das Leben der Pflanze nicht schädigen, so Erschütterungen, elektrische Schläge, plötzliche Abkühlung, Brennen, doch wird namentlich der letzte Reiz von der Pflanze nicht gut ertragen. All diese Bewegungen werden nun dadurch veranlaßt, daß aus den erwähnten Parenchymmassen eines Theiles der Bewegungsorgane (bei Spindel und Hauptstiel aus dessen Unterseite) Wasser austritt, und zwar wird ein kleinerer Theil dieses Wassers an die andere (obere) Hälfte des Bewegungsorganes abgegeben, während der Rest durch die Zwischenzellräume seitlich abfließt, vielleicht zum Theil auch in das in der Mitte liegende Gefäßbündel eintritt. Es ist leicht einzusehen, wie durch diese Vorgänge die einzelnen Bewegungen ausgeführt werden: verliert zum Beispiel die Unterseite desjenigen Bewegungsorganes, welches an dem Grunde des Hauptstieles sitzt, seinen Wassergehalt, dann wird es erschlaffen und da sich gleichzeitig die Oberseite ausdehnt, so muß der Hauptstiel sich senken. Wie es aber zugeht, daß schon eine leichte Berührung stark genug wirkt um den Austritt des Wassers zu veranlassen, ist noch durchaus unerklärt. Geht die Pflanze aus der Reizstellung wieder in ihre normale Haltung über, dann finden natürlich in den Geweben Wasserströmungen statt, welche den vorhin angegebenen entgegengesetzt sind. Sollen die Reizbewegungen überhaupt eintreten, dann muß sich die Pflanze in ihrem beweglichen Zustande befinden; war die Pflanze zum Beispiel längerer Zeit einer Temperatur unter 15 Grad Celsius ausgesetzt, dann ist sie vorübergehend kältestarr und je länger die geringe Temperatur einwirkte oder je niedriger der Temperaturgrad war um so länger dauert es, bis die Pflanze ihre Starre verliert und wieder beweglich wird. Aber nicht allein zu niedrige, auch zu hohe Temperatur hemmt die Bewegungen der Sinnpflanze; in feuchter Luft von 40 Grad Wärme tritt bereits binnen einer Stunde eine Wärmestarre ein, in Luft von 50 Grad schon binnen wenig Minuten. Interessant ist es, daß die Fiederchen während der Wärmestarre Reizstellung annehmen, Spindeln und Hauptstiele dagegen nicht. Aehnlich wie Wärme und Kälte, wirken auch Licht und Dunkelheit. Steht unsere Pflanze nur einige Tage an wenigbeleuchteter Stelle, etwa im Zimmer, entfernt von dem Fenster, dann werden ihre Bewegungen stets minder und minder energisch, um endlich ganz zu erlöschen. Dunkelstarre ist eingetreten; Stunden, selbst Tage lang dauert diese an, auch wenn jetzt genügendes Licht der Pflanze zu Theil wird. Endlich kann auch Wassermangel, so wie Einwirkung betäubender Stoffe, Chloroform, Aether und dergleichen den Zustand der Beweglichkeit aufheben und Starre herbeiführen.

Abgesehen von diesen Reizbewegungen zeigt die Mimose noch selbständige (spontane) periodische Bewegungen, endlich auch eine Abhängigkeit vom Lichte, welche sich in einer eigenthümlichen Schlafstellung der Pflanze zu erkennen gibt. Die letztere dieser Bewegungen verdeckt die erstere fast ganz; um jene genau zu beobachten muß man die Pflanze völlig verdunkeln, dann erkennt man, daß die einzelnen Blättchen ziemlich rasch ihre Lage ändern, kurz daß sie in beständiger Bewegung begriffen sind; auch bei künstlicher Beleuchtung von gleichbleibender Stärke kann man dieselbe Beobachtung machen. Die Bewegungen des Wachens und Schlafens endlich werden ebenfalls von den vorhin erwähnten charakteristischen Bewegungsorganen der Blätter ausgeführt: während die Blätter am Tage völlig erhoben und ausgebreitet sind, senkt sich des Nachts, besser gesagt bei Lichtmangel, der Hauptstiel, und die einzelnen Blättchen richten sich nach oben und vorn; diese Stellung ist der Reizstellung ziemlich ähnlich, aber wesentlich davon verschieden, weil Folge anderer Ursache.

In hohem Grade empfänglich für äußere Reize ist noch die Venus-Fliegenfalle (Dionaea muscipula). Die Blätter dieser im westlichen Nordamerika einheimischen Sumpfpflanze sind von einem starken Mittelnerv durchzogen; wird auf diesen ein Reiz ausgeübt, dann klappen die beiden starkborstigen Blatthälften zusammen und bleiben nun so lange geschlossen, als jener Reiz andauert, hört dieser auf, dann breiten sie sich wieder auseinander und sind von neuem reizbar. Bewegt sich nun ein kleineres Insekt, etwa eine Ameise, über solch gefährliches Blatt, dann schließt sich dieses sofort, vorausgesetzt, daß sich die Pflanze in Folge hinreichender Wärme und günstiger Beleuchtung in ihrem beweglichen Zustande befindet. Wehe dem unglücklichen Gefangenen, je mehr er zappelt und zu entkommen sich bemüht, um so fester wird er zwischen den Blatthälften und deren Borsten umschlossen; sterben muß er in der Pflanze Umarmung. Dann aber öffnet sich zu neuem Fange das mitleidlose Blatt. Ist es nicht erklärlich, daß ältere Botaniker meinten, die Pflanze finge das Thier zu ihrer Nahrung, und sauge dasselbe aus, gleichwie auch die Spinne von den Säften listig gefangener Opfer sich nähre?

Für Berührung oder Erschütterung sind noch viele andere Pflanzen reizbar, so namentlich die Laubblätter gewisser Sauerkleearten und der Robinie; doch bedarf es im allgemeinen ziemlich starker Einflüsse um Stellungen hervorzurufen, welche der Nachtstellung der Mimosen äußerlich gleichen. — Diesen Blättern schließen sich manche Narben und Staubfäden in ihrer Beweglichkeit an. Hier dient die Reizbarkeit offenbar den Befruchtungsvorgängen; so sind die Staubblätter der, den Rhododendren verwandten Kalmia, bevor ihr Blüthenstaub seine Reife erlangt hat, ausgebreitet (vergleiche Figur 37). Mit dem Momente der vollendeten Blüthen-

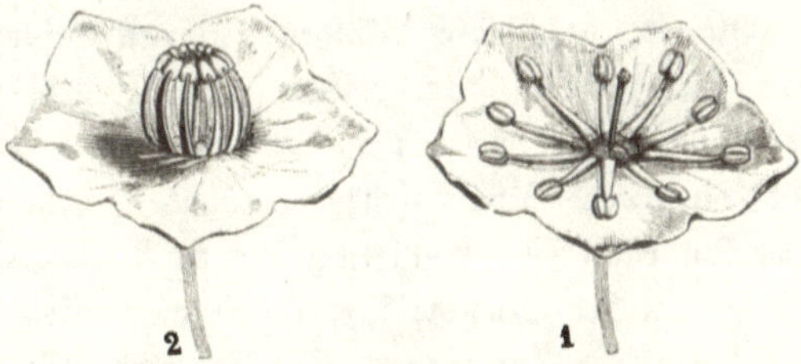

Figur 37.
Blüthe einer Kalmia. 1) mit ausgebreiteten Staubblättern, vor der Bestäubung; 2) mit auf die Narbe gelegten Staubblättern, im Augenblicke der Bestäubung.

staub-Entwicklung durchzuckt aber eine eigenartige Beweglichkeit die Staubfäden; der geringste Stoß, die schwächste Reibung veranlaßt sie sich zu erheben und ihre Staubbeutel an der Narbe zusammenzulegen, reichlichen Blüthenstaub dort entlassend und so für rechtzeitige Bestäubung Sorge tragend. Ist dieser ihr Daseinszweck erfüllt, dann erlischt die Reizbarkeit sehr bald; länger dauert sie an, wenn man die Befruchtung, etwa durch Abschneiden der Narbe verhindert, dann währt auch längere Zeit die Dauer des Flors der Blüthe. — Aehnliches zeigen die reifen Staubblätter der Berberize, welche, erst ausgebreitet, bei jeder Berührung plötzlich zum Stempel hinspringen, ihre Staubbeutel an die Narbe anschmiegen, dann sich wieder zurückziehen. Zu gleichem Zwecke der Bestäubung, aber selbständig und in bestimmter Ordnung erheben sich die Staubfäden des Sumpfherzblattes.

Nicht allein die vorhin betrachteten Sinnpflanzen, die allerverschiedensten Pflanzen vielmehr, und zwar bald deren Blätter, bald ihre Blüthen, nehmen besondere Schlafstellungen ein. Das hierher gehörende periodische Oeffnen und Schließen vieler Blüthen wurde bereits früher erwähnt. Licht und Wärme sind dabei die erregenden Faktoren, Verlängerung der Innenseite der Blumenblätter ist die mechanische Ursache der einzelnen Bewegungen. Die beweglichen Laubblätter sind zur Nachtstellung bald aufwärts zusammengeschlagen wie bei Klee und Wicke, bald abwärts zusammengefalten wie bei Bohnen und Sauerklee, die Hauptstiele zusammengesetzter Blätter heben sich bei gewissen, senken sich bei anderen Pflanzen: kurz es gibt vielleicht kaum eine mögliche Bewegungsform, welche sich nicht fände. Plötzliche Lichteinwirkungen oder Verdunkelungen, mitunter auch Erwärmen oder Abkühlen, bewirken hier oftmals Bewegungen, ebenso wie allzu starke oder allzu lange Beleuchtung oder Lichtentziehung Starrheit hervorruft.

Schließlich sei noch die Bewegung des beweglichen Süßklee's (Hedysarum gyrans) erwähnt. Dieser Halbstrauch Südasiens besitzt, wie sein Familienverwandter unser Klee, dreizählige Blätter. Das mittelste dieser Blätter, das größte, bewegt sich nur bei Sonnenschein und nimmt außerdem Tag- und Schlafstellung ein, dagegen sind die beiden seitlichen, etwa sechsmal kleineren Blättchen, so wie die Temperatur 22 Grad des hunderttheiligen Thermometers übersteigt, in fast ununterbrochener Schwingung begriffen, und zwar in der Weise, daß die Spitze jedes derselben eine ovale Linie, seine Fläche aber einen Kegel beschreibt. Je nach dem Wärmegrade dauert ein Umlauf fünf Minuten bis hinab zum Bruchtheile einer einzigen Minute. Ruckweise, mitunter aufhörend, erfolgt diese Bewegung, gleich als müßte das Blatt bei seiner Drehung einen innern Widerstand überwinden. Ursache und innerer Mechanismus dieser Bewegung sind noch in tiefstes Dunkel gehüllt, ebenso wie wir im allgemeinen durchaus noch nicht wissen, welchen Nutzen für den Haushalt der Pflanzen die periodischen und die Reizbewegungen der Laubblätter haben.

Die Vermehrung der Pflanzen.

„Sieh, hier schließt die Natur den Ring der ewigen Kräfte;
Doch ein neuer sogleich fasset den vorigen an,
Daß die Kette sich fort durch alle Zeiten verlänge,
Und das Ganze belebt, so wie das Einzelne sei."

Goethe.

Bedecken muß die Pflanzenwelt, was immer an fruchtbarem Erdreich sich ihr bietet, erfüllen die pestathmende Fläche stehender Gewässer, nähren zahllose Thiere, welche ihrerseits wieder dem Menschen oder andern Thieren zur Beute fallen. So sind die Pflanzen in Wahrheit Bedingung jeglichen Lebens auf Erden, und mit dieser großen Aufgabe mußte ihnen gleichzeitig die Befähigung verliehen werden, sich in ungewöhnlichem Maße neu erzeugen zu können, unbekümmert, ob der Mensch die reifende Frucht zertritt, ob ein Thier sie erhasche.

Auf zweifache Art und Weise können neue Pflanzen der Erde Schooß entsprießen: Urzeugung wird die eine, elterliche Fortpflanzung die andre genannt.

Ob eine Urzeugung, das heißt ein Entstehen

ohne Mitwirkung bereits vorhandener Organismen, bloß durch günstiges Zusammentreffen der anorganischen Materie augenblicklich noch existirt, ist zur Zeit eine Streitfrage unter den Forschern; jedenfalls werden durch sie nur höchst unscheinbare Uranfänge organischer Gestaltung, vielleicht nur Wesen gebildet, welche aller Organe so gänzlich entrathen, daß ihre Thier- oder Pflanzen-Natur sich unseren Blicken verbirgt.

Bei der elterlichen Fortpflanzung entstammen, wie der Name schon andeutet, die neuen Organismen bereits vorhandenen. Diese Art des Entstehens kann sich sehr mannigfach gestalten; vorab tritt uns ein Zweifaches, grundsätzlich Verschiedenes entgegen, geschlechtliche und ungeschlechtliche elterliche Zeugung. Während nämlich bei letzterer Fortpflanzungsart die der Vermehrung dienenden Zellen oder Zellgruppen, die Fortpflanzungszellen, ohne weitere Vorbereitung im Stande sind ein neues Wesen hervorzubringen, müssen sie hierzu bei der geschlechtlichen Fortpflanzung erst durch materielle Vereinigung mit einer anderen Zelle befähigt werden. Sodann muß man noch die geschlechtlichen Fortpflanzungszellen, je nach ihrem Verhalten, als männliche und als weibliche unterscheiden; letztere bilden die neuen Pflanzen, bald direkt, bald durch Vermittlung besonderer, später genauer zu betrachtender Sproßformen, aber nur wenn jene ersteren den befruchtenden Anstoß dazu gegeben haben. Mitunter sind beiderlei Befruchtungsorgane auf derselben Pflanze, gar in einer Blüthe (Zwitterblüthe) vereinigt, mitunter getrennt, wonach es denn männliche, weibliche und zwitterige Blüthen und Pflanzen gibt.

Schließlich kann auch der Mensch, dem es gegeben ist die Erde zu beherrschen, gleichsam ein Schöpfer, neue Pflanzen ins Dasein rufen, indem er klugen Sinnes neue Art der Vermehrung erdenkt und übet.

Die verschiedenen Generationen, wie sie aus einander entstehen und unmittelbar folgen, sind nun bei den allermeisten Pflanzen bald in ihrer Form, bald in ihrer Lebensweise einander ungleich, wodurch ein sogenannter Generationswechsel eintritt. Die zu den Algen gehörenden Diatomeen pflanzen sich beispielsweise durch Zweitheilung, das heißt in der Weise fort, daß sich die einzelnen Individuen in der Mitte durchtheilen, worauf jedes der Stücke für sich ein neues Pflänzchen darstellt. Dabei nimmt aber die Durchschnittsgröße der einzelnen, sich folgenden Generationen fortwährend ab, bis endlich ein gewisses kleinstes Maß erreicht ist. Dann wird die Fortpflanzung durch Zweitheilung durch eine andere Fortpflanzungsweise unterbrochen: eigenthümliche Vergrößerungszellen, sogenannte Auxosporen entstehen und diese erzeugen Individuen, welche dem Maximum der Artgröße entsprechen, sonst aber ihren Mutterzellen völlig gleich sind. Diese Erstlingszellen beginnen darauf von neuem die Zweitheilung. Hier besteht also ein Generationswechsel zwischen den durch Zweitheilung und den durch Auxosporen erzeugten Individuen. Anders bei anderen Pflanzen; so besitzen die Farnkräuter einen stetigen Wechsel zwischen geschlechtlichen, einen Vorkeim bildenden und ungeschlechtlichen, das eigentliche Farnkraut erzeugenden Generationen.

Bei zahlreichen Pflanzen, zumal bei den Kulturgewächsen, hat man nun die Erfahrung gemacht, daß Fortpflanzung durch geschlechtlich erzeugte Samen, und Vermehrung der Gewächse auf ungeschlechtlichem Wege keineswegs in ihren Folgen gleichbedeutende Vorgänge sind. Auf diesen Erfahrungssatz wirft die physiologische Eigenthümlichkeit beider Fortpflanzungsarten ein gewisses theoretisches Licht, obgleich wir noch weit davon entfernt sind behaupten zu können, daß wir seinen wahren Grund mit wissenschaftlicher Schärfe erkannt hätten. Es werden nämlich bei den Befruchtungsvorgängen die stofflichen Anfänge des zukünftigen jungen Gewächses von zwei, in ihrer Entwicklung von einander völlig unabhängigen Organen der Pflanze geliefert, bei den Blüthenpflanzen von Staubblättern und Stengeln, von Organen, welche oft auf verschiedene Pflanzentheile, häufig sogar auf völlig getrennte Pflanzen vertheilt sind. Nicht so Knospe oder Schößling oder was immer die Pflanze vermehren soll. Sie sind aus einem Theil einer Mutterpflanze entstanden, allein von ihrem Safte ernährt, aus ihrem Zellgewebe geformt, mithin erzeugt unter dem ganzen Einflusse ihrer individuellen Eigenthümlichkeit. Da kann es nicht auffallen, daß dem durch Befruchtungsvorgänge erzeugten Keime ein größeres Gestaltungsvermögen innewohnt als dem strenge beschränkten, der Vermehrung dienenden Sprosse. Die aus Samen entstandene Keimpflanze hat nun die Fähigkeit in ihrer Entwicklung von den besonderen Individualitäten ihrer Eltern abzuweichen und andere, in den Grenzen ihrer Art vorkommende Besonderheiten an sich zur Erscheinung zu bringen. So sind zum Beispiel alle Apfelbäume ganz charakteristisch gestaltet in Wuchs, Blättern, Blüthen und Früchten; den Apfelbaum kann Niemand verkennen; und dennoch welch zahllose Verschiedenheiten in diesem Gestaltungskreise! Da tragen einige Bäume süße, andere saure oder gewürzige, einzelne weiche, andere harte Früchte, diese zeitigen früh, jene spät ihre Frucht, und wie verschieden sind Größe und Färbung der einzelnen Früchte. Auch Blätter und Blüthen weichen mannigfach ab in den gegebenen Grenzen. Aber zahlreiche Individuen sind nöthig, um all diese Eigenschaften der einen Art zu äußern, und erfahrungsgemäß kann nun der Apfel- oder der Kirsch-Sämling anders schmeckende, anders aussehende Früchte tragen als der Mutterbaum, dem der zur Pflanze herangewachsene Kern entstammte. Dies Vermögen haben die durch Theilung, Knospung, Veredlung hervorgegangenen Gewächse theils gar nicht, theils in viel geringerem Maße. Man drückt dies kurz so aus, daß man sagt, die Samenpflanzen pflanzen die Art, die Stecklinge, Schößlinge, Knospen und Edelreiser aber das bestimmte Einzelwesen fort. Doch handelt es sich hier durchaus nicht um Gegensätze, vielmehr nur um ein Mehr oder Minder, das sich in dem durch beide Vermehrungsweisen ermöglichten Entwicklungskreise ausspricht. Auch erleidet jener Erfahrungssatz manche Beschränkungen: wir finden zum Beispiel die Blüthenfarben der verschiedenen Aster- und Levkojensorten in den Sämlingen wieder, während im Gegensatze hierzu auch Sprößlings-Pflanzen in andere Varietäten hinüber spielen, oder noch lieber in eine ursprüngliche Stammform zurückschlagen. Letzteres betrifft namentlich Färbungs-Unterschiede und Zertheilungsformen der Laubblätter, wie denn die Zweigstecklinge buntblätteriger Brombeer-Arten wieder bunte Pflanzen hervorbringen, während aus Wurzelschnittlingen grüne Pflanzen erwachsen. Dennoch hat das Gesetz innerhalb dieser Beschränkungen eine weit herrschende Gültigkeit und der Praktiker weiß wohl, daß, wenn er die Elternpflanzen nicht sorglich auswählt, er durch Samen spielartliche Eigenschaften nicht rein zu erhalten vermag, daß er dagegen durch Stecklinge nicht allein diese, sondern auch individuelle Eigenthümlichkeiten mit hoher Wahrscheinlichkeit fortpflanzt. Ja sogar die Verschiedenheiten, welche sich in den Sproß-Regionen einer und derselben Pflanze finden, werden durch die von ihnen entnommenen Stecklinge fortgepflanzt, wie man ja bekanntlich schnell blühbare Stecklingspflanzen dadurch erzielt, daß man Zweige dazu wählt, die schon am Mutterstock zum Blühen sich anschickten.

Eine Reihe von Pflanzen baut ihren Pflanzenkörper derartig auf, daß alle neuen Sprosse nur zur Vergrößerung und Vervollkommnung des bereits vorhandenen dienen, sie erreichen eine gewisse persönliche Abgeschlossenheit, und sind, wie zum Beispiel die Nadelhölzer, in der Natur lediglich auf Vermehrung durch Samen angewiesen. Andere Pflanzen dagegen, namentlich Sträucher und vor allem die perennirenden Stauden richten ihre Wachsthumsthätigkeit eben so sehr, ja häufig noch viel mehr auf natürliche Vervielfältigung als auf eigenen Auf- und Ausbau und auf Samenbildung.

Den einfachsten Fall bieten uns diejenigen Stauden, welche aus ihrem unterirdischen, ausdauernden Wurzelstocke eine große Zahl, dicht neben einander wachsender Sprosse emportreiben; Staudige Astern, Phlox und zahlreiche Gräser liefern treffliche Beispiele dazu. Wird nun der Busch der aufwachsenden Sprosse zu dick, dann stirbt der ursprüngliche Mutterstock ab, und ohne weiteres sind die sämmtlichen seitlich aus ihm hervorgegangenen Pflanzen, welche sich längst mit eigenen Wurzeln versehen und ihre eigene Ernährungs-Oekonomie eingerichtet haben, in Freiheit gesetzt und zu Einzelwesen gesondert. Hier macht sich die Theilung von selbst; und der Pflanzenzüchter hat geringe Mühe, da er nichts weiter zu thun hat, als das durch die Natur bereits organisch Getrennte mit Spaten und Messer auch noch mechanisch, räumlich zu scheiden.

Ein lebhafteres, eigenartigeres Bild selbstthätigen Vervielfältigungstriebes gewähren die Stauden mit kriechenden Stämmen. Ihre langgestreckten, unter der Erde fortkriechenden Stengel entsenden nach oben alljährlich Laub- und Blüthentriebe und breiten sich in immer neuen unterirdischen Verzweigungen weiter und weiter aus. Während sich so die Aeste in kürzester Frist verhundertfachen, stirbt der ursprüngliche Stengel heraus und hunderte neuer Individuen suchen neues Terrain sich zu gewinnen. Gewächse dieser Form sind zahlreich genug, und dem Gärtner bald als leicht zu vermehrende Kulturpflanzen schätzbar, wie Maiglöckchen und Veilchen, bald unbequem als schwer auszurottende Unkräuter, welche alles ersticken und überwuchern was in ihrer Nähe kultivirt werden soll, wie die berüchtigte Quecke. Stauden dieser Vegetationsform sind es auch vorzugsweise, welche leicht eine schnelle Ueberwucherung des Bodens, selbst anderer Pflanzenarten zu Stande bringen, indem sie von Hause aus anfänglich noch durch elterliches Nahrungsgut unterstützt und versorgt, mit ganz anderer Wachsthums-Energie aufzutreten im Stande sind, als die auf sich selbst angewiesenen Samenpflänzchen. Daher machen sich ihrer viele, zumal Gräser und Halbgräser, durch ihre Kraft losen Boden zu binden und zum Stehen zu bringen, im Großen nicht wenig nützlich. Auch bedingen die langgestreckten Stengel, welche die neu erzeugten Individuen gleichsam in die Ferne schicken, und ihnen eigenen Vegetationsraum verschaffen, einen weit größeren Erfolg der Vervielfältigung, als es der ersten, seßhafteren Form eigen zu sein pflegt.

Eine dritte Weise bietet die Erdbeere und ihre Verwandten (vergleiche Figur 38). Ihr kurzer Stengel ist mit Laubblättern, aus deren Achseln die Blüthen entsprießen, dicht bedeckt. Plötzlich entstehen statt der Blüthen außerordentlich lange, kaum mit Blättern besetzte Triebe, sogenannte Ausläufer, welche sich seitlich über den Boden dahinschieben, endlich in genügender Entfernung

Figur 38.
Erdbeerpflanze mit ihren Ausläufern.

von der Mutterpflanze eine kräftige Knospe entfalten, Wurzeln in die Erde, Laubblätter nach oben entsenden und sich zu besonderen Pflanzen entwickeln. Hier werden also besondere Sprosse zur Vermehrung entsendet.

In weiteren Fällen schlagen Zweige, welche zufällig den Boden berühren Wurzeln, und ergänzen sich durch diese zu selbständigen, in ihrer Ernährung unabhängigen Pflanzen. Man denke an Weiden, Verbenen, Phlore und die zahlreichen natürlichen Ableger, welche derartig, als leichter Gewinn, dem Züchter in die Hand fallen. — Auch Wurzeln und Blätter besitzen ähnliche Fähigkeit. Wir erinnern an die in jüngster Zeit zu Modepflanzen gewordenen Echeverien, deren älteste Blätter sich geradezu selbständig von der Mutterpflanze ablösen und frei auf dem Boden liegend, an ihrer Trennungsstelle eine neue Pflanze entwickeln. In ähnlicher Weise vermehren sich viele Farnkräuter, zumal dann, wenn die Verzweigung des Stammes selten oder gar nicht stattfindet. Hier entspringen die Knospen bald aus den unteren Theilen der Blattstiele, bald in den Achseln der kleinen Blättchen des Wedels (vergleiche Figur 39); sie bewurzeln sich schon, wenn sie noch mit dem Mutterblatte

Figur 39.
Streifenfarn (Asplenium decussatum): mittlerer Theil eines erwachsenen Blattes, dessen Mittelrippe st die Fiederchen l trägt; an dem Grunde des einen ist eine Knospe k entstanden, welche auch bereits eine Wurzel getrieben hat.

im Zusammenhang sich befinden, und lösen sich früher oder später ab um selbständig weiter zu wachsen.

Aber statt der Fähigkeit, die günstige Gelegenheit, wo immer sie sich bietet, durch die Wurzeln, Zweig oder Blatt frischweg zu benutzen, ist es sehr zahlreichen Gewächsen eigen, ganz besondere Vermehrungsorgane an bestimmten Orten zu erzeugen. Dies sind die **Brutknollen** oder **Brutzwiebeln**, kleine oft nur in der Anlage vorhandene, oft auch beblätterte, knollenartige Sprosse. Am natürlichsten erscheint dieser Prozeß bei den Zwiebelgewächsen, zum Beispiel bei den Hyacinthen, bei denen sich in den Winkeln der Zwiebelschuppen neue, kleine Zwiebelchen aus Knospen entwickeln; durch Absterben und Verwesen der alten Schuppen werden sie frei und stellen neue, junge Pflanzen her. Auch in den Achseln der Laubblätter können sich Brutzwiebeln bilden, wie bei Feuerlilie und Anderen (vergleiche Figur 40); und solche Zwiebelchen werden gleich Samen freiwillig von der Mutterpflanze abgestoßen und in Freiheit gesetzt. Auf den Boden gefallen haben sie dann, wie wahre Keim-

Figur 40.

Zweig des Scharbockkrautes (Ficaria ranunculoïdes), welcher in einem Blattwinkel eine Brutzwiebel trägt.

pflanzen, ihre Bewurzelung und Entwicklung auf eigene Kosten, das heißt auf Kosten ihrer Reservestoffe, zu bewirken. Noch auffallender ist dies Verhältniß bei den Lauch-Arten, welche dergleichen Zwiebelchen anstatt oder inmitten ihrer Blüthen hervorbringen, dieselben also geradezu als Ersatz der Samen auftreten lassen, und wie diese abwerfen. Die Brutknospen können, wie auch die meisten Samen, längere Zeit existiren ohne zu vertrocknen.

Es darf als selbstverständlich angenommen werden, daß es zwischen den erwähnten Hauptarten natürlicher Vermehrung die mannigfachsten Uebergänge gibt.

Wie die Natur, so vermehrt auch der Mensch, um seines Nutzen willen, gar manche Pflanze, abgesehen davon, daß er mechanisch dasjenige örtlich trennt, was die Natur bereits organisch von einander geschieden hat. Aber die Natur ergänzt bevor sie lostrennt, sie heilt durch vorgebildetes Korlgewebe ehe sie verwundet; der Pflanzenzüchter muß dagegen schneiden und verwunden bevor sich das Getrennte ergänzen und vernarben kann, ja er muß in das Pflanzenleben tief eingreifende Operationen machen um zur Ergänzung anzureizen. Vermehrung durch Wurzel- und Knollenstücke, durch Steckreiser, Stecklinge und Ableger, sowie das Veredlen gehören hierher. In all diesen Fällen kommt es darauf an, daß der zur Vermehrung ausersehene Pflanzentheil rasch vernarben könne, und eine Gruppe neubildungs- oder umbildungsfähiger Zellen besitze, welcher hinreichende Nahrung zur Disposition steht. Danach erklären sich die Vermehrungen durch Wurzelabschnitte und durch Knollenstücke leicht: bei ihnen kommt es vorzüglich darauf an, daß die Wunde durch ein Korkgewebe vernarbe. Ist das geschehen dann wird sich die Knolle von selbst bald weiter entwickeln, da sie in ihren Augen ein Bildungsgewebe besitzt, in ihren Zellen genügende Reservestoffmengen enthält und nach ihrer Vernarbung weiterhin nur das zu vollführen hat, was die Natur ihr als Aufgabe vorzeichnete. Auch die Wurzelvermehrung wird leicht gelingen, wenn die Wurzel, was vielfach der Fall ist, die Fähigkeit besitzt aus sich eine Knospe hervorzutreiben.

Anders dagegen beim Steckreis oder Steckholze, das heißt bei einem zur Zeit der Vegetationsruhe in unbelaubtem Zustande mit seinem untern Ende in den Boden gesteckten Zweige oder Zweigstücke. Seine Haut ist für die Atmosphäre berechnet, und es kommt also darauf an ob sie ihre veränderte Lage ertragen kann bis Heilung der Wunde und eine Neubildung erfolgt ist; da hat denn die Erfahrung gelehrt, daß sich manche Gehölze auf diese Weise vermehren lassen, daß dagegen andern dieses Vermögen gänzlich fehlt.. Im günstigen Falle regt sich das Kambium nahe der Wunde und auch das Gewebe der inneren Rinde beginnt eine lebhafte Zellvermehrung. Massen von Zellen entstehen, quellen gewissermaßen zwischen der äußeren Rindenlage und dem Holzkörper hervor und schieben sich seitwärts über die abgeschnittenen Enden der benachbarten Theile, zumal über Holz und Bast, welche sich selbst an diesen Bildungen nicht betheiligen; so entsteht ein schwammig knorpeliges Gewebepolster, der allen Gärtnern bekannte Kallus. Gleichzeitig bildet sich ein Korkgewebe um die Wunde gänzlich vor dem Zutritte der Luft abzuschließen. Entwickeln sich darauf die Wurzeln, brechen dieselben entweder durch den Kallus oder dicht über demselben hervor, dann ist es gelungen das Steckreis zur selbständigen Pflanze heranzuziehen. Wie die Knospen gesetzlich zuerst in den Blattwinkeln auftreten, so erscheinen auch die Wurzeln bei manchen Pflanzen ausschließlich, bei anderen doch am ehesten und leichtesten ebenfalls an den Knoten des Stengels, und auch die Kallusbildung geschieht hier leichter und üppiger als anderswo. Daher schneidet der Praktiker alle Vermehrungstheile am liebsten dicht unter einem Knoten ab. Auch muß man um der Pflanze die Kork- und Kallusbildung nicht zu erschweren das Steckholz scharf und glatt abschneiden, und nur Unkundige können der Bewurzelung Vorschub zu leisten vermeinen durch Zerfaserung des Holzkörpes von unten her, oder gar durch Einfügen eines keimenden Getreidekornes in den zerklüfteten Stengel. Aber neue Gefahr droht dem Steckreis, wenn seine Knospen zu rasch sich entwickeln und die begonnene Bewurzelung überholen; und wie nahe liegt diese Gefahr! Denn so lange das Reis in Verbindung mit dem Mutterstamme war, entfaltete es beim Beginne der Vegetation so schnell als möglich seine Knospen; jetzt aber sollen die vitalen Triebe und Thätigkeiten entgegengesetzte Wege gehen, das gesammte im Stengel aufgehäufte Nährstoffmaterial soll nicht zur gewohnten Verbrauchsstätte in den wachsenden Knospen, vielmehr zu dem neugeschaffenen Bildungsheerd am Grunde des Reises hinwandern und dort, an ungewohnter Stelle, neue, zur Zeit unentbehrliche Organe hervorrufen. Und gar manche Pflanzen sind spröde und vermögen dieser Aufgabe nicht zu genügen; ein von ihnen entnommenes Steckreis verdorret, weil seinen neugebildeten Wurzeln zu wenig Nahrungsstoff zufließt.

In ungünstigerer Lage noch als das Steckreis ist der beblätterte, in frischem Wachsthum begriffene Steckling. Bei diesem können sich die neuen Verhältnisse nicht allmählich einleiten: möglichst schnell neue Wurzeln, und Unterhalt für die begehrlichen, Wasser verdunstenden und Zufuhr aller Art heischenden Blätter zu schaffen, ist hier dringend geboten. Da gibt der erfahrene Gärtner Bodenwärme, um die Thätigkeit nach unten zu reizen, durch Glasbedeckung sperrt er die Luft ab, damit die Pflanze feucht bleibe und nicht schädliche Trockenheit der Luft die Blätter veranlasse, ihren augenblicklich schwer zu ersetzenden Zellsaft auszuhauchen, und durch leichten, trocknen Sand oder Kohlenpulver enthaltenden Boden endlich sucht er ein Faulen der in den Boden gesteckten Pflanzentheile möglichst zu hindern; doch äußert sich gerade hier die Individualität der einzelnen Pflanzenarten in höchstem Maße und muß sich daher die allgemeine Regel dem Einzelfall auf das Sorgsamste anpassen.

Bei vielen Pflanzen, welche sich auf die genannten Weisen nicht vermehren lassen, gelingt dies oft verhältnißmäßig leicht durch Ableger oder Absenker, das heißt durch Zweige, welche zur Erde niedergebeugt, mit ihrem mittleren Theile in den Boden eingegraben und dort unterbunden, aufgespaltet oder eingekerbt wurden. Dadurch wird das Zurückströmen und Aufspeichern der im Zweige gebildeten plastischen Stoffe gehemmt; aufgestaut sucht er eine Verwendung und findet sie in der Bildung von Wurzeln an der Ablegungsstelle; nach derem Heranwachsen ist der Zweig als neue Pflanze selbsterhaltungsfähig und kann von seiner Mutterpflanze gelöst werden.

Die Veredlung ist nur ein einzelner Fall der künstlichen Vermehrung. Doch wird hier der Vermehrungstheil nicht in den Boden gesteckt und zur Selbstbewurzelung veranlaßt, man fügt ihn vielmehr auf eine fremde Pflanze und läßt ihn Besitz ergreifen von deren Wurzeln und Stamm. Statt also seine Verwundung zu vernarben und dann sich mit Wurzeln zu versehen, muß das Veredlungsreis oder die Knospe an ihrer Wundfläche mit der fremden Pflanze, dem Wildlinge, verwachsen. — In der Praxis unterscheidet man mehrere Arten des Veredelns: okuliren, pfropfen, kopuliren und absäugen. Beim Okuliren schiebt man das Rindenstückchen, oder Schildchen, woran die Knospe des Edelreises sitzt, durch einen Kreuz- oder T-förmigen Schnitt, zwischen Holz und Rinde des Wildlings (vergleiche Figur 41). Bei der Kopulation pflanzt man das Edelreis auf einen eben so dicken Zweig des Wildlings, beim Pfropfen schiebt man ein zugespitztes, dünnes Reis in eine Spalte des Wildlings und beim Absäugen oder Ablaktiren endlich läßt man das Edelreis noch so lange mit seiner Mutterpflanze in Verbindung, bis an den aneinandergefügten Wundflächen zwischen ihm und den Wildling die Verwachsung erfolgt ist. In allen Fällen müssen die äußeren Wunden durch Umwickeln mit Bast und Ueberstreichen mit Baumwachs oder anderen Substanzen vor

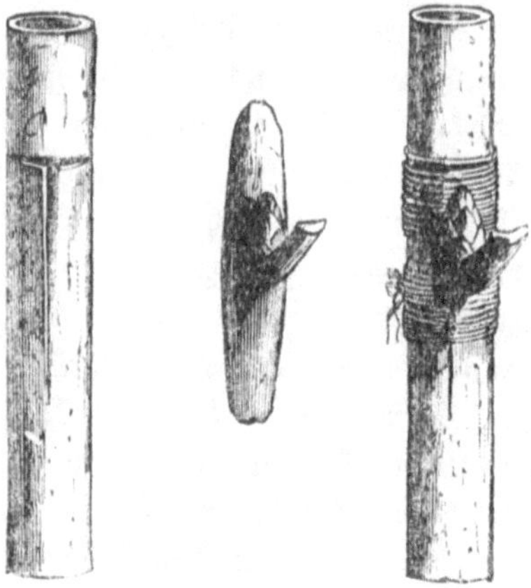

Figur 41.
Die einzelnen Momente des Oculirens.

äußeren schädlichen Einflüssen geschützt werden. Die Hauptthätigkeit der Verwachsung geht vom Edelreis aus, aber auch der Wildling muß seine Schuldigkeit thun. Letzterer muß Bodenfeuchtigkeit zur Vereinigungsstelle hinleiten, und der so zum Edelreis gelangte rohe Saft befähigt dieses seine Reservestoffe zu verflüssigen und in lebendigen Umsatz zu bringen. Wie beim Steckling zieht sie der Vervollständigungstrieb nach unten, und im Kambium, nahe der Wundstelle beginnt die Neubildung: eine

Ergänzungs- und Vernarbungsmasse drängt sich zwischen Rinde und Holz in den Wundraum ein und füllt diesen nach allen Richtungen hin aus, innig schmiegt sie sich, wie eine formbare Kittmasse, an die Wundfläche des Wildlings an, bedeckt die starren und verschmilzt mit dessen plastischen Geweben. Dabei kommt es auf einen kleinen Umweg nicht an; wo aber dies zarte Neugebilde gerade aus oder seitlich die kambiumartigen Gewebe des Wildlings erreicht, theilt es ihnen von dem ernährenden Bildungssaft mit, und setzt sie in Thätigkeit, wobei denn auch das im Wildling enthaltene Material mit zum Verbrauche gelangt. Geschieht dies, dann sind die Theile der beiden verschiedenen Gewächse für die ganze Dauer ihres Lebens zu einem Pflanzenstocke vereinigt. Der ehemalige Wildling, jetzt Wurzel und Stamm, saugt die Bodennahrung, die einer anderen Pflanzenart oder Abart zugehörige Krone assimilirt sie nebst dem aus der Luft aufgenommenen Nahrungsstoffe, und ernährt damit sich und ihre Unterlage. Aber jedes, Edelreis und Wildling bleibt in seinem Bereiche vom anderen unbeeinflußt und schafft nach eigener Art, jedes erzeugt, nach wie vor, seine Form von Zellen, Blättern, Blüthen und Früchten. Freilich pflegt letzteres dem Wildlinge nicht ferner gestattet zu werden; aber ganz irrig ist die landläufige Meinung durch Veredlung könne man in gleicher Weise Abänderungen erzielen wie durch kreuzweise Befruchtungen. Eben so theoretisch lehrreich als technisch nützlich ist die neuerdings vielfach angewendete Veredlung auf Wurzeln. So gelingt es leicht der dicken, fleischigen

Wurzel einer Stauden-Päonie ein Auge der baumartigen einzupflanzen. Wächst nun die Edelknospe aus, dann brechen in kurzer Zeit aus ihrem Grunde neue Ernährungswurzeln, welche den jungen Trieb rasch zur selbständigen Pflanze vervollständigen und wurzelächt machen: ein eigenthümliches Streben nach Vereinfachung und Abkürzung der Ernährungswege. — Auch der Wurzelausschlag der Bäume lebt nur vorübergehend von der Mutterwurzel, und bewurzelt sich schnell selbst, so daß er dann mit Leichtigkeit von seiner Stammpflanze losgelöst werden kann. — Durch Ansäugen verwachsen, wenn sie sich gegenseitig eine Wunde reiben und aneinander gepreßt bleiben, nicht selten die Aeste mancher Waldbäume miteinander, so namentlich die der Buchen, Linden, Hainbuchen und Tannen, seltner auch jene der Kiefern, Fichten und Eichen.

Noch ein Punkt von hervorragender Bedeutung ist kurz zu berühren: die Weite der Veredlungsmöglichkeit innerhalb der Verwandtschaft der Gewächse. Hier lehrt nun die Erfahrung, daß Veredlungen zumeist nur zwischen Varietäten derselben Art und zwischen Arten derselben Gattung ausgeführt werden können. Mitunter gelingt aber auch die Uebertragung von Gattung zu Gattung: Kastanienedelreiser wachsen auf Eichen-Unterlage, Aepfel auf Quitten und Weißdorn. Fast nur bei den Oelbaumgewächsen (Liguster, spanischer Flieder, Esche) gelingt die Veredlung aller Glieder einer Pflanzen-Familie untereinander. Ueber die Grenzen einer Familie hinaus ist bis jetzt noch keine

Veredlung gelungen. Selbstverständlich gelingt die Verschmelzung von Wildling und Edelreis im allgemeinen um so leichter, je näher verwandt beide sind.

Doch einstweilen genug über die Vermehrung der Pflanzen. — Die Einzelheiten der Fortpflanzungsprozesse seien mit der Betrachtung der Pflanzenklassen verknüpft, mit deren Wachsthumsvorgängen sie sich ohnehin aufs innigste verflechten.

Das Pflanzenreich.

„Natura non facit saltus."
„Es gibt keine Sprünge in der Natur."
Linné.

Durchmustern wir kritischen Auges das Pflanzenreich beginnend vom unscheinbarsten Wesen: vielfach verzweigtem Gewirre von Ketten vergleichbar erscheint uns das Ganze; Glied reiht sich an Glied; aber indem wir geringen Fortschritt vom Glied zum Gliede bemerken, gelangen wir schließlich zu den höchst entwickelten Formen. Mannigfach unterbrochen scheint zuweilen die stetig fortschreitende Reihe, doch stets lehrte genauere Forschung neue, vermittelnde Daten, und vielleicht liegt es in nicht gar weiter Ferne, daß ein Ganzes die Pflanzenwelt darstellt. Wer aber vermöchte zu überschauen, diese, menschlichem Verständniß unendliche Fülle, deren Glieder, noch nicht alle gezählt, sicherlich einige Hunderttausend betragen? Ordnender Hand fassen deßhalb wir nahe Verwandtes zusammen: Art nennen wir die gleichen, in ihren wesentlichsten Eigenschaften übereinstimmenden Einzelwesen, zur Gattung vereinigen wir die einander nahe stehenden Arten, und diese gruppiren sich zu Familien, zu Ordnungen, endlich zu Klassen. Willkür des einzelnen Forschers ist es gar häufig, was er als Art, Gattung, Familie, Ordnung, selbst Klasse bezeichnet, denn nicht läßt in starre Schemen sich fesseln die freigestaltende Flora. Aber ist das dieselbe Art jenes kränkelnde, südlichem Palmkerne in unsern Gewächshäusern entsprossene Pflänzchen, das nie mit Blüthen und Früchten sich schmückt und bald, nach kümmerlichem Leben dahinsiecht, und jener stattliche Baum, den keines Gärtners Auge je sah, viel weniger kunstreich beschnitt, der zu des Himmels Wolken erhebet sein Haupt und zahlreiche Früchte alljährlich spendet seinen Landesgenossen? Es ist dieselbe; und doch so verschieden! Leicht kann man hier sagen verändertes Leben schuf veränderte Form. Aber anderwärts scheidet ein Blättchen, ein Staubblatt sonst gleiche Gestalten. Die größte Uebereinstimmung unter den Kennern findet sich noch in Begrenzung der Familien, aber diese gruppirt fast jeder in anderer Weise, so daß bald einer Kette, bald einem Netze, hier einer Landkarte, dort einem reich verästelten Baume die Anordnung gleichet. — Zunächst in fünf Gruppen — in Lagerpflanzen, Armleuchter, Moospflanzen, Gefäßkryptogamen und in Blüthenpflanzen — zerfalle im weitern Verlaufe die Pflanzenwelt; und diese in ihrem Leben zu charakterisiren sei jetzt unsere Aufgabe.

Erste Gruppe: Die Lagerpflanzen.

Lager oder Thallus nennt man einen jeden Pflanzenkörper dessen Einfachheit keine Differenzirung in Stamm und Blatt unterscheiden läßt; Lager- oder Thalluspflanzen sind folglich die Pflanzen, bei denen ein Gegensatz von Blatt und Stamm nicht in die Erscheinung tritt. Aber der Name ist für die damit bezeichneten Algen und Pilze, denen die Flechten sich anschließen, nur theilweise zutreffend, während sich auch unter den Moosen ächte Lagerpflanzen befinden; kurz es ist einstweilen unmöglich die Thalluspflanzen als solche durch bestimmte Merkmale zu charakterisiren wie es bei den übrigen Gruppen geschehen kann.

1. Klasse: Die Algen.

„Schon das unbewaffnete Auge zeigt den ganzen Dunstkreis belebt, aber noch größere Wunder enthüllt das bewaffnete: Schaaren mikroskopischer Geschöpfe, namentlich Algen, heben die Winde aus trocknenden Gewässern empor. Unbeweglich, in Scheintod versenkt, schweben sie in den Lüften, bis der Thau sie zur nährenden Erde zurückführt, die Hülle löst, welche den durchsichtigen, wirbelnden Körper umschließt und den Organen neue Erregbarkeit einhaucht. Dient aber auch das bewegliche Luftmeer, in das wir getaucht sind und über dessen Oberfläche wir uns nicht zu erheben vermögen, den meisten Pflanzen zur nothwendigen Nahrung, so bedürfen dieselben dabei doch noch einer gröberen Speise, wie solche der Boden des gasförmigen Oceans bietet. Zweifacher Art ist dieser Boden. Den kleinern Theil bildet die trockene Erde, unmittelbar von Luft umflossen: sie bietet den Algen keine dauernde Stätte, denn immer ist wenigstens ihre Fortpflanzung an die Gegenwart tropfbaren Wassers gebunden". Tief hinab in das Innere der Erde steigen sie mit diesem ihrem Elemente: überall hin, wo die meteorischen Tagewasser in natürliche Höhlen oder Grubenarbeiten dringen können. Heiße Quellen nähren kleine fadenartige Konferven und Oscillarien bei hohen Temperaturen. Selbst bis in das schwimmende und feste Eis des Südpols hat sich vor unsern Augen die organische Lebenssphäre erweitert, seit man scheibenförmige Coscinodisken 12 Grad vom Pole, lebend, in Eisschollen gehüllt, aufgefunden. Auch die Sumpfwasser verbergen zahllose Algen von wunderbarer Gestalt. Einzeln unserm Auge fast unerkennbar geben sie nur durch ihre ungemein große Zahl und die dadurch bedingten Färbungen Kunde von ihrem Dasein: bald erscheinend dem unbewaffneten Auge als grünlicher, gelblicher, brauner Schleim, bald als zarte Fäden, oft als schwimmende, grüner Watte ähnliche Massen. Finden wir sie so fast überall, wo des Wassers allbelebende Kraft auch ihnen das Leben ermöglicht, so müssen wir doch hinaus an die Gestade des Meeres treten und tief hinein in die wogende See greifen, wenn wir massigere Formen verlangen. Da sind die grünen, seidenartigen Enteromorphen und die bandartigen oder krausen Ulven, der Meersalat, welche das Ufergestein mit glänzendem Grün überziehen und, kosmopolitisch, jeder Küste sich anheften; da schimmert empor vom tiefen Grunde die smaragdene Valonie. Aber olivenfarben und braun sind die Riesen unter den Algen; so der Beerentang (Sargassum natans), welcher, in zahlloser Menge, eine wohl über zehntausend Quadratmeilen große Fläche des atlantischen Oceans bedeckt; gewaltig vor allen ist aber die in den Kanälen des Feuerlandes gefundene Macrocystis pyrifera, welche über 130 Meter lang ist und 25 Meter lange Blätter besitzt; diese bildet mit den eben so riesigen, palmbaumähnlichen Lessonien mächtige, unterseeische Urwälder, welche ein reicheres und wunderbarer gestaltetes Thierleben verbergen als die Wälder des Festlands. An der Küste Kamtschatkas bildet die Nereocystis einen 100 Meter langen, bindfadenartigen Stengel', der in eine 2 Meter lange, mit Luft gefüllte Schwimmblase endigt, welche ihrerseits 10 bis 15 Meter lange Blätter trägt. In ziemlich fest bestimmten Linien ziehen die eigentlichen Tange, die Fucus-Arten, dem Meeresstrande entlang, so der Blasentang, der in breitem Gürtel, $^1/_3$ bis $^2/_3$ Meter unter Hochwasser bis zur Grenze der tiefsten Ebbe, unsere Uferfelsen bedeckt; so auch die Callithamnien, Polysiphonien und ihre Genossen, alles Gestalten, deren Farbenpracht und wunderbarer Formenreichthum nüchterner Beschreibung spottet.

Früher wurde bereits der Gestalt einiger einzelligen Algen gedacht, so des Coscinodiscus, Botrydium und der Udotea auch einzelne Fadenalgen und Algenflächen wurden erwähnt.*) Schon diese einfachen Gebilde, mehr aber noch die entwickelteren, einen Zellkörper darstellenden Formen zeigen in ihrer äußeren Gliederung Formen, welche lebhaft an Stamm, Blatt und Wurzel erinnern. Die wurzelähnlichen Gebilde unterscheiden sich indessen von den Wurzeln der höheren Pflanzen durch den Mangel einer Wurzelhaube, das heißt jener Schichten von Zellen, welche die Spitzen der Wurzeln hauben- oder fingerhutartig bedecken und so bei deren weiterem Eindringen in den Boden beschützen. Willkürlich erscheint zwar die Annahme, daß die Wurzel einer Haube nicht entrathen dürfe, man will aber zu Gunsten der Algen keine Ausnahme machen und muß so die Natur gerade dort in systematische Fesseln legen, wo am freiesten zu gestalten sie sich bemüht. So geht's auch mit den Blättern, weil die Algen nun einmal Lagerpflanzen sind, sollen sie keine Blätter besitzen, mögen ihre Anhängsel auch noch so blattartig gestaltet sein. So sei 's drum, und warten wir, unnöthigen Streit ruhig vermeidend, ab, bis auf Grund entwicklungsgeschichtlicher Untersuchungen endgültig die Frage gelöst werden kann.

Das Leben der Algen ist Gegenstand mannigfachster

*) Vergleiche Seite 57, sowie die Figuren 2, 6, 8. 9, 10 und 13.

Beobachtung geworden und haben wir an ihnen das Wesen von mancherlei Vorgängen erst recht kennen gelernt, weil diese bei solch einfachen Pflanzen weniger in Dunkel sich hüllen als bei den höheren; so ist denn auch namentlich ihre Fortpflanzung besser bekannt als sonst irgend eine im Pflanzenreiche. Eben so wie im Aufbau des Pflanzenkörpers findet sich auch hier eine enorme Mannigfaltigkeit, und nicht selten gewahrt man Anklänge an höher organisirte Pflanzengruppen.

Weitaus die einfachste aller bekannten Fortpflanzungsarten ist die Zweitheilung, bei welcher sich die Pflanze in zwei neue, für sich lebensfähige Individuen theilt. Sie kann natürlich nur bei wenig ausgebildeten Formen vorkommen, auch bleiben die dabei entstandenen Einzelwesen häufig mit einander verbunden und bilden so eine Kolonie.

Leichter verständlich erscheint dem Laien die Fortpflanzung durch Brutzellen, das heißt durch gewöhnliche Zellen, welche sich einzeln, seltner als Komplex von der Stammpflanze ablösen und zu neuen, selbständigen Wesen heranwachsen. Bei gewissen Vaucherien schwellen zum Beispiel seitliche Aeste bedeutend an, lösen sich an ihrem Grunde ab und treiben alsbald einen oder mehrere Keimschläuche.

Vielleicht die wundersamste aller hier zu betrachtenden Prozesse ist aber die Fortpflanzung durch Schwärm- oder Zoo-Sporen (vergleiche Figur 42); ein Vorgang so wunderbar, daß man sich nur mit Mühe und auf Grund sorgfältigster Beobachtungen entschließen

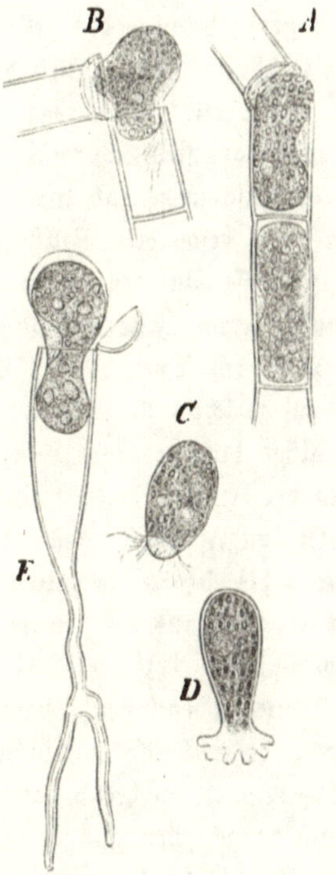

Figur 42.
A und B Austritt der Schwärmspore aus der Zelle eines Oedogonium; C eine freie Schwärmspore; D dieselbe hat sich festgesetzt und eine Haftscheibe als Beginn der Keimung gebildet; E Austritt des gesammten Protoplasmas einer einzelligen Keimpflanze in Form einer Schwärmspore. 350fache Vergrößerung.

konnte, ihn als überhaupt dem Pflanzenreiche angehörig zu betrachten. Als Vorbereitung zur Schwärmsporenbildung schwillt bei Vaucheria sessilis das Ende eines

Astes etwas an, große Massen des Zellinhaltes sammeln sich dort, der angehäufte Inhalt wird durch eine Querwand im Faden abgegrenzt (wie das alles von einer Achlya in Figur 8 dargestellt wurde). Dann zieht sich der Inhalt etwas zusammen und tritt als nackte, das heißt nicht von einer besonderen Zellstoffhaut umkleidete Zelle aus einem Risse an der Spitze der Mutterzelle hervor. Die ausgetretene Zelle enthält zahlreiche Blattgrünkörper, umgeben von einer dünnen Schicht farblosen Protoplasmas, auf welchem überall zarte, kurze Härchen, Wimpern oder Cilien dicht gedrängt neben einander sitzen. Das Schwingen der letzteren bewirkt eine Bewegung der bis 1/2 Millimeter langen Spore nach vorwärts und um ihre große Axe; die letztere Rotation beginnt schon während des Austretens aus der Mutterzelle, dem sogenannten Zoosporangium. Ist der Riß des letzteren zu klein, um das Ganze zu entlassen, dann reißt mitunter die Spore entzwei, beide Theile runden sich ab, rotirend schwimmt der äußere fort, während der innere in seinem Gefängnisse kreiselartige Bewegungen ausführt; dabei zeigt die kleinere Parthie die lebhaftere Ortsveränderung. Diese Bewegung dauert nur kurze Zeit, oft nur 1/2 bis 1 1/2 Minuten; dann kommt die Spore zur Ruhe, ihre Wimpern verschwinden und sie umgibt sich mit einer Zellstoffhaut. Die Zoosporangien bilden sich gewöhnlich in der Nacht, am Morgen treten die Sporen aus, diese entsenden oft schon in der nächsten Nacht einen oder zwei Keimschläuche und bilden dann häufig auch schon ein wurzelartiges Haftorgan. — Zahl und Anordnung der

Wimpern ist für verschiedene Arten sehr verschieden: ein Kranz von zahlreichen, langen Wimpern umgibt das Vorderende der Schwärmspore bei Oedogonium (vergleiche Figur 42), vier schwingende Wimpern finden sich beispielsweise bei Draparnaldia, zwei bei Achlya (vergleiche Figur 8), nur eine bei Euglena. Trägt nur ein Theil der Spore Wimpern, so geht dieser bei der Bewegung voran, er wird das Fußende bei Gestaltung der Keimpflanze und ist mitunter durch lichtere Färbung, selbst Farblosigkeit ausgezeichnet. Die Abhängigkeit der Schwärmsporenbewegung von Licht und Wärme wurde früher bereits behandelt, über ihre Ursache sind wir noch im Unklaren und dürfen wohl auf Wiedergabe der darauf bezüglichen Hypothesen verzichten. So viel ist aber klar, daß die Fortpflanzung durch Schwärmsporen ein Mittel ist, ganz besonders geeignet, gewisse Fortbildungszellen in günstige Ortsverhältnisse zu führen und so den Algen selbst das Aufkommen und eine massenhafte Verbreitung zu sichern.

An all diese ungeschlechtlichen Fortpflanzungsarten schließen sich die geschlechtlichen an; äußerlich vermittelt durch die Paarung von Schwärmsporen. Pandorina morum, eine ziemlich seltene, etwa $^1/_6$ Millimeter lange, breit eiförmige Alge unserer stehenden Gewässer, besteht aus 16 keilförmigen, nach Art eine Maulbeerfrucht dicht in einander gedrängten und in einer Gesammtmembran eingeschlossenen Zellen. Ihre geschlechtlose Vermehrung erfolgt durch Bildung einer neuen sechzehnzelligen Pflanze aus jeder alten Zelle. Zum

Behufe der geschlechtlichen Fortpflanzung entstehen ebenfalls zunächst aus einer alten Pflanze 16 junge, deren Bau nicht wesentlich von dem der geschlechtlosen verschieden zu sein scheint, obgleich wenigstens ein Theil von ihnen männlich oder weiblich genannt werden muß. Anfangs bewegungslos beginnen die Geschlechtspflänzchen nach und nach, unter Auftreten schwingender Wimpern sich in Bewegung zu setzen. Während nun diese, oft stundenlang, andauert, lockern sich die Häute der einzelnen Pflänzchen langsam auf, und jede Zelle gestaltet sich zu einer Schwärmspore, einer grünen Kugel mit farbloser, zwei Wimpern tragender Spitze und einem in deren Nähe gelegenen rothen Flecke. Diese, schon längst als Infusionsthierchen beschriebenen Organismen sieht man sich dann paarweise mit ihren farblosen Enden berühren und zu einem Körper mit zwei rothen Augenpunkten und vier Wimpern verschmelzen, der alsbald, längstens in 5 Minuten, Kugelgestalt annimmt. Kurz darauf verschwinden Wimpern und Augenflecke, das ganze Gebilde färbt sich roth und bildet so eine Eispore, welche nach längerer Ruhe keimt und zu neuer Pandorina heranwächst. — Aehnliche Vorgänge fand man bei anderen Algen.

Offenbar hat man in solcher Paarung einen geschlechtlichen Vorgang zu erblicken: besteht dessen Wesen doch darin, daß sich zwei ursprünglich getrennte Zellen zu einer neuen Fortbildungszelle vereinigen, während jede von ihnen für sich unfähig ist, zu einem neuen Organismus, sei er nun Thier oder Pflanze, heranzuwachsen. Weil man diese einfachen Prinzipien verkannte und eine gestaltliche Verschiedenheit der beiden keimbereitenden Zellen als Erforderniß sexueller Zeugung verlangte, hat man bis unlängst vielfach auch der Konjugation oder Kopulation, wie sie bereits Seite 18 beschrieben wurde, eine Sonderstellung unter den Fortpflanzungsarten angewiesen; gewiß nicht mit Recht.

Komplicirter sind diejenigen Befruchtungsvorgänge, bei welchen die keimbereitenden Zellen verschieden sind. Bei ihnen nennt man allgemein die befruchtenden, männlichen Körperchen Samenkörper, Samenfäden oder Spermatozoiden und die zu befruchtenden, weiblichen Protoplasmamassen Eizellen, Befruchtungskugeln oder Keimbläschen. Letztere sind immer, meist viele hundertmal größer als erstere. Beide Elemente sind membranlose Protoplasmazellen. Die Samenkörper unserer Süßwasseralgen sind immer rundlich oder einseitig zugespitzt, mit Wimpern versehen und mit selbständiger Bewegung begabt; in der Regel werden sie in großer Anzahl und in besonderen Zellen, den Antheridien, erzeugt. Die Eizelle entsteht dahingegen aus der ganzen, zusammengezogenen Protoplasmamasse einer besonderen Zelle, welche Oogonium genannt wird. Die Befruchtung geschieht, indem sich die Zellhaut des Oogoniums öffnet und die Samenkörper in die Substanz des Eikörpers eindringen. Nach der Vermischung beider Substanzen umkleidet sich der befruchtete Eikörper mit einer Zellhaut und wird so zur Ei- oder Oospore.

Ein erstes, einfaches Beispiel biete der Befruchtungsvorgang einer nicht allzu seltenen Fadenalge unserer Bäche, der Vaucheria sessilis (vergleiche Figur 43). Der Prozeß beginnt mit der Ansammlung von Oel und Blattgrün in demjenigen Stücke des Algenfadens, an

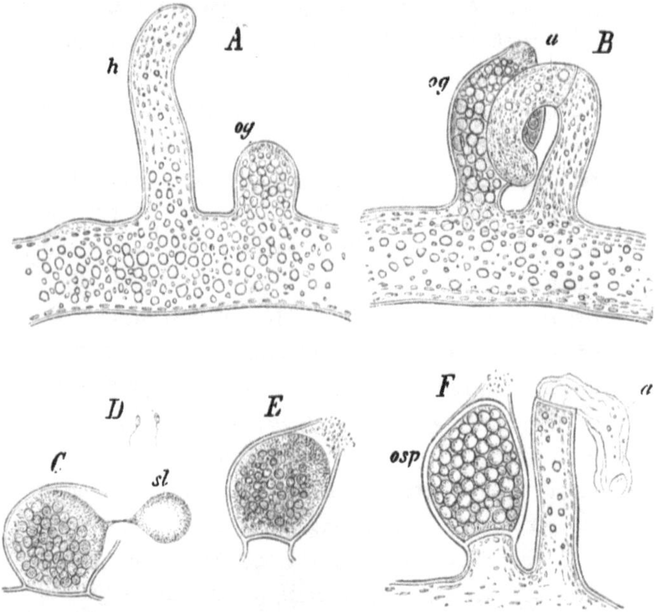

Figur 43.

Vaucheria sessilis. A und B Entstehung des Antheridiums a an dem Aste h und des Oogoniums og. — C das geöffnete reife Oogonium stößt einen Schleimtropfen sl aus. — D Samenfäden, welche in dem Antheridium entstanden sind. — E Ansammlung derselben am Schnabel des Oogoniums. F Antheridium a entleert; osp Eispore in dem Oogonium. Sehr stark vergrößert.

welchem die Befruchtungsorgane erscheinen sollen. Dann beginnen beiderlei Organe als warzenförmige, seitliche Ausstülpungen. Die ersten Anlagen der Oogonien enthalten Oel und wandständiges Blattgrün, während in den jugendlichen Antheridien noch kein oder doch nur sehr wenig Oel enthalten ist. Nach ihrem völligen Auswachsen grenzen sich die Organe durch eine Scheidewand von ihrem Tragfaden ab. Schon vor dieser Abgrenzung zieht sich das Blattgrün allmälich von der Spitze zur Basis hinab, nur wenige Körner verbleiben. Mit der Abgrenzung ist der Inhalt des Antheridiums körniger geworden; dann beobachtet man die Bewegungen der Samenkörper, welche aus einer ziemlich kleinen Menge wandständigen Protoplasmas sich bildeten. Endlich wird die Membran des Antheridiums an seiner Spitze aufgelockert und der Inhalt tritt heraus. Das herausgequollene Plasma ballt sich zu Bläschen, welche oft durch die in ihnen enthaltenen oder äußerlich ihnen angehefteten Samenkörper fortgeschleppt werden und sich zersetzen, ohne weitere Bedeutung für das Leben der Pflanze gezeigt zu haben. In den Oogonien ist anfangs die ganze Wand mit Inhaltsmasse austapeziert, später treten diese Stoffe, Oel und Blattgrün, aus der Spitze, dem sogenannten Schnabel, zurück, so daß dieser dann nur noch durch farbloses Protoplasma erfüllt wird. Dann öffnet sich das Oogonium, wobei die Membran seines Schnabels plötzlich gallertartig aufquillt, und in demselben Augenblicke bildet sich die Befruchtungskugel, indem sich der ganze Inhalt zu einer Kugel zusammenballt. Oel und

Blattgrün verlieren dabei ihre peripherische Lage und erfüllen die ganze Kugel, zumal in ihrer Mitte. — Nachdem beide Organe sich öffneten, erfolgt der Befruchtungsprozeß: die Samenkörper bewegen sich zur Oeffnung des Oogoniums und häufen sich vor der dieselbe verstopfenden Gallerte massenhaft an; endlich gelingt es einigen, dann vielen in das Oogonium einzudringen und die Befruchtung dadurch zu vollziehen, daß sie in das Innere der Eizelle eintreten. Dabei stößt das Samenkörperchen gleichsam suchend erst einigemal an die Befruchtungskugel an und entfernt sich wieder ein wenig davon, endlich tritt es ein, und verschwindet in selbigem Augenblick gänzlich: sofort erscheint die Eizelle scharf kontourirt, was die Bildung einer Zellhaut anzeigt. Diese letztere verdickt sich rasch, die Zellhaut erhält doppelte Kontour, das Blattgrün verschwindet, ein rother oder braunrother Farbstoff tritt auf — die Eispore ist fertig.

Viel verwickelter als diese einfachste Form der Befruchtung ist jene von Oedogonium ciliatum (vergleiche Figur 44). Hier bilden sich in den Antheridien nicht Samenkörper, sondern sogenannte Androsporen aus, Schwärmsporen, welche aus dem ganzen Inhalte ihrer Mutterzellen entstehen, einige Zeit lang umherschwärmen und dann in der Regel auf dem weiblichen Apparate sich festsetzen. Dort wachsen sie zu kleinen Pflänzchen, den Männchen, heran. Diese bestehen schließlich aus einer Blattgrün enthaltenden Fußzelle und einem zweizelligen, fast farblosen Antheridium, welches in jeder Zelle einen

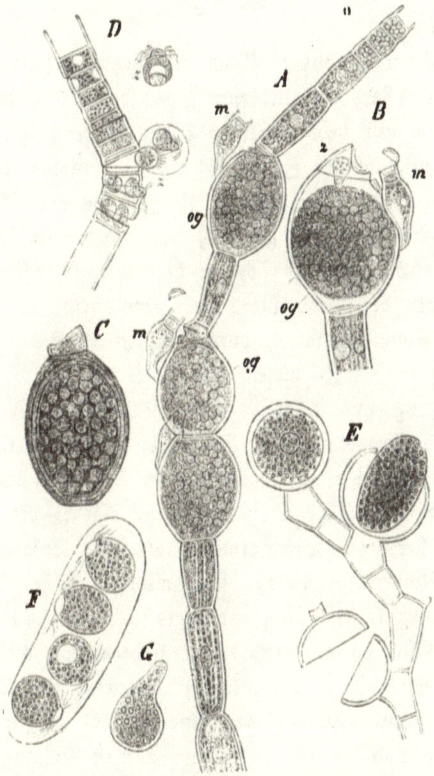

Figur 44.

A Mittlerer Theil eines geschlechtlichen Fadens von Oedogonium ciliatum: n Antheridien; og befruchtete Oogonien mit den Zwergmännchen m in 250facher Vergrößerung. — B Oogonium og derselben Pflanze, stärker vergrößert, im Augenblicke der Befruchtung. o Befruchtungskugel; m Zwergmännchen, in welchem der Samenkörper z entstand; letzterer ist im Begriffe, in die Befruchtungskugel einzudringen. — C reife Eispore derselben Pflanze. — D Stück des männlichen Fadens von Oedogonium gemelliparum: in den Zellen bilden sich die Samenkörper z. — E Ast eines überwinterten Pflänzchens von Bulbochaete intermedia: oben ein Oogonium, welches eine Spore (Eispore) enthält, rechts eine eben austretende Spore, links ein leeres Oogonium. — F die vier, aus einer Eispore entstandenen Schwärmsporen. — G zur Ruhe gekommene Schwärmspore, im Begriff zu keimem.

Samenkörper ausbildet. Sind diese letzteren fertig, dann drückt der obere Samenkörper gegen den Deckel des Antheridiums und hebt denselben etwas in die Höhe. Endlich bricht auch die Zellwand des Oogoniums wie mit einem Deckel auf: die sonst gerade Zellreihe des Pflanzenkörpers erscheint dann geknickt, und an dieser seitlichen Spalte quillt farbloser Schleim hervor, welcher sich unter den Augen des Beobachters zu einem offenen, schnabelartigen Kanale gestaltet, durch welchen der Samenkörper eintreten wird. In diesem Momente, der dem Akte der Befruchtung unmittelbar vorhergeht, bricht der Deckel des Antheridiums völlig auf, und das oberste, keilförmig gestaltete, vorne etwas zugespitzte, mit mehreren Wimpern versehene Samenkörperchen tritt, mit eigener Bewegung begabt, hervor. Bei normalem Verlaufe lenkt es nach kurzem Umherirren in das Oogonium ein, berührt die Befruchtungskugel, hin- und hertastend einigemal, und vermischt sich dann, gleichsam zerfließend, mit dieser auf das vollständigste zu einem kugelförmigen Ganzen. Darauf zeigt die Befruchtungskugel eine immer schärfere Umgrenzung und endlich an ihrem ganzen Umfange eine deutlich abgegrenzte, doppelt konturirte Zellhaut. Die Eizelle ist nunmehr zur ersten fertigen Zelle eines neuen Organismus geworden und überwintert als ruhende Spore.

Wenn sie im Frühlinge zu neuer Thätigkeit erwacht, wächst sie nicht selbst zu einer neuen Pflanze aus, ihr Inhalt theilt sich vielmehr in vier Schwärmsporen, welche sammt der innern Sporenhaut austreten, nach deren

Auflösung umherschwärmen, endlich zur Ruhe kommen und dann zum Keimling eines neuen Pflänzchens sich gestalten.

Die Eisporen der Algen machen nicht immer eine längere Ruheperiode, wie die Ueberwinterung eine solche ist, durch: häufig keimen sie sogleich, so bei den Tangen. Auch bilden sie oft direkt neue Pflanzen, wie bei Vaucheria, oder Schwärmsporen, wie bei Bulbochaete (vergleiche Figur 44, E, F, G).

Schließlich wollen wir noch der Befruchtungsvorgänge bei den Florideen, prachtvoll rothgefärbten Meeresalgen, gedenken. Bei diesen heften sich die nur passiv vom Wasser bewegten Samenkörper an lange haarförmige Zellen, sogenannte Trichogyne, an. Die Wand eines solchen Organes löst sich an der Anheftungsstelle auf und der Inhalt der Samenkörper tritt in jene Haarzelle über. Die Wirkung dieser Befruchtung macht sich nun bei einigen an der Basis der Trichogyne selbst geltend, indem ihre untere Anschwellung eine Kapselfrucht erzeugt. Bei anderen Arten äußern sich die Folgen der Befruchtung an benachbarten Zellen, mitunter sogar an benachbarten Zweigen. Bei Dudresnaya sprossen zum Beispiel die langen, schraubig gewundenen Trichogyne nach ihrer Befruchtung an ihrer Basis Schläuche hervor, welche zu den Fruchtzweigen hinüberwachsen. Jeder dieser Fruchtzweige besitzt eine kugelige Scheitelzelle, an welche sich der Verbindungsschlauch dicht anlegt, dann aber weiter wächst und sich so mit mehreren Fruchtzweigen verbindet. An diesen Kopulationsstellen verschmelzen Verbindungsschlauch und Scheitelzelle, dann erst bildet sich in dem kopulirten Theile der Fruchtzweige die Kapselfrucht aus.

Im Verlaufe unserer Darstellung wurde bereits der Generationswechsel der Oedogonien geschildert: ein solcher findet sich namentlich häufig zwischen den aus Schwärmsporen und den durch Befruchtungsvorgänge erzeugten Individuen. Gewisse Arten zeigen hierbei einen regelmäßigen, stetigen Wechsel, so Oedogonium; anders bei anderen; Coleochaete erzeugt aus ihren überwinterten Eisporenfrüchten nur Schwärmsporen bildende Pflanzen, und erst nach einer Reihe solch ungeschlechtlicher Generationen entsteht eine geschlechtliche, welche, je nach der Art Antheridien und Oogonien auf verschiedenen, oder auf demselben Individuum entwickelt. Ja zuweilen kann man bei Kulturversuchen nahezu willkürlich eine Aenderung in der Fortpflanzungsweise, einen Generationswechsel, hervorrufen; so tritt bei gewissen Vaucherien die Schwärmsporenbildung immer an den ganz untergetaucht im Wasser lebenden Zellfäden auf, während die Befruchtungsorgane in der Regel nur auf solchen Pflänzchen zur Entwicklung gelangen, welche auf feuchter Schlammerde vegetiren. Hier hat man es also ganz in seiner Gewalt durch abwechselndes Trockenlegen und Ueberfluthen Befruchtungsvorgänge und Schwärmsporenbildung zu veranlassen.

Für die Lebensweise der Algen ist, außer dem jeweiligen Wärmebedürfnisse, das Zusammenwirken von Licht und Wasser entscheidend und maßgebend. Wasser ist zu den Fortpflanzungsvorgängen nothwendig, und des

Lichtes können die Algen nicht entrathen, weil sie auf selbständige Ernährung angewiesen sind. Die Algen leben nämlich niemals als Schmarotzer auf Kosten anderer Pflanzen, obgleich sie häufig genug auf deren Oberfläche wohnen. Hierdurch ist gleichzeitig das einzige Mittel einer scharfen, aber künstlichen Abgrenzung der Algen gegen die Pilze gegeben: die Algen sind blattgrünhaltig, die Pilze nicht. Häufig wird indessen das Blattgrün der Algen durch andere Farbstoffe verdeckt; so besitzen die Nostochaceen trotz ihres Blattgrüngehaltes doch ein bläulich- oder spangrünes Aussehen, weil sie außer jenem noch einen Farbstoff enthalten, der in durchfallendem Lichte schön blau, in auffallendem dagegen, durch Fluorescenz, blutroth erscheint; neben beiden findet sich dann noch ein dritter, lebergelber Stoff in geringer Menge vor. Beim Absterben verändern sich derartige Farbstoffe sehr häufig, so daß getrocknete Algen nur selten an die Farbenpracht der lebenden erinnern. Dazu sind diese Farbstoffe häufig in kaltem Wasser auflöslich; dennoch treten sie nicht aus der lebenden, sondern nur aus der abgestorbenen oder absterbenden Pflanze aus; eine Erfahrung, welche manchen Sammler unangenehm berührte, wenn er fand, wie die glänzende Farbe seiner Lieblinge jenes Papier durchzog, zwischen welchen er seine Funde zu trocknen sich bemühte.

Die geographische Verbreitung der Algen ist noch wenig bekannt. Einzelne sind rein alpiner Natur, so das Veilchenmoos und die rothe Schneealge, andere nur den tropischen Meeren eigen. Ganz allgemein kann man aber sagen, daß sich die Zahl der Gattungen und Arten nach den Tropen hin vermehrt, daß dagegen nach den Polen hin die Menge der Einzelwesen größer wird, und daß dorthin, entgegen der Regel bei höheren Pflanzen, ihre Formen mächtigere Ausdehnung annehmen. Nur unbedeutend ist, um zum Schlusse zu gelangen, die Rolle der Algen im Haushalte des Menschen. Manche dienen in Folge der schleimgebenden Substanz ihrer Zellwände als Nahrung, so der Meerkohl und Meersalat (Laminaria- und Ulva-Arten) an den Küsten Schottlands und Irlands. In der Apotheke findet sich Carageen, und die Asche der großen Meeresalgen diente früher als Kelp oder Varek zur Sodabereitung und wird noch heute zur Gewinnung des Jods verwendet.

Den Uebergang von den Algen zu den Pilzen vermitteln die Spaltpilze, fast unmeßbar kleine, im Wasser oder doch auf feuchter Unterlage lebende Organismen. Sind es Angehörige des Pflanzenreiches, birgt sich thierische Gestaltung in so unscheinbarer Form, oder sind es Mitteldinge in welchen beide Reiche sich berühren? Nicht wissen wir es mit Sicherheit zu ergründen, denn selbst den stärksten Vergrößerungen erscheinen sie nur als Pünktchen, kleine Stäbchen, oder korkzieherartig gewundene Fädchen. Nach dieser ihrer Gestalt kann man Punkt, Cylinder- und Schraubenbacterien unterscheiden; zu den ersten gehört die Gattung Termo, zu den letzten die Vibrionen, die mittleren sind die eigentlichen Bakterien. Häufig besitzen sie eine eigenthümliche Beweglichkeit, welche in Schwingungen und in schlängelndem Hin- und Herrücken besteht, und mehr oder minder lebhaft ist, deren Ursache und Mechanismus indessen bis jetzt noch für keinen Fall mit Sicherheit erkannt wurden. Sie vermehren sich durch Quertheilung in zwei gleichwerthige Tochterzellen. Letztere trennen sich entweder sofort von einander, oder bleiben zu faden- oder flächenförmigen Gruppen verbunden, doch zerfallen die letzteren sobald sie mit feuchter Luft in Berührung kommen leicht in ihre Einzelindividuen, ein Umstand, dem sie den gemeinsamen Namen Spaltpilze verdanken. Trotz dieser Unscheinbarkeit sind die Spaltpilze von der allergrößten Bedeutung für den Menschen, denn sie zersetzen die eiweißhaltigen Verbindungen, mit welchen sie in Berührung kommen und erregen so Fäulniß. Ja noch mehr: die Bakterien sind die einzigen Fäulnißerreger, während die in faulenden Stoffen meist zahlreich gefundenen Pilze und Infusionsthierchen nur als Begleiter der Fäulniß betrachtet werden müssen, Begleiter, welche sich dort nur deshalb ansiedeln, weil sie daselbst die günstigsten Bedingungen für ihre Existenz vorfinden. Sobald die Bakterien alle ihnen zugänglichen Eiweißstoffe zersetzt, das heißt theilweise verzehrt haben, hören sie auf sich zu vermehren und zu bewegen: sie gehen in einen Ruhezustand über, wobei sie einen gallertartigen Schleim ausscheiden, und sich zu sogenannten Gallertstöcken verbinden. In diesem Stadium angelangt, können sie von neuem wachsen, sich theilen, selbst ausschwärmen. Schleimartige Substanzen werden auch von den auf feuchtem Nährboden lebenden Bakterien ausgesondert und jene sind mitunter roth, gelb, grün, violett oder braun gefärbt. Solche Pigmentfäule ist zum Beispiel die oft so wunderbar erschienene Blutmonade, Monas prodigiosa, die Ursache des scheinbaren Blutens von Brod und anderen stärkemehlhaltigen Nahrungsmitteln.

Wenn Wasser worin Spaltpilze leben verdunstet, dann werden zahllose Bakterien namentlich aber ihre kleinsten Keime, in die Luft gehoben. Solche Wanderung vernichtet aber keineswegs das Leben der winzigen Flieger. Da werden sie denn durch Regen und Thau zur Erde niedergeführt, mit dem Wasser getrunken, beim Athmen eingeschluckt, und erregen überall Fäulniß, wo immer auf eiweißhaltige Stoffe sie treffen. So sind viele, vielleicht alle, nicht nur mächtige Fäulnißerreger, sondern auch Uebertrager ansteckender Krankheiten. Doch genug von diesen unseren fast unsichtbaren Feinden, deren weittragende Bedeutung allmälich erst klar zu werden beginnt, und später, in einem besonderen Werkchen dieser Sammlung ausführlich geschildert werden soll.

2. Klasse: Die Pilze.

Was Pilze sind, das glaubt ein Jeder zu wissen, er braucht ja nur an Champignons, Morcheln und Trüffeln zu denken, Leckerbissen, die ihm, wenn auch nicht in ihren Details und genau, doch sattsam aus den wohllautenden Namen hochfeiner Speisen bekannt sind; vielleicht kennt er auch den Fliegenschwamm, das gefürchtete

Gift unheimlicher Wälder, dazu bestimmt, frechen Fliegen durch süßen Genuß jähen Tod zu bereiten. — Ja wenn alle Pilze jenen Fürsten der Pilzwelt glichen, dann wäre man rascher mit ihnen fertig; diesen schließt sich indessen ein unabsehbares Heer der merkwürdigsten, oft auch unscheinbarsten Gestalten an, Formen, unter denen man bei oberflächlicher Betrachtung nicht immer Pflanzen vermuthen sollte. Durch das Mikroskop belehrt erkennt man nämlich, daß die meisten jener rothen, braunen, schwarzen, gelben und weißen Pünktchen, welche auf Blättern und Rinden sich vorfinden, daß alle jene mißfarbenen Schimmel, welche unsere Speisen und faulende Substanzen bedecken, daß jene Hefe, welche unsere Weine und Biere erst zur Gährung bringt und später verdirbt, Pilze sind. Am schönsten aber und reichsten entwickeln sie sich wo in dichtem Humusboden bedeutende Mengen von Nahrungsstoffen aufgespeichert sind; deshalb ist der Wald ihr eigentlicher Standort. So finden sich in der Ukraine, wo ihre Existenzbedingungen vornehmlich erfüllt sind, ein Meter breite Hüte des Löcherpilzes, fußhohe Morcheln sind dort nicht selten; das sonderbarste Bild bietet aber ein Bovist, eine Kugel von ein Meter Durchmesser, welche, weiß oder braun gefärbt, wie ein lauerndes Ungeheuer im Dunkel des Waldes den Wanderer erschreckt.

Den Uebergang von den Algen zu den Pilzen bilden die Algenpilze, deren ganzer Körper, abgesehen von den Fortpflanzungsorganen, aus einer einzigen Zelle besteht. Höher entwickelt sind schon die Fadenpilze, deren jeder eine einzige, allerdings oft reich verzweigte

Zelllinie darstellt; sie sind indessen als noch unvollkommene Entwicklungszustände höherer Formen aufzufassen, wenngleich es bis jetzt noch nicht gelungen ist eines jeden Fadenpilzes ganze Entwicklungsreihe in allen Details genau zu verfolgen. Auch das so charakteristische Formelement, aus welchem sich die massigeren Pilzkörper aufbauen sind solche Zellfäden, sogenannte Hyphen. Diese sind blattgrün frei und wachsen fast ausschließlich durch Fortbildung ihrer Scheitelzelle sowie durch Quertheilung. Die größeren Pilze sind ohne Ausnahme Kolonien oder Vergesellschaftungen zahlreicher, gemeinsam fortwachsender Hyphen, welche bald parallel neben einander dahinziehen, bald sich in regelloser Weise untereinander verschlingen, so daß der Pilzkörper dann einem wirren Fadenknäuel nicht unähnlich erscheint. Zuweilen sind auch die einzelnen Zellen parallel verlaufender Hyphen kurz, dick und durch gegenseitigen Druck vielseitig gestaltet, so daß man ein parenchymatisches Gewebe vor sich zu haben vermeint; derartige vorzüglich an der Oberfläche als Hautsystem befindliche Bildungen bezeichnet man als Scheinparenchym, da die Entwicklungsgeschichte und der ganze Verlauf der Vegetation es verbieten, sie den gewöhnlichen Zellgeweben beizugesellen. — Obgleich auch auf diese einfache Weise in sehr vielen Fällen ein nach außen hin bestimmt gestalteter, für die betreffende Art charakteristischer Zellkörper resultirt, so wird man es doch natürlich finden, daß so einfache Organismen wenig Neigung zur Verzweigung zeigen, und daß man Gegensätze von Blatt und Stengel vergeblich bei ihnen sucht.

In den Zellen der Pilze hat man bis jetzt noch keine Zellkerne, Stärkekörner und kein Blattgrün gefunden. Fett oder fette Oele, welche oft, zum Beispiel beim Fliegenschwamme, noch in besonderen, Milchsaft führenden Zellen zusammengehäuft sind, fehlen dagegen wohl keinem Pilze. — An den Bäumen finden wir die Pilze oft korkig, lederartig, im Alter holzig; auf der Erde weich, schwammig, später zerfließend, letzteres weil die äußeren Schichten der Zellhäute durch Erweichen und Quellen in Gallerte und Schleim übergehen. Die Baumbewohner haben eine längere Lebensdauer; die auf dem Boden sich findenden sind dagegen oft von einem ephemeren Dasein: nach einem Regen sprossen sie plötzlich aus der Erde hervor, entwickeln sich innerhalb einiger Tage so vollständig, daß sie ihre Fortpflanzungszellen ausstreuen können, verändern ihre Farbe und sterben dann ab.

Der gesammte Entwicklungsgang eines Pilzes, mag dieser gebaut sein wie er will, zerfällt in zwei Perioden, indem sich aus der Fortpflanzungszelle, der Spore, zuerst ein Fadengeflecht, ein Mycelium, entwickelt, aus welchem dann später der Fruchtträger hervorgeht.

Das Mycelium entsteht entweder direkt aus der Spore, oder aus einem vorläufigen Gebilde, einem Promycelium. Es kriecht vielfach verzweigt auf oder in seinem Nährboden herum, dessen vielleicht bereits abgestorbene Materie zu neuem organischem Kreislaufe zwingend. Bald ist es fadenartig, bald bildet es lockere, flockige Massen, oder ästige Stränge, oft hautartige Ausbreitungen, endlich auch kompakte, knollenförmige Massen, sogenannte Sklerotien. Sein Leben ist von verschiedener Dauer, bei manchen Gattungen nur kurz, bei anderen oft Jahre lang; es kann nur ein oder zu wiederholten Malen Fruchtträger erzeugen.

Die Fruchtträger sind in der Regel der auffallendste Theil des Pilzkörpers und werden im gewöhnlichen Leben oft für den ganzen Pilz genommen, wie bei den schirmförmigen Schwämmen. Wenn der Fruchtträger aus einem einzelnen, einfachen oder verzweigten Zellfaden besteht, also ein eigentlicher Fruchtfaden ist, dann trägt er die auf ungeschlechtlichem Wege entstandenen Fortpflanzungszellen, die Sporen, oder aber die Befruchtungsorganc auf den Spitzen seiner Aeste. Durch solche Bildungen ist in der Regel sein Wachsthum begrenzt; nicht selten beginnt indessen nach dem Reifen einer Gruppe erster Sporen ein neues Wachsthum des Trägers, welches bald durch neue Fruchtbildung beendigt wird, um zuweilen nach kurzer Zeit von neuem anzufangen. Wenn sich der Fruchtträger aus vielen Hyphen zu einem Fruchtkörper zusammensetzt, dann ist die Bildung der Sporen auf bestimmte Stellen, auf das Sporen- oder Fruchtlager beschränkt. So finden sich die Sporen bei den schirmartigen Hutpilzen, zum Beispiel den Champignons, nur auf den zarten Platten der Unterseite des Hutes. Je nachdem sich das Sporenlager auf der Oberfläche oder im Innern des Fruchtkörpers bildet, heißt dieser nackt-, oder bedecktfrüchtig; ersteres beispielshalber bei den Morcheln. In den Fruchtlagern bilden sich stets nur Sporen, wodurch indessen nicht ausgeschlossen ist, daß sie selbst das Produkt eines Befruchtungsvorganges seien.

Die Fortpflanzung der Pilze ist noch mannigfaltiger als die der Algen. — Es war eine längst bekannte Thatsache, daß gewisse Pilzformen konstant gesellig miteinander und in bestimmter Reihenfolge auftreten. So hielten die Landwirthe schon seit mehr als hundert Jahren die Behauptung aufrecht, Getreide, das in der Nähe von Berberizensträuchen wachse, welche von einem gewissen, Aecidium genannten Pilze heimgesucht seien, werde vom Roste, das heißt von dem Pilze Puccinia graminis befallen. Aber erst die Neuzeit erkannte, daß ein und dieselbe Pilzart mehrerlei Fortpflanzungsorgane besitzen könne, und daß die erwähnte Erscheinung auf das Innigste mit dem Entwicklungsgange des Pilzes zusammenhänge. Auch jetzt noch kennen wir nur von verhältnißmäßig wenig Pilzen die ganze Entwicklungsgeschichte; bei allen wechseln indessen geschlechtliche und ungeschlechtliche Generationen in mannigfachster Weise ab, und von allen Arten, bei denen bisher Befruchtungsvorgänge noch nicht beobachtet wurden, dürfen wir wohl annehmen, daß sie nur die unfruchtbaren Formen eines noch unbekannten Generationswechsels seien. Danach erscheint es fast natürlich, daß man Hunderte von Formen als selbständige Gattungen und Arten beschrieb, deren Zusammengehörigkeit erst später erkannt wurde. — Das Eingreifen der verschiedenen Fortpflanzungsarten in den Entwicklungsgang und die ganze Lebensweise der einzelnen Pilze ist so verschiedenartig, daß es, bei unserer im ganzen noch geringen Kenntniß, einstweilen noch nicht möglich ist, diese Vorgänge in allgemeinen Darstellungen zu charakterisiren. Doch wurde mehrfach konstatirt, daß Fruchtkörper als Folge eines Befruchtungsvorganges entsprossen, welcher am Mycelium stattfand, so daß hier das Mycelium die erste geschlechtliche, der Fruchtkörper dagegen die zweite ungeschlechtliche Generation darstellt. Bei den einzelligen Algenpilzen dagegen ist das Produkt der Befruchtung eine Spore, wie sich das bei den meisten Algen in ähnlicher Weise findet.

Die Fortpflanzung durch Sporen, weitaus die allgemeinste Art, sei zuerst betrachtet. Die Spore selbst ist nach ihrer Entstehung und Form sehr verschieden, auch sind bei vielen Pilzarten mehrere Sporenformen innerhalb eines Entwicklungskreises beobachtet worden, so bei jenem braunen Schimmel, welcher häufig auf faulendem Obste sich findet. Die Entstehung der Sporen findet in dreierlei verschiedenen Formen statt: durch Theilung, auf Basidien, oder in Sporenschläuchen. Bei der Theilung zerfällt der ganze Inhalt der Sporenmutterzelle, des Sporangiums, in Sporen. Basidien sind meist fadenförmige oder pfriemliche, stielartige Ausstülpungen bestimmter Zellen, auf deren Gipfel die Sporen erscheinen (vergleiche Figur 45); nacheinander abgeschnürte Sporen bilden häufig perlschnurartige Ketten (Vergleiche Figur 46B). In den Sporenschläuchen bildet sich meist gleichzeitig und ohne die Mutterzelle ganz auszufüllen durch freie Zellbildung eine bestimmte Anzahl von Sporen (vergleiche Figur 49). — Auch das weitere Verhalten der Sporen bietet mannigfache Unterschiede dar. Bei einigen Algenpilzen entwickeln sich Schwärmsporen, welche die Wand ihrer Mutterzelle durchbohren

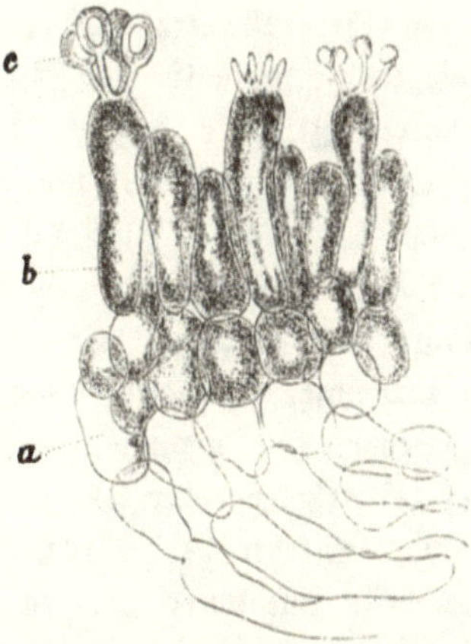

Figur 45.
Stück von einem der Länge nach durchgeschnittenen Blättchen an der Unterseite des Hutes eines Fliegenschwammes (Amanita rubescens). a Zellgewebe (ein sogenanntes Scheinparenchym); b Sporenträger (Basidin); c Sporen in drei Entwicklungsstufen. Vierhundertfache Vergrößerung.

und dann, anscheinend mit willkürlicher Bewegung begabt, umherschwimmen. Abgesehen davon, daß ihnen das Blattgrün fehlt, sind sie den gleichwerthigen Organen der Algen gleich gebaut: nackte, einer deutlich abgegrenzten Zellstoffhaut entbehrende Protoplasmazellen, als deren Bewegungsorgane in der Regel zwei schwingende Wimpern fungiren (vergleiche Figur 46 und 47). Nach einer Bewegung, welche einige Stunden bis mehrere Tage andauerte, kommen sie zur Ruhe und beginnen dann sofort zu keimen. Die übrigen Sporenarten zeigen in der Regel keine derartige Bewegung. Manche Sporen keimen sobald sie sich von ihrer Mutterpflanze losgelöst haben, andere, dickwandigere beginnen ihr Wachsthum erst nach bestimmter, längerer Zeit, so daß sie besonders zur Ueberwinterung geeignet erscheinen, und ruhende oder Dauersporen genannt werden. Auch bei der Keimung finden noch Unterschiede statt, indem manche Sporen gleich zur neuen Pflanze heranwachsen, während andere erst Sporen zweiter Ordnung, Sporidien, entwickeln, welche dann Schläuche, Promycelien, austreiben, welche entweder denselben Prozeß wiederholen, oder sich zur vollständigen Pflanze ausbilden. Hierher gehört auch die hefeartige Sprossung, das heißt eine unter gewissen Bedingungen fortdauernde Sporidienbildung, wie wir sie bei der Hefe finden. — Verwandt mit der Fortpflanzung durch Sporen ist jene durch Brutzellen oder Brutkörner: einzelne Hyphenzweige zerfallen durch wiederholte Quertheilung in eine Reihe keimfähiger Zellen, welche gleichsam als Multiplikationsorgane des mütterlichen Organismus diesen in enormer Weise vervielfältigen. — Die charakteristischen Eigenthümlichkeiten der geschlechtlichen Fortpflanzung, wozu wir, wie bei den Algen, die Kopulationsvorgänge rechnen, schließen sich denen der einzelnen Gruppen so enge an, daß sie mit jenen betrachtet werden sollen.

Alle Pilze sind blattgrünfrei, und diese Thatsache beherrscht deren ganze Lebensweise. Durch den Mangel an Blattgrün sind sie nämlich außer Stand, gesetzt anorganische Nährstoffe zu assimiliren, das heißt gleichsam zu verdauen und so in Stoffe umzuwandeln, welche direkt ihrem Leben dienen können. So sind sie denn auf bereits vorbereitete Nahrung angewiesen und zu der Rolle von Schmarotzern oder Parasiten verurtheilt. Dieser Parasitismus durchläuft alle Stadien bis zu den äußersten Extremen. Viele Pilze sind nur Fäulnißbewohner, welche sich auf todten, in Zersetzung begriffenen Substanzen einfinden; andere sind auf lebende Thiere oder Pflanzen, selbst auf den Menschen und andere Pilze als Wohnstätte angewiesene Schmarotzer. Dort leben sie bald auf der Oberfläche, bald fristen sie ihr Dasein im Innern der Zellen ihres Wirthes, dem sie oft genug die größten Unannehmlichkeiten, selbst den Tod bereiten. Schon der Säugling hat von ihnen zu leiden, indem Oidium albicans, angelockt von der Milch, sich in seiner Mundhöhle einfindet, dort haften bleibt, sich rasch vermehrt und einen weißen Schimmel bildet, der als Mundschwämmchen oder Soor bekannt und die Ursache mannigfachster Störungen ist. Eine andere, durch Achorion Schoenleinii herbeigeführte und Favus genannte Krankheit befällt meistens die behaarten Theile des Kopfes des Menschen, erzeugt daselbst charakteristische, strohgelbe, krebsaugenförmige Krusten und endet, weil die Pilzsporen in die Haare hineinwachsen mit deren gänzlichem und dauerndem Verluste. Doch genug von diesem wenig erquicklichen Thema, dem noch hinzugefügt sei, daß die genannten und ähnliche Krankheiten ansteckend sind. — Auch von Pilzen, welche den Körper lebender Thiere bewohnen und mit deren Entwicklung bestimmte Krankheiten und Todesarten ihrer Träger verbunden sind, kennt man zahlreiche Formen. So ist Botrydis Bassiana die Ursache der den Seidenraupen so verderblichen Muskardinekrankheit. Viel größer aber als an Thieren ist die an Pflanzen durch Pilze hervorgerufene Schädigung menschlicher Interessen. Wer kännte nicht wenigstens dem Namen nach einzelne jener Krankheiten von Kulturpflanzen, welche wir mit dem Namen Rost, Brand, Mutterkorn, Rußthau, Mehlthau, Trauben- und Kartoffelkrankheit, Zuckerrübenfäule, Ringelkrankheit der Zwiebeln und so weiter belegen? Bei allen spielen Pilze die verderbliche Rolle Tod und Verderben bringender Feinde unserer Kulturen. So ist Mehlthau ein ausschlagartiger Ueberzug auf Pflanzentheilen, welcher von verschiedenen Arten der Gattung Erysiphe herrührt. Unter dem Namen Rußthau werden mehrere, noch wenig bekannte Krankheiten vereinigt, welche als schwarze, sammtartige Anflüge besonders auf der Oberseite von Blättern erscheinen und durch Torula- und Cladosporium-Arten hervorgerufen werden. Bei der Traubenkrankheit werden die Weinstöcke von Oïdium Tuckeri heimgesucht. Hierbei stellen sich, in der Regel bald nach der Blüthezeit der Trauben und zuerst auf der Unterseite der Blätter, dann auf allen jugendlichen Theilen des Weinstocks, zarte, weißliche Schimmel ein, welche allmälich alle Theile fester umspinnen und, ohne tiefer in die Pflanze einzudringen, nur hie und da kurze Haftorgane treiben. Diese saugen die Oberhaut aus, umspinnen die Beeren mit unzerreißbarem Netze und bewirken so deren Aufplatzen, wobei das Fleisch aus einem oder mehreren sich kreuzweise schneidenden Rissen hervorgepreßt wird. — Alle durch Pilze veranlaßte Pflanzenkrankheiten sind ansteckend, und die Ansteckung erfolgt durch die in die gesunden Individuen eindringenden Sporen. Diese Kontagiosität erklärt das epidemische Auftreten vieler Krankheiten, welche gesellig wachsende Pflanzen befallen. Je rascher sich der ansteckende Pilz entwickelt und je weniger seine Keime zwischen den verschiedenen Organen der Nährpflanze eine Auswahl treffen, desto rascher wird sich die Epidemie ausbreiten und um so vollständiger wird sie alle Individuen befallen: daher die rapide Ausbreitung der Kartoffelkrankheit, des Rostes der Gräser und anderer mehr. Man glaube nicht, daß dabei eine krankhafte Disposition des Wirthes vorausgesetzt werden müsse, obgleich es wohl sein mag, daß Gewächse, zumal Kulturpflanzen, in Folge naturwidriger Ernährung, der Vegetation des Parasiten mehr zusagen, als es gewöhnlich der Fall ist. Gesellig wild wachsende Pflanzen sind daher eben solchen Krankheiten ausgesetzt, so zum Beispiel Gräser dem Roste. — Manche Pilze ernähren sich bloß auf Kosten ihrer Wirthe, andere erregen indessen dabei auch eigenthümliche Zersetzungserscheinungen; so ist es von Peronospora infestans, dem Pilze der Kartoffelkrankheit, nachgewiesen, daß charakteristische Zersetzungen an den Berührungspunkten des Myceliums mit den Gewebetheilen des Wirthes beginnen und sich von dort aus auch über die nicht direkt berührten Organe fortpflanzen können. — So unheilvoll Krankheiten und Zersetzungen zuweilen für den Menschen werden, so nutzenbringend sind sie in anderen Fällen. Schon mehrfach sind Pilze als werthvolle Verbündete mit uns eingetreten in den Kampf gegen forstverheerende Raupen, und haben gewaltig unter diesen aufgeräumt. Geradezu unschätzbar werden die Pilze aber als Gährungserreger. Selbst höchst zersetzbare organische Körper, wie Eiweiß, Blut und Milch zeigen in reiner Luft und bei einer der Zersetzung günstigen Temperatur nur eine äußerst langsame Verwesung, wenn man sie bewahrt vor dem Zutritte organischer, speciell pilzlicher Keime, denen sich die der Spaltpilze anschließen. Säet man aber diese Organismen in den zersetzbaren Körper, oder gestattet man ihnen den Zutritt, indem man jene der freien Luft aussetzt, so erfolgt mit der Entwicklung der Pilze sofort rasche und lebhafte Zersetzung. Daß letztere eine Wirkung der Vegetation des Pilzes ist, folgt schon daraus, daß der Pilz aus seinem Substrate ganz bestimmte Stoffe als Nahrung aufnimmt, jenes also zerlegt und somit jedenfalls den Anstoß zu einer Umsetzung gibt. Der Zersetzungsprozeß selbst ist bei dem nämlichen Substrate ein verschiedener je nach dem darauf oder darin vegetirenden Organismus: viele, vielleicht alle Pilzarten erzeugen eine ganz charakteristische Umsetzung. Es läßt sich nicht absehen, wie groß der Werth dieser Umsetzungen für den menschlichen Haushalt ist, sei es dadurch, daß in Zersetzung begriffene Substanzen rasch aus dem Wege geschafft werden, sei es daß der Mensch jene Vorgänge beherrscht, regelt und sich direkt nutzbar macht, wie es zum Beispiel mit denjenigen Gährungserscheinungen der Fall ist, welche bei der Essig-, Bier- und Weinbereitung auftreten.

Eine einigermaßen feststehende Eintheilung der Pilze gibt es heutzutage nicht. Durch den erst seit verhältnißmäßig kurzer Zeit aufgedeckten Generationswechsel sind wir belehrt worden, daß ganze Abtheilungen früherer Systeme nur Entwicklungsstadien anderer Formen enthalten, und noch vielen Arten und Gattungen droht ein gleiches Schicksal, das sie um ihre Selbständigkeit bringen wird. Einstweilen unterscheiden wir die vier Gruppen der Algenpilze, der Rost- und Brandpilze, der basidiensporigen Pilze und der Sporenschlauchpilze. Bei vielen **Algenpilzen** besteht der vegetative, das heißt nicht der Fortpflanzung dienende Theil des Pilzkörpers stets aus einer einzigen, schlauchförmigen Zelle, bei andern findet sich ein gleiches Gestaltungsverhältniß wenigstens in der ersteren Zeit ihres Wachsthums. Sie zerfallen in drei Familien. Die Glieder der ersten Familie, die Saprolegnieen wachsen meistens auf Insekten, welche im Wasser faulen, und bilden dort nach allen Seiten hin ausstrahlende Rasen, wie man das namentlich im Herbste an Fliegen vielfach zu beobachten Gelegenheit hat. Bei ihnen findet sich ein Generationswechsel zwischen Schwärmsporen und

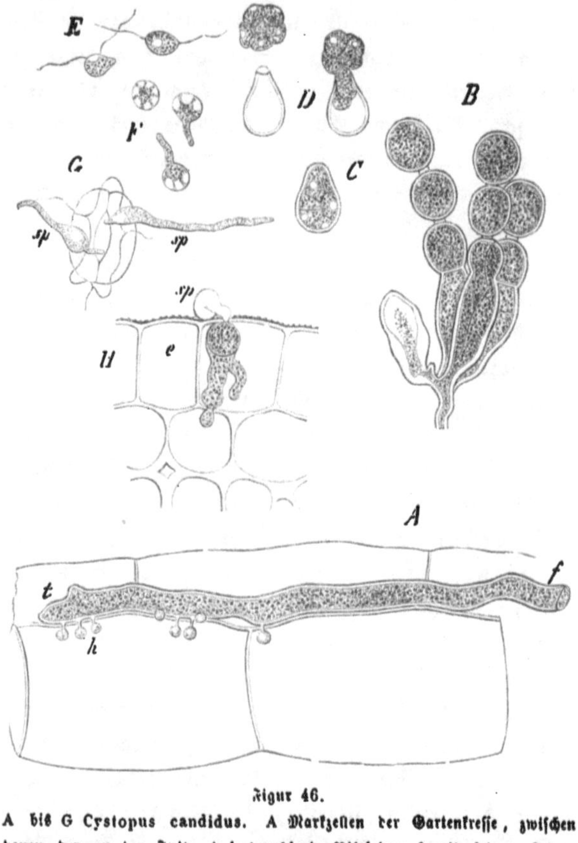

Figur 46.

A bis G Cystopus candidus. A Markzellen der Gartenkresse, zwischen denen der an der Spitze t fortwachsende Pilzfaden f mit seinen Saugorganen (h) liegt. — B Sporentragender Zweig. — C bis E Schwärmsporenbildung aus den Sporen. — F keimende Schwärmsporen. — G Schwärmsporen sp, welche auf einer Spaltöffnung keimen. — H Pilz der Kartoffelkrankheit (Peronospora infestans) sp welcher sich durch die Oberhaut e eines Kartoffelstengels einbohrt. — Alles bei 400facher Vergrößerung.

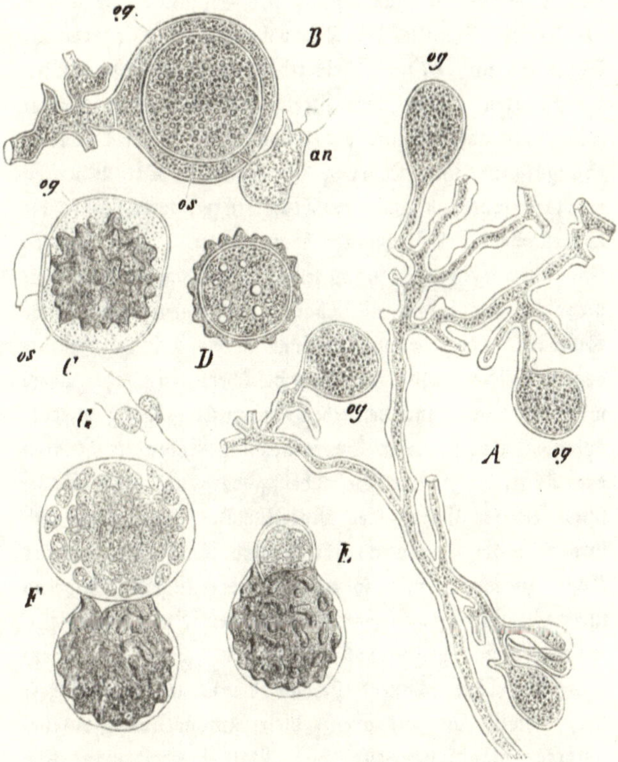

Figur 47.

Cystopus candidus, bei 405facher Vergrößerung. A Pilzfäden mit jungen weiblichen Organen (Oogonien og). — B Oogonium og mit der Eikugel os und dem männlichen Organe an; ein feiner Zweig des letzteren dringt bis zur Eikugel vor. — C reifes Oogonium. — D reife Eispore. — E, F, G Schwärmsporenbildung aus Eisporen.

15 *

Eisporen bildenden Individuen. Die dabei stattfindenden Vorgänge sind durchaus ähnlich den Gestaltungsvorgängen der zweiten Familie, der Peronosporeen (vergleiche Figur 46 und 47). Diese leben im Innern von Blüthenpflanzen, wobei ihre Zweige zwischen deren Zellgeweben fortwachsen und dabei aus diesen durch besondere Saugorgane ihre Nahrung entnehmen. Die Mycelien erzeugen sporenabschnürende Fruchtträger, welche über die Oberfläche der Nährpflanze hervortreten. Jene Sporen sind aber meist nicht unmittelbar keimfähig, bilden vielmehr in Berührung mit Thau- oder Regentropfen einige Schwärmsporen, deren Keimlinge in die Pflanze eindringen, dieselbe oft ganz durchwuchern, in ihr überwintern, und dann denselben Entwicklungsgang wiederholen. Außer dieser Sporenbildung finden im Innern der Nährpflanze auch Befruchtungsvorgänge statt. Dabei schwellen die Enden der Myceliumäste kugelig an und bilden so die Oogonien: ihr Protoplasma ballt sich zur Kugel zusammen und so entsteht die Eikugel. Während ihrer Bildung wachsen von benachbarten Myceliumzweigen dünne Zweige gegen das Oogonium hin. Das obere Ende derselben schmiegt sich an die Oogonienwand fest an, schwillt an und grenzt diese Anschwellung als besondere, männliche Zelle ab Bald bemerkt man, daß diese Antheridie einen schlauchförmigen Fortsatz entwickelt, welcher die Oogonienwand durchbohrt, sich an seiner Spitze öffnet und den Uebertritt der befruchtenden Elemente zur Eikugel vermittelt. Hat die Befruchtung stattgefunden, dann umgibt sich die Eikugel mit einer derbwandigen Haut, und die erste Zelle eines neuen Organismus, die Eispore, ist fertig. Diese ist zur Ueberwinterung geeignet. Zur gegebenen Zeit beginnt ihre Weiterentwicklung, indem sie entweder sofort keimt, oder aber Schwärmsporen bildet, deren Verhalten jenem gleich ist, welches die aus Sporen entstandenen zeigen. Besonderes Interesse bietet uns diese Pilzgruppe, weil Peronospora infestans, die berüchtigte Ursache der Kartoffelkrankheit, dahin gehört. — Bei der dritten zu den Algenpilzen gehörenden Gruppe, den Mucorineen, erheben sich aus einem reichverzweigten Mycelium aufrechte Fruchtträger, welche an ihren Enden kugelige Sporenbehälter tragen. Mycelium und Fruchtträger sind bis zur Sporenbildung einzellige Schläuche, welche gleichzeitig mit, oder kurz vor der Fruchtentwicklung durch neu auftretende Querwände in viele Zellen zerfallen. Für manche Arten hat sich eine große Vielgestaltigkeit der Fruktifikationsorgane nachweisen lassen, so namentlich bei Mucor mucedo, jenem braunen Schimmel, welcher sich im Sommer so zahlreich auf faulenden Früchten einfindet. Dieser Pilz entwickelt an seinem Mycelium zuerst starke Fruchtträger mit endständigen Sporenbehältern. Dasselbe Mycel entsendet häufig später Fruchtträger mit viel kleinern Sporangien, welche nur zwei bis drei Sporen entwickeln; bei dem auf Mist wachsenden Mucor tritt noch eine dritte Sporenform auf. Jede dieser Formen wurde natürlicherweise früher als besondere Pilz-Art betrachtet, so daß sich also an diesen einfachen Schimmelpilz mannigfache Irrthümer menschlicher Forschung anknüpfen und er wird vielleicht nochmals zum Steine des Anstoßes, da wir kaum vermuthen dürfen, daß in jenen drei Entwicklungsphasen das ganze Leben des Pilzes sich abwickelt.

Die **Rost- und Brandpilze** leben in den Zellgeweben, meist unter der Oberhaut von Blüthenpflanzen. Der hierher gehörende Grasstielbrand (Puccinia graminis, vergleiche Figur 48), dessen massenhafte Vegetation den Getreiderost bildet, bietet unstreitig eines der lehrreichsten und interessantesten Beispiele von Generationswechsel und damit verbundenem Wohnortswechsel dar. Auf den Blättern der gemeinen Berberize gewahrt man im Frühjahre angeschwollene, gelbliche Stellen zwischen deren Zellen sich feine, zu einem dichten Gewebe verflochtene Pilzfäden vorfinden. Bei mikroskopischer Untersuchung findet man in diesen Pusteln zweierlei Fruktifikationsorgane, sogenannte Aecidien und Spermogonien. Letztere bilden sich zuerst; es sind urnenförmige Behälter, deren Boden bedeckt ist mit kurzen Fruchtfäden, welche an ihren Enden zahlreiche, sehr kleine, sporenähnliche Körperchen, Spermatien, von noch unbekannter Bedeutung abschnüren. Rings um eine Gruppe solcher Organe, mitunter auch regellos zwischen ihnen zerstreut, treten später die Aecidien auf. In diesen entwickelt sich eine kreisförmige Schicht dichtgedrängter Zellen, deren jede an ihrer Spitze eine einfache, lange Reihe von Sporen erzeugt. Diese auf den Berberizenblättern zur Reife gebrachten Sporen sind von dem Augenblicke ihrer Ablösung an keimfähig, aber sie entwickeln nur dann ein neues

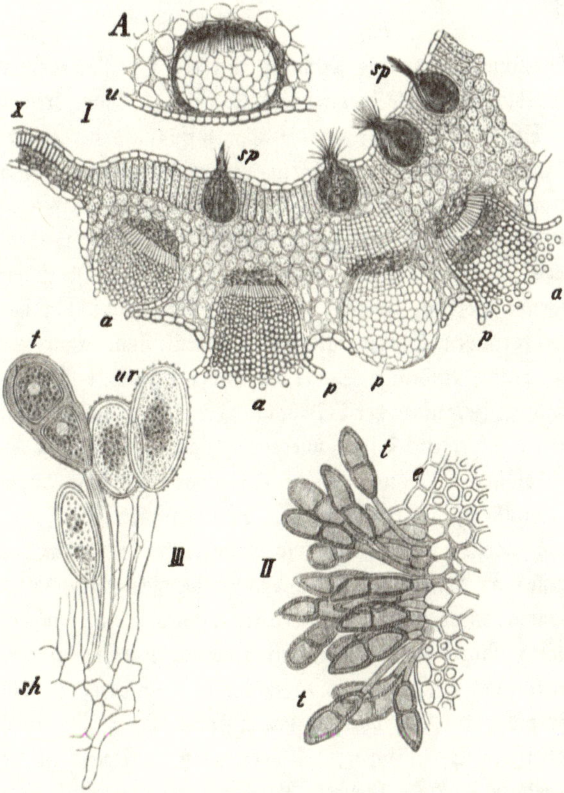

Figur 48.

Getreiderostpilz (Puccinia graminis). A Theil eines Blattquerschnittes des gemeinen Sauerdorns mit einer jungen Warzenbrandfrucht (Aecidiumfrucht), u Blattoberhaut. — I Blattquerschnitt des Sauerdorns mit zweierlei Fruchtformen des Pilzes mit Spermogonien sp, und mit Aecidienfrüchten a; p Wandung der Aecidienfrucht (sogenannte Peridie). Bei X hat das Blatt seine normale Dicke, an den übrigen Stellen ist es krankhaft verdickt. — II Theil eines Queckenblattes mit einem Lager von Dauersporen, Teleutosporen t des Rostpilzes; e zerrissene Oberhaut des Queckenblattes. — III Theil eines Lagers von sogenannten Uredosporen, mit Uredosporen ur und einer Dauerspore t; sh Pilzfäden, von welchen sich die Sporen erheben.

Mycelium, wenn die Keimung auf der Oberfläche eines Grasblattes oder Grasstengels stattfindet. Dann treiben sie Schläuche, welche in die Spaltöffnungen der Nährpflanze eintreten, um in deren Intercellularräumen rasch heranzuwachsen. Nach 6 bis 10 Tagen bilden sich alsdann neue Fruchtlager, welche als Uredo bezeichnet werden. Dies sind rothe, flache, rundliche, unter der Oberfläche liegende Polster, welche gegen die Oberfläche hin mit fadenförmigen Sporenmutterzellen bedeckt sind, deren jede eine große, eiförmige Spore abschnürt. Nach dem bald erfolgten Zerreißen der Oberhaut werden diese ausgestreut, keimen sofort und bilden wiederum, nach 6 bis 10 Tagen Uredolager. So nehmen die Uredosporen rasch in ungeheurer Menge zu, und in ihnen die Multiplikationsorgane, durch welche das früher so räthselhafte Auftreten des Rostes an Orten, zu denen das Vordringen massenhafter Sporen unmöglich schien, erklärlich wird. Nachdem ein solches Mycelium längere Zeit hindurch Uredosporen hervorgebracht hat, erzeugt es späterhin, entweder in den Uredolagern selbst, oder in neuen Fruchtlagern eine neue, zweizellige Sporenform, Teleutosporen. Damit ist die Vegetationsperiode beendet. Es überwintern nämlich diese letzten Sporen an den Grashalmen, und keimen erst im Frühjahre; dann treiben sie aus ihren beiden Zellen kurze Keimschläuche, deren Aeste kleine Sporen, Sporidien, entwickeln. Diese Sporidien bilden ihrerseits aber nur dann einen neuen Pilz, wenn ihre Keimschläuche in Berberizenblätter eindringen können: ist das der Fall, so entwickeln sie dort die gelblichen Pusteln, welche der

Ausgangspunkt unserer Betrachtung waren. Der vollständige Entwicklungsgang dieses Pilzes ist also an einen Wohnortswechsel gebunden und damit das Mittel gegeben, wie man dem gefürchteten Pilze entgegen treten könne: dies ist das Fernhalten von Berberizen und allenfalls Vernichtung des Strohes, wenn der Rost zu sehr überhand nehmen sollte; daß dagegen ein Einbeizen der Saatfrucht gegen diesen Feind nichts nützen könne, ist bereits vielfach mit Recht hervorgehoben worden.

Weit schädlicher als der Rost ist der Brand des Getreides, weil derselbe zumeist die Früchte verdirbt. So zeigt sich der von Ustilago carbo an Gerste, Weizen und Roggen hervorgerufene Staub-, Flug- oder Rußbrand zuerst an den Fruktifikationsorganen der genannten Pflanzen: seine Sporen bilden die schwarzen Staubmassen, welche im letzten Stadium der Krankheit aus den spärlichen Ueberresten der Blüthentheile und aus den Halmen hervorbrechen.

Zur dritten Pilzgruppe zu den **basidiensporigen Pilzen** gehören die schönsten und stattlichsten Formen, namentlich die Hut- und die Balgpilze. Viele der erstern sind, um gleich ihre beste Seite vorweg zu nehmen genießbar, so zum Beispiel Champignon, Kaiserling oder Eierschwamm, Parasolpilz, Musseron, Reizker, Steinpilz und Pfefferling. Leider sind aber andere äußerst giftig, so Fliegenschwamm und Speiteufel; und diesen letzteren Gesellen, das heißt der Furcht aus Unwissenheit Fehlgriffe zu thun, hat man es zuzuschreiben, daß die Pilze überhaupt unter unsern Nahrungsmitteln noch lange nicht die Verwendung gefunden haben, welche sie mit Rücksicht auf ihren Wohlgeschmack und ihren Nahrungswerth beanspruchen dürfen. Nicht vergessen wollen wir auch den lästigen, holzzerstörenden Hausschwamm, den bei manchen Rauchern noch stets beliebten Feuerschwamm, so wie, um auch einen Balgpilz zu erwähnen, den Bovist, muthwilligen Knaben ein willkommenes Spielzeug, weil er bei seiner Reife auf einen Druck oder Fußtritt hin eine größere Staubwolke, seine Sporen, entsendet. — Bei den Hutpilzen ist der in der Regel, aber durchaus nicht immer, gestielte, sonnenschirmähnliche Hut der Fruchtkörper; er entsprießt einem oft nur winzigen Mycelium, so daß er gar häufig für den ganzen Pilz angesehen wird; an seiner Unterseite trägt er blattartige, zapfenförmige, röhrenähnliche, oder sonst wie gestaltete Hervorragungen, deren Oberfläche von dem Fruchtlager überzogen wird. Aus letzterem entspringen dicht gedrängte, senkrecht stehende, keulenförmige Schläuche, von denen viele unfruchtbar bleiben, während die übrigen auf ihrer Spitze zwei oder vier Sporen erzeugen (vergleiche die

---

Beschreibung von Figur 49.

Becherpilz (**Peziza convexula**). A senkrechter Durchschnitt der ganzen Pflanze, etwa zwanzigmal vergrößert. h die Fruchtschicht oder das Sporenlager, die Schicht, in welcher die Sporenschläuche liegen; s der Gewebekörper des Pilzes, welcher am Rande q das Sporenlager napfartig umhüllt; an der Basis treten aus dem Gewebe s seine Fäden hervor, welche zwischen Erdkörnchen hineinwachsen. B ein kleiner Theil des Sporenlagers bei 550maliger Vergrößerung. sh dicht verflochtene Hyphen. a bis f sporenbildende Schläuche, dazwischen dünnere Schläuche, sogenannte Saftfäden, in welchen rothe Körnchen liegen. Die Zellen a bis f lassen die Bildung der Sporen, von denen jede eine Zelle ist, erkennen.

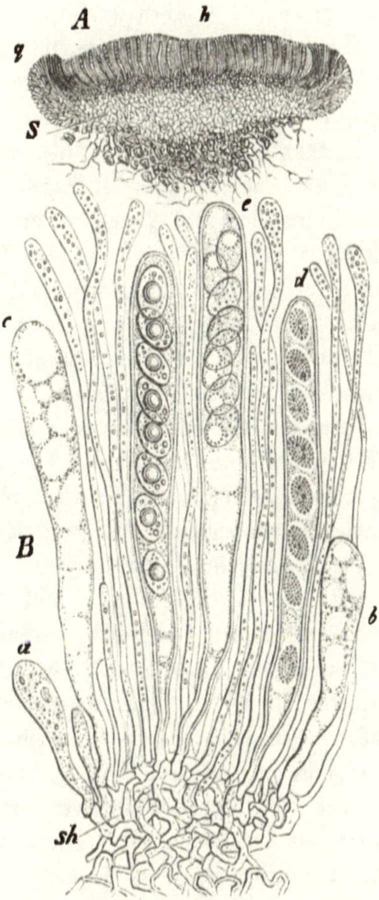

Figur 49.

(Beschreibung siehe vorige Seite.)

frühere Figur 45). Ein Generationswechsel ist noch nicht bekannt geworden, indessen gilt ein gleiches von dem Entwicklungsgange des Myceliums, und dürfte vielleicht bei der ersten Anlage und Ausbildung des Myceliums ein geschlechtlicher Vorgang zu suchen sein.

Die **Sporenschlauchpilze** bilden ihre Sporen durch freie Zellbildung in Sporenschläuchen (vergleiche Figur 49). Ihre wichtigsten Mitglieder sind die Trüffeln, die Kernpilze und die Scheibenpilze. Die Trüffeln sind rundliche, knollige, meist unterirdisch wachsende Körper, welche in ihrer Jugend oft von einem reichlich verzweigten Mycelium umgeben sind. Letzteres vergeht bei der Fruchtreife und die Fruchtkörper liegen dann nackt in der Erde. Ueber ihre Fortpflanzungsweise ist fast nichts bekannt; bis jetzt hat man nur die in den Schläuchen befindlichen Sporen gefunden, welche erst durch Zerstörung der äußeren Rindenschicht des Fruchtkörpers frei werden. Die Speisetrüffel, schon lange als Delikatesse berühmt, stellt kugelige Knollen dar. Bei ihrer Reife entwickelt sie einen aromatischen Geruch, welcher ihr Aufsuchen durch abgerichtete Hunde oder durch Schweine ermöglicht, trotzdem sie bis $^1/_2$ Meter unter der Erdoberfläche wächst. Von den Kernpilzen ist besonders Claviceps purpurea zu erwähnen, der Pilz, dessen Dauer-Mycelium unter dem Namen Mutterkorn bekannt und in der Apotheke gebräuchlich ist. Aus den überwinterten Mycelien dieses Pilzes wachsen im Frühjahre auf feuchtem Boden meist mehrere, kugelige, gestielte Fruchtkörper hervor, deren Oberfläche mit vielen, halb eingesenkten

Bechern bedeckt ist, in welchen zahlreiche Sporenschläuche mit fadenförmigen Sporen entstehen. Gelangen diese Sporen in junge Blüthen von Getreidepflanzen, zum Beispiel von Roggen, so treiben sie dort Keimschläuche, welche in den jugendlichen Stempel eindringen. Darauf wird dieser von dem Mycelium des Pilzes überall über- und durchwuchert, seine ganze Oberfläche bedeckt sich mit einem weißlichen, von zahlreichen, unregelmäßigen Furchen durchzogenen Fruchtlager der Sphacelia, in welchem auf cylindrischen Stielzellen Sporen abgeschnürt werden. Alsdann beginnt im Grunde des Stempelüberrestes die Bildung eines Dauermyceliums, welches zu dem bekannten hornförmigen die Spelzen der Grasblüthe überragenden Körper heranwächst und die Sphacelia als leicht ablösbare Kappe auf seinem Scheitel trägt. Das Dauermycelium ruht darauf bis zum nächsten Frühjahre, um alsdann denselben Entwicklungsgang zu durchlaufen.

Zu den Scheibenpilzen gehören neben zahlreichen, unscheinbaren Gestalten besonders die stattlichen Keulenträger mit Korallenschwamm und Ziegenbart, ferner die meist genießbaren und wohlschmeckenden Morcheln, endlich die so ungemein artenreichen Becherpilze. Ihre Fruchtschichten liegen oberflächlich; bei den strauchartig verzweigten Keulenträgern überziehen sie die Aeste, bei den Morcheln die faltigen Hüte, und bei den Becherpilzen kleiden sie die inneren Flächen der bald gestielten, bald sitzenden Becher aus. Ihren charakteristischen, oft mehrfachen, jedoch keine wesentlich neuen Momente bringenden Generationswechsel wollen wir übergehen.

Ueber die geographische Verbreitung der Pilze dürften sich allgemeinere, auf genauen Beobachtungen fußende Angaben zur Zeit noch nicht machen lassen.

Den Pilzen reihen wir die **Schleimpilze** an; mit Unrecht geschieht dies vielleicht, da manche Forscher sie den Thieren angereiht wissen wollen. Von allen übrigen Pflanzen unterscheiden sie sich zunächst dadurch, daß sie während ihrer Wachsthums- und Ernährungszeit keine Zellhaut besitzen und keine Zellgewebe bilden, daß sie dann vielmehr bloße Protoplasmaansammlungen sind. Dieses nackte Protoplasma zeigt eine außerordentliche Beweglichkeit; denn abgesehen von den Strömungen in seinem Innern, kriecht auch die ganze Masse thierartig auf oder in ihrer Unterlage, faulenden oder verwesenden Pflanzenresten, umher. Fuß weit bewegen sie sich mitunter, indem an ihrem Rande armartige Ausstülpungen hervortreten, in welche nach und nach das ganze Gebilde hineinkriecht. Wenn aber Ungunst äußerer Verhältnisse, oder naturgemäßer Abschluß der Vegetation durch Fruchtbildung eintritt, dann zerfällt das Protoplasma in kleine, mit Zellhäuten versehene Zellen, welche indeß kein eigentliches Zellgewebe bilden, vielmehr große Fruchtkörper darstellen, deren Innenraum von kleinen Sporen ausgefüllt wird, zu denen gewöhnlich noch ein Netz von dünnwandigen, in einander mündenden Röhrchen, ein Haargeflecht, hinzutritt. Die keimende, mit einer Zellhaut ausgerüstete Spore entläßt ihren ganzen Protoplasmainhalt als hautlose Masse, welche sich lang zuspitzt, an einem Ende eine Wimper erhält und so zur Schwärmspore umbildet. Diese bewegt sich entweder drehend, oder kriecht, ihre Umrisse ändernd, einem Thiere ähnlich umher. Solche Schwärmer vermehren sich zwei bis drei Tage lang durch Theilung. Dann beginnt ein neuer Prozeß, indem ihrer zwei oder mehrere zu einer gleichartigen, sich bewegenden Protoplasmamasse, einem Plasmodium, verschmelzen. Unter Umständen bildet sich dieses wieder in Sporen um, und der Entwicklungsgang beginnt von Neuem. Diese Gestaltungsvorgänge verlaufen meist in wenig Stunden; bei der Lohblüthe zum Beispiel genügen eine bis zwei Stunden um das noch bewegliche Plasma in einen Fruchtkuchen umzuwandeln. Bei ungünstigen Lebensbedingungen umgeben sich die Schwärmer, ähnlich wie auch die Infusionsthierchen, mit einer Haut, und bleiben in diesem Zustande im Trocknen Monate lang lebensfähig; in Wasser gebracht kehren sie bald wieder in ihren beweglichen Zustand zurück.

Die Flechten.

Noch vor kurzem würde Jeder unbedenklich gesagt haben: Dritte Klasse, die Flechten; das ist nun anders, denn die einzelne Flechte ist keine selbständige Pflanze, vielmehr ein Doppelwesen von pilzlich-algenartiger Natur.

„Trennt im Meeresboden ein Vulkan die kochende Fluth und schiebt plötzlich (wie einst zwischen den griechischen Inseln) einen schlackigen Fels empor; oder erheben (um an eine friedlichere Naturerscheinung zu erinnern) auf einem unterseeischen Gebirgsrücken die einträchtigen

Korallen ihre zelligen Wohnungen, bis sie nach Jahrhunderten über den Wasserspiegel hervorragend absterben und ein flaches Eiland bilden: so sind die organischen Kräfte sogleich bereit den todten Fels zu beleben. Was den Samen so plötzlich herbeiführt: ob wandernde Vögel oder Winde oder die Wogen des Meeres, ist bei der großen Entfernung der Küsten schwer zu entscheiden. Aber auf dem nackten Steine, sobald ihn zuerst die Luft berührt, bildet sich in den nordischen Ländern ein Gewebe sammtartiger Fasern, welche dem unbewaffneten Auge als farbige Flecken erscheinen. Einige sind durch hervorragende Linien bald einfach, bald doppelt begrenzt; andere sind von Furchen durchzogen, oder in Fächer getheilt. Mit zunehmendem Alter verdunkelt sich ihre lichte Farbe. Das fernleuchtende Gelb wird braun, und das bläuliche Grau verwandelt sich nach und nach in Schwarz. Die Grenzen der alternden Decken fließen in einander, und auf dem dunkeln Grunde bilden sich neue zirkelrunde Organismen von blendender Weiße. So lagert sich schichtenweise ein organisches Gewebe auf das andere: wo jetzt hohe Waldbäume ihren Gipfel lustig erheben, da überzogen einst zarte Flechten das erdenlose Gestein. Moose, Gräser, Kräuter und Sträucher füllen die Kluft der langen, aber ungemessenen Zwischenzeit aus." Das ist die Rolle der Flechten im Haushalte der Natur, wie sie uns Humboldt so unübertrefflich schildert. Da wo alle zum Gedeihen der Pflanzen nöthigen Lebensbedingungen zu fehlen scheinen, wo hartes, unzersetztes Felsgestein der Wurzel keine Nahrung zu bieten vermag, wo die Sommerwärme selbst zur Entwicklung der Polar- und Algenpflanzen nicht mehr hinreicht, da siedeln sie sich an. Allüberall, und in allen Farben, gelb, roth, orange, braun, schwarz, weißlich finden wir sie auf Steinen, an Bäumen, auf der Erde: bald in rundlichen Formen krustig den Fels überziehend, bald mehr oder weniger blattartig sich erhebend, bald in wunderlich entwickelte Strauchform auswachsend. Finden wir sie aber auch auf dem ganzen Erdboden zerstreut vor, so treten sie doch, als echte Pionire pflanzlichen Lebens, nur an den Grenzen der Vegetation mächtig auf. Hoch im Norden, nahe dem ewigen Winter, wo auch im Sommer der Boden nur wenige Fuß tief aufthaut, dort wo der Baumwuchs zwerghaft bleibt und endlich ganz aufhört, dort breiten sich in Europa, Asien und Amerika weite Flächen aus, die man als Tundren bezeichnet: Gebiete, in denen Flechten und Moose die Physiognomie der Landschaft bedingen. In ihnen weidet das Renthier, unter dem winterlichen Schnee seine liebste Nahrung, die, fälschlicherweise auch wohl Renthiermoos genannte Renthierflechte hervorscharrend. Auf den höchsten Gipfeln unserer Berge, auf Felsspitzen, die ihrer Steilheit halber dem ewigen Schnee keinen Haltpunkt gewähren, findet man noch Landkarten- und Nabelflechten. Gleich als suchten sie Wind und Wetter auf, bedecken sie bei uns mit Vorliebe die Nordseite und die Stämme der den Waldrändern zunächst stehenden Bäume. Dort bilden sie bald krusten-, bald blattartige, bald auch lange bartartige Formen, welche, Stamm und Aeste überziehend, diesen den sonderbarsten

Anstrich gewähren. — Sind die Flechten so einerseits gegen die heftigste Kälte und das grimmigste Unwetter unempfindlich, so vermag ihnen andrerseits auch eine starke Sonnengluth keinen merklichen Schaden zuzufügen. Hat in langen Wochen kein Regenstrahl sie benetzt, kein Thautropfen sie erquickt, sind sie eingetrocknet, zur zerbrechlichen, pulverisirbaren Kruste geworden, deren Leben dahin zu sein scheint, dann genügt ein fröhlicher Regen, um den dem Tode entrissenen Organen neue Lebensfülle einzugießen: begierig saugen die Fasern die Feuchtigkeit auf, in neuem Glanze strahlt die Flechte, weil ihre jetzt durchnetzten oberen Schichten die tiefer liegenden farbigen Elemente nicht länger verhüllen. Ein neues Wachsthum beginnt. Jetzt besitzt die Flechte meistens eine lederartige Konsistenz, ist zähe, biegsam, selbst elastisch; häufig aber ist sie nach der Durchtränkung mit Wasser auch schlüpferig und gallertartig, so bei den Gallertflechten.

Ziemlich einfach ist im Allgemeinen der innere Bau der Flechten. Zellreihen bilden wie bei den Pilzen ein Fasergeflecht, dazu kommen noch als weitere Formelemente runde oder längliche, grün oder bläulich grün gefärbte Zellen, die Gonidien. Natürlich kann die Gruppirung dieser Elemente verschieden sein. (Vergleiche Figur 50).

Zweifach, entsprechend dem pilzähnlichen Fasergeflecht und den algenartigen Gonidien, ist die Fortpflanzung: die eine, durch Soredien, geht aus von den Gonidien, die andere, durch Apothecien, verdankt ihr Dasein den Zellfäden. Unbekannt ist, hier wie bei den Pilzen, die Bedeutung der ebenfalls von den

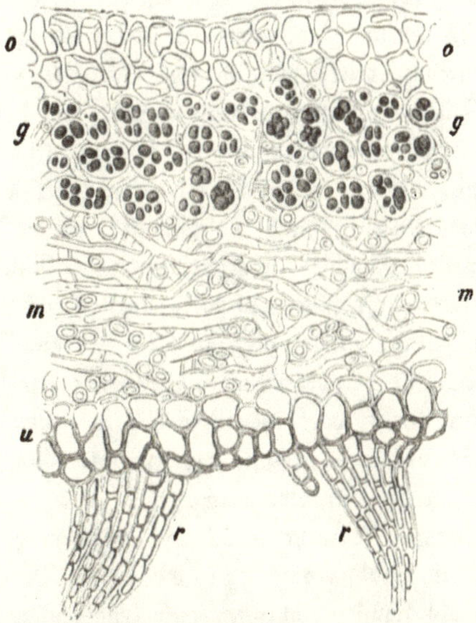

Figur 50.
Rußfarbige Grubenflechte (Sticta fuliginosa): Querschnitt durch das laubartige Lager; o Rinden- oder Hautschicht der Oberseite, u die der Unterseite; r Haftfasern, welche der Hautschicht entspringen; m Markschicht, deren Fäden theils in ihrer Länge, theils der Quere nach durchschnitten erscheinen; g die Gonidien, welche zu mehreren von einer Gallerthülle umschlossen und deren spangrüne Blattgrünkörper dunkel schattirt sind.
500fache Vergrößerung.

Zellfäden abgeschnürten Spermatien. Nach geschlechtlichen Vorgängen hat man bis jetzt noch vergeblich gesucht. — Als Soredien bezeichnet man pulverförmige Massen, welche bei sehr vielen Flechten aus dem Innern hervorbrechen. Sie sind bald regellos über den ganzen Flechtenkörper zerstreut, bald an bestimmte Orte, zum Beispiel an den Rand gebunden, und bilden oft dicke, polster-

oder wulstförmige Körper. Sie entwickeln sich aus den Gonidien, und zwar ausnahmslos in der Weise, daß sich ein Gonidium theilt, worauf jede Theilzelle von einem dichten Zellfadengeflechte umsponnen wird, daß sich darauf die Tochterzellen wiederum theilen und in gleicher Weise umsponnen werden. Indem sich nun dieser Prozeß in unbestimmt großer Anzahl wiederholt, häufen sich die umsponnenen Gonidien dergestalt unter der Rindenschicht an, daß sie schließlich auf diese einen Druck ausüben, groß genug, um sie zu sprengen. Die alsdann aus dem klaffenden Risse hervorbrechenden Soredien vermehren sich in gleicher Weise, oder entwickeln sich zu neuen Flechten. Sind bei dieser Fortpflanzungsweise die Gonidien der Krystallisationspunkt, um welchen sich alles gruppirt, so treten diese um so mehr zurück, ja nehmen gar keinen Antheil bei Bildung der Apothecien. Diese stellen sich dar als schüssel-, scheiben- oder krugförmige Organe, in welchen Sporenschläuche auftreten und Sporen bilden, ganz nach Art der Sporenschlauchpilze (vergleiche die frühere Figur 49).

Bei Betrachtung des Baues und bei Berücksichtigung des Dunkels, welches bis in die jüngsten Tage die Entwicklungsgeschichte der Flechten verhüllte, kann es nicht wundern, daß schon in der Mitte des vorigen Jahrhunderts die Vermuthung ausgesprochen wurde, jene grünen Ueberzüge auf Baumrinden und dergleichen seien die ersten Entwicklungszustände der in ihrer Nähe die gleichen Orte bewohnenden Flechten. Da wir jetzt jene freien oder familienweise mit einander verbundenen grünen

Zellmassen zu den Algen rechnen, so wurde schon damals, wenigstens versteckterweise, die Verwandtschaft der Algen und Flechten behauptet. Im Anfange dieses Jahrhunderts erhielt diese Ansicht einen bestimmteren Ausdruck dadurch, daß man jene grünen Zellen als freigewordene und selbständig vegetirende Flechtengonidien betrachtete. Doch auch die pilzähnlichen Zellfäden haben ihr Recht; und da entstanden in unseren Tagen folgende zwei Ansichten: entweder sind die in Rede stehenden Flechten die vollkommen entwickelten Zustände von Gewächsen, deren unvollständig entwickelte Formen bisher unter den Algen standen; oder aber die Gonidien sind selbständige Algen, welche nur dadurch die Flechtenform annehmen, daß gewisse parasitische Sporenschlauchpilze in sie eindringen, so daß die Flechte dann ein Zwitterding wäre, vergleichbar den durch Schmarotzerpilze verunstalteten Blüthengewächsen. Jetzt ist diese Frage geklärt, und zu Gunsten der letzteren Ansicht entschieden. Es ist nämlich gelungen, die Gonidien vieler Flechten auch außerhalb des Thallus zur Weiterentwicklung zu bringen, wobei sich die interessante Thatsache ergab, daß viele Gonidienzellen aus ihrem Inhalte Schwärmsporen bildeten, während andere sich allmälich abrundeten und frei fortvegetirten; so daß also in der That jene Gonidien Algen sind. Sodann erwuchs auch dadurch eine vollständige und charakteristische Flechte, daß man keimende Sporen ihres Apotheciums zusammenbrachte mit freilebenden Algen, deren Aehnlichkeit mit den Gonidien der Flechte ein Verwandtschaftsverhältniß vermuthen ließ.

Zweite Gruppe: Die Armleuchter oder Charen.

Dritte Klasse: Die Charen.

Wenn eine gewisse Bedeutung im Haushalte des Menschen oder der Natur Vorbedingung wäre um eine Pflanzenreihe zu einer der fünf Gruppen, in welche die Pflanzenwelt zerfällt, zu erheben, dann würden die Armleuchter oder Charen gewiß völlig unbeachtet geblieben sein. Von gewöhnlichem Auge in der Regel unbeachtet, leben sie auf dem Boden süßer, bald stiller, bald reißender, bald tiefer, bald seichter, Gewässer, schlanke Kräuter, ohne jeglichen Nutzen oder Schaden. Anders dem spähenden Auge des Forschers! Denn einfach ist ihr Bau und verhältnißmäßig leicht zu erfahren ihr Leben.

Zellfäden sind es, in regelmäßigen Abständen quirlförmig verzweigt; jedes Stengelglied eine Zelle: eine einzige nackte bei den Glanzcharen, eine von anderen Rindenzellen umwundene bei den eigentlichen Charen. (Vergleiche Figur 51).

Bemerkenswerth vor allem ist ihre geschlechtliche Fortpflanzung. Bei einigen Arten steht je ein befruchtendes Organ, eine Antheridie, und eine zu befruchtende Eiknospe unter einem Seitenaste, bei anderen sind beiderlei, schon im halbreifen Zustande als rothe Knöpfchen an der Pflanze sichtbare Organe auf verschiedene Pflanzen ver-

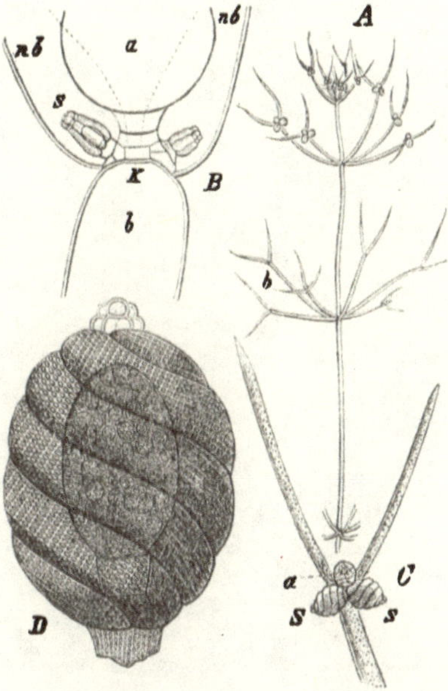

Figur 51.

Biegsame Glanzchare (Nitella flexilis); A fruchttragender Zweig in natürlicher Größe; b Blätter. — B oberer Theil eines fruchttragenden Blattes b, mit dem Knoten K; an diesem 2 Seitenstrahlen nb und 2 sehr junge Eiknospen S; a das Antheridium. — C älteres Blatt mit 2 Seitenstrahlen, einem reifen Antheridium a und 2 unreifen Sporenknospen S. — D eine halbreife Sporenknospe stärker vergrößert.

theilt. (Vergleiche die Figur 52). Die Antheridie ist kugelig, fast sitzend und besteht äußerlich aus acht Rindenzellen, welche sich zur Zeit der Reife öffnen. In ihrem Inneren enthält sie zahlreiche, nach Art von Knuten am

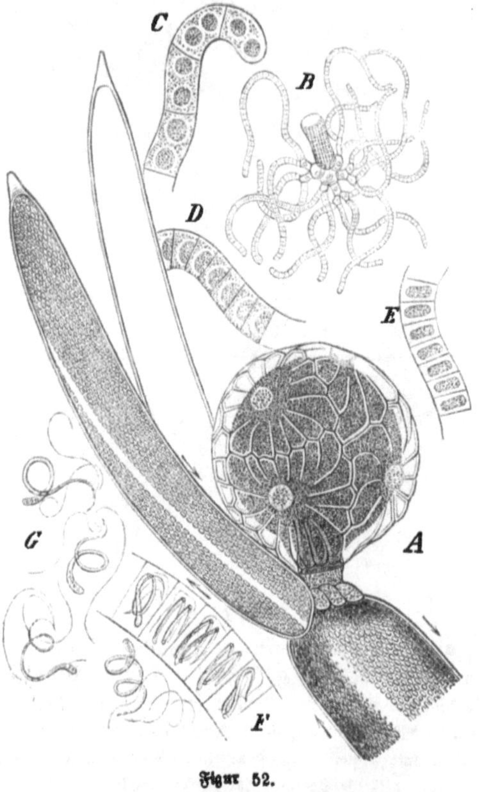

Figur 52.

Biegsame Glanzchare (Nitella flexilis). A fast reifes Antheridium. Die Pfeile deuten die Richtung der Protoplasmaströme in Blatt und Stiel an. — B Griff (manubrium) mit seinem Köpfchen und den peitschenförmigen Zellfäden, in welchen die Samenfäden entstehen. — C Ende eines solchen jungen Fadens. — D mittlerer Theil eines älteren. — E noch älter. — F reifer Faden mit Samenfäden G. — A und B mäßig; C bis G 550fach vergrößert.

oberen Ende eines Griffes vereinigte Zellfäden, die in jeder Zelle einen Samenfaden entwickeln. Die Eiknospe besteht dagegen aus einer die Achse einnehmenden Zellreihe, dem Eisprosse, welche von fünf schraubig gewundenen Hüllzellen umgeben ist. Die Zahl der Samenfäden, welche sich in jeder Antheridie bilden, beläuft sich auf zwanzig= bis vierzigtausend; ihrer Gestalt nach sind es dünne, hinten verdickte, schraubig gewundene Fäden, welche an ihrem spitzen Ende zwei lange Wimpern tragen. Dies sind Bewegungsorgane, denn die Antheridie bricht zur gegebenen Zeit, gewöhnlich des Morgens, auf, die Samenfäden treten aus ihrer Mutterzelle aus und schwärmen, getrieben durch die Schwingungen der Wimpern einige Stunden, mitunter bis zum Abende lebhaft umher. In diesem Momente öffnet sich die Eiknospe an ihrer Spitze durch fünf zwischen den Hüllzellen gelegenen Spalten und der Samenfaden tritt in ihr Inneres ein, um in die sehr große Eizelle, die um diese Zeit wahrscheinlich noch zellhautlose Scheitelzelle des Eisprosses, einzudringen. Nach diesem Befruchtungsvorgange bildet sich die Eiknospe zur Eispore um. Wenn dann im Herbste die einjährige Pflanze zu Grunde geht, sinkt die Eispore auf den Boden, um im nächsten Herbste oder im Frühjahre aus sich eine junge Pflanze hervorsprossen zu lassen, deren erste Glieder einer Fadenalge gleichen, und als Vorkeim betrachtet werden. Dieser besitzt ein sehr beschränktes Wachsthum, wenige Zellen setzen ihn zusammen, und aus einer der letzten wächst nahezu rechtwinkelig die fruchtbringende Pflanze hervor.

Dritte Gruppe: Die Moose.

Die Moose sind höher organisirt als die bisheran erwähnten Algen, Pilze, Flechten und Charen, und entsprechend ihrer größeren Vollkommenheit gliedern sie sich auch in zahlreichere Gruppen, denen verschiedenes Leben Bedürfniß; auch sind ihre Arten je nach ihrem Wachsthumsboden, ihrer Erhebung über dem Meere und dem geographischen Breitengrade ihres Vorkommens strenger getrennt, als die der vorhergehenden Klassen. Wir haben unsere Wiesen-, Haide- und Waldmoose, unsere Baum- und Felsbewohner; einige lieben Brach- und Stoppelfelder, andere alte Mauern und Dächer; in klaren Bächen fluthet das Quellenmoos; ein Moos verbirgt sich gar in der Tiefe der Brunnen; diese Arten finden sich nur auf Kieselgestein, jene auf kalkigem Fels, noch andere nur auf faulenden, thierischen oder pflanzlichen Resten; vor allen wichtig sind aber die Moose der Tundren und Moore. Der Tundren haben wir bereits bei den Flechten gedacht; die Moore und ihre Bildung wollen jetzt wir betrachten.

Wenn Pflanzen ungestört in völlig stagnirendem Wasser wachsen, in welchem sich ihre faulenden Theile ruhig zu Boden senken können, dann wächst diese organische Schicht immer höher und höher. Vom Ufer her rücken die Schilfrohre, Seggen, Binsen, Simsen und

Schachtelhalme in das Wasser hinein, indem ihr dichtes Wurzelwerk immer weiter auf dem Schlammboden vorwärts greift. Von oben her sinken alljährlich die abgestorbenen Blätter und Stengel der Seerosen, Ranunkeln, Laichkräuter und Wasserlinsen auf den Grund hinab. Immer dichter wird das Gewirr von Pflanzenresten und seitwärts zwischen dieselben eindringenden Wurzeln und Wurzelstöcken, immer größerer Raum wird dem Wasser abgerungen, bis endlich ein innig verzweigter und dicht verbundener Filz entsteht, der auf einer breiartigen Schlamm-Masse ruht. Auf dieser schwankenden Vegetationsdecke siedeln sich Torfmoose, Wollgräser, Fieberklee, die Moorheidelbeere und andere Pflanzen an. Die auf solche Weise überdeckten und gegen die Einwirkung der Luft geschützten Pflanzentheile verwesen aber nun nicht mehr vollständig; immer mehr verschwinden Sauerstoff, Wasserstoff und Stickstoff jener Theile, wodurch sich ihr Kohlenstoff anhäuft. Diese Masse wächst auch nach oben, denn während die unteren Theile der, bei ihrer Bildung besonders wichtigen Torfmoose längst abgestorben sind, leben die oberen kräftig fort, schwammartig das Wasser aus der Tiefe nach sich ziehend. Immer dichter wird so mit der Zeit die anfangs breiige Masse, bis zuletzt unter der Vegetationsdecke ein festerer Torf entsteht. Durch die Torfmoose wird aber jener Boden immer feucht erhalten, und so bildet sich auf ihm, begünstigt von seinem reichen Humusgehalte, eine üppige Vegetation. Aber wehe dem unglücklichen Wanderer, dessen Fuß auf solch trügerischen Boden sich wagte, unter seinem Schritte wird die Erde sich öffnen und zum Grabe ihm werden die lachende Flur! Ist das Moor endlich fester geworden, dann siedeln sich Bäume und Sträucher, Weiden, Erlen, Faulbaum und Kreuzdorn, zuletzt auch Nadelhölzer auf ihm an. Aber beschränkt ist in der Regel das Leben dieser größeren Gewächse, denn wenn sie durch den Wind von ihrer noch immer nicht allzufesten Unterlage losgerissen werden, oder in Folge ihres Gewichtes in dieselbe einsinken, dann wächst der Torf, das heißt jetzt vorzüglich die Torfmoose, über sie fort, und nach Jahren sind sie ganz in denselben eingeschlossen. Dort, von der Luft abgeschlossen, verwesen sie nicht und noch nach Jahrhunderten zeigt ihre Holzstruktur sich vollkommen erhalten. — Das ist die Bildung des Torfes.

So ist gewaltig groß die Rolle der Moose im Haushalte der Natur; dem Menschen aber gewähren sie wenig direkten Nutzen.

Der innere Bau der Moose ist komplicirter als der der vorangehenden Typen, aber doch noch immer dadurch ein sehr einfacher, daß noch keine Gefäßbündelstränge auftreten. Nur im Stamme und in den Blattnerven der höchst entwickelten Laubmoose zeigt sich ein axenständiger Strang langgestreckter Zellen, welchen man als ersten Versuch in Gestaltung eines Gefäßbündelsystemes ansehen könnte. Auch eine wohl entwickelte, mit Spaltöffnungen versehene Oberhaut findet man nur selten vor, so namentlich auf der Oberseite der Marchantien und auf der Urne der Laubmoose.

Das individuelle Leben der Moose ist durch einen

scharf ausgesprochenen Generationswechsel gekennzeichnet: eine geschlechtliche Generation, wechselt mit einer ungeschlechtlichen ab. Untersuche die Urne der Moose, du findest in ihr winzige Körnchen, die Sporen. Säet man diese aus, dann wächst aus ihnen hervor bei vielen Arten ein blattartiges, bei den anderen ein fädiges, einer Fadenalge gleiches Gebilde. Dasselbe bleibt fast immer klein, und ungeübtem Auge oft gänzlich verborgen: es ist der Vorkeim des Mooses. Aus ihm knospt die Geschlechtspflanze mit Stengel und Blättern hervor. Diese trägt die Befruchtungsorgane, bald beiderlei Art, männliche Antheridien und weibliche Archegonien, bald auch nur eine derselben, so daß man dann männliche und weibliche Pflänzchen unterscheiden muß. Die einzelnen Arten der Befruchtungsorgane kommen meist in dicht gedrängten Gruppen vor, und diese sind oft, weil noch umhüllt von besonderen Blättchen, einer Blüthe nicht unähnlich. Das fertig ausgebildete Antheridium ist ein sackartiger Schlauch, dessen innere Zellen, je einen Samenkörper in sich entwickeln (vergleiche Figur 53). Sind diese reif, dann quillt unter dem Einflusse von Thau oder Regen die innere Masse hervor, das Antheridium an seiner Spitze zerreißend. Nun löst sich Zelle von Zelle, die Samenkörper schlüpfen heraus. Fadenförmige, am hinteren Ende verdickte, am vorderen mit zwei schwingenden Wimpern versehene Gebilde sind dies, und in emsiger Bewegung durcheilen sie das Tröpfchen, das ihnen die Welt. Einer langhalsigen Flasche gleichet das weibliche Organ, das Archegonium. In seinem unteren, dickeren

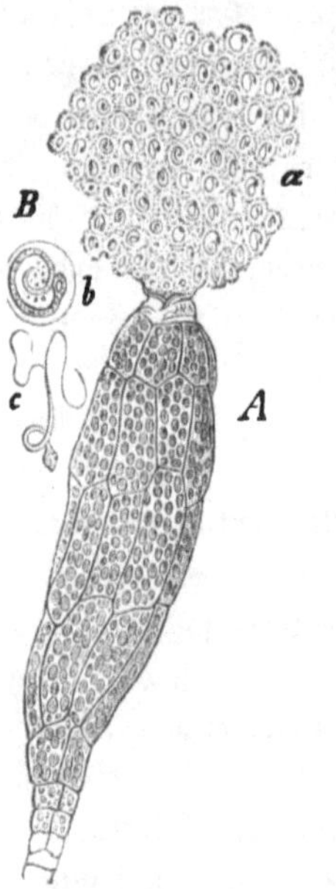

Figur 53.

Drehmoos (Funaria hygrometrica). A aufplatzendes Antheridium, a die Samenkörper; bei 350facher Vergrößerung. — B Einer der letzteren, stärker vergrößert, zeigt in seinem Innern noch den spiralig aufgerollten Samenfaden. — c ein freier Samenfaden des Widerthonmoses (Polytrichum), bei 800facher Vergrößerung.

Ende bildet eine größere Centralzelle sich aus, ihr Protoplasma ballt sich zur gegebenen Zeit zusammen und stellt die Eikugel dar (vergleiche Figur 54). Dann lösen die achsenständigen Z:llen des Halses sich auf, verwandeln sich in Schleim, ein Kanal entsteht, und durch die

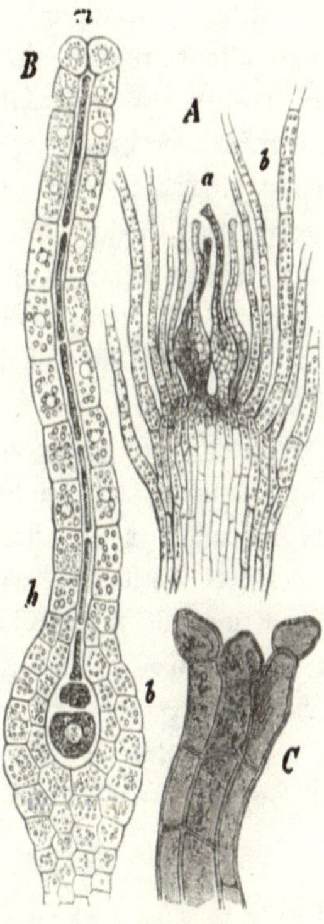

Figur 54.

Drehmoos (Funaria hygrometrica). A Längsschnitt durch den Gipfe einer schwachen weiblichen Pflanze; a Archegonien, b Blätter, bei 100fache Vergrößerung. — B ein Archegonium 550mal vergrößert: b Bauch mit der Centralzelle; m die noch geschlossene Mündung. Die Zellen des die Achse einnehmenden Zellstranges eginnen zu verschleimen. — C Mündungstheil des Halses eines befruchteten Archegoniums mit dunkelroth gefärbten Zellwänden.

Spitze des nunmehr sich öffnenden Halses können die Samenkörper zur Eikugel gelangen. Wenn dies geschieht, die Eikugel also befruchtet wird, ist der Anstoß zur Bildung der zweiten, ungeschlechtlichen Generation gegeben. Reges Leben durchzuckt jetzt die Eizelle, sie theilt sich und bildet die Sporenfrucht, eine in der Regel gestielte Kapsel oder Urne, welche die Sporen umhüllt. Diese Sporenfrucht erscheint äußerlich nur als die Frucht des Mooses, doch ist sie das nicht, denn, wie die Eikugel frei in der Centralzelle lag, so ist auch sie nicht organisch mit der Moospflanze verbunden, und doch unzertrennlich. Eindrängt sich der nach unten wachsende Stiel zwischen die Zellen des Archegoniums und die des Stengels, und diese liefern die Nahrung, wovon sich das Ganze gestaltet. Auch der untere Theil des Archegoniums wächst unterdessen, erst noch umhüllt er die Sporenfrucht, bald wird er zerrissen, und empor steigt der Sporenbehälter. Dies das den Moosen Gemeinsame; mancherlei Unterschiede zeigt eine genauere Untersuchung: in zwei Klassen in Leber- und Laub-Moose theilt man daher die Gruppe.

4. Klasse: Die Lebermoose.

Ihre erste, die Fruktifikationsorgane tragende Generation entwickelt sich entweder direkt aus der Spore, oder durch Vermittlung eines kleinen unbedeutenden, blattartigen Vorkeimes. Ebenso ist das Pflänzchen selbst häufig eine Lagerpflanze, an der nicht die mindeste Differenzirung in Stengel und Blätter erkennbar. Sogar wenn zu einer höheren Stufe äußerer Gestaltung das Lebermoos sich anschickt, und auf den ersten Blick als beblättertes Stämmchen erscheinen sollte, zeigt es bei näherer Betrachtung einen flächenartigen Wuchs, nicht allein darin, daß die Blätter oft zweizeilig geordnet sind und fast immer in einer Ebene liegen, vielmehr vorzüglich dadurch, daß dieser Pflanzenkörper eine wohlcharakterisirte Oberseite im Gegensatze zu einer davon verschiedenen Unterseite besitzt. Die Sporenfrucht durchbricht bei der Reife, durch plötzliche Streckung ihres Stieles das Archegonium, unter dessen Schutz sie heranwuchs, und tritt aus demselben hervor, während dies als offene Scheide verbleibt. Die Kapsel öffnet sich in der Regel vierklappig, um ihre Sporen und außer ihnen noch eigenthümliche Schleuderzellen, das heißt lange, wie mit braunem, bald einfachem, bald doppeltem Spiralbande umschlungene Zellen zu entlassen.

5. Klasse: Die Laubmoose.

Ihr Vorkeim ist fadenartig und von größerem Umfange und längerer Dauer als jener der Lebermoose; auch besitzt das aus demselben entsprossene Pflänzchen stets Stengel und Blätter. Hier durchbricht nicht die reifende Sporenfrucht den Gipfel des Archegoniums, sondern reißt es am Grunde ab, so daß ein zierliches, am Rande reizend gefranztes Häubchen die Sporenfrucht krönt, bis ein Wind es entführet. Ein Deckelchen löst sich von der urnenartigen Sporenfrucht ab, wenn es Zeit, die Sporen zu entlassen.

Vierte Gruppe: Die Gefäßkryptogamen.

Der Name kennzeichnet schon einigermassen diese Kinder der Flora: es sind blüthenlose Pflanzen, deren Zellgewebe sich in Oberhaut, Grundgewebe und Gefäßbündelstränge scheidet (vergleiche hierüber Figur 14, auf Seite 38, nebst dazugehörigem Texte). Außerordentlich gestaltungsreich ist diese Gruppe, die Klassen der Farnkräuter, Schachtelhalme, Natterzungengewächse, Wurzelfrüchtler und Bärlappe gehören hierher. Aber außer durch ihren Bau ist diese Gruppe, gleich jener der Moose, namentlich noch gekennzeichnet durch ihren Entwicklungsprozeß: aus der keimenden Spore erwächst ein Vorkeim, welcher die Befruchtungsorgane trägt, und aus der befruchteten Eizelle erhebt sich, als zweite Generation, eine neue, bewurzelte Pflanze, welche auf ungeschlechtlichem Wege zahlreiche Sporen erzeugt, deren jede dazu angethan ist den ganzen Entwicklungskreis zu wiederholen. Bei den Farnkräutern, Schachtelhalmen und Natterzungengewächsen sind diese Sporen unter sich gleichartig; verschiedene Sporen dagegen, theils große, weibliche Makrosporen, theils kleine, männliche Mikrosporen haben die Wurzelfrüchtler und

Bärlappgewächse; gleichsporige und ungleichsporige Gefäßkryptogamen werden danach unterschieden.

6. Klasse: Die Farnkräuter.

Gewaltig vergrößerten Laubmoosen gleichen unsere Farne: bald lange schmale Blattgebilde, bald zierlich zusammengesetzt aus rundlichen oder eckigen Einzelblättchen, bald auch vielfach getheilt, zwei-, dreifach gefiedert mit mächtigen ein selbst zwei Meter hohen Wedeln. So sind sie eine Zierde unserer Gebirgswälder; aber wärmere Länder, die Tropen, sind ihnen passendere Heimath. Auch dort finden sich manche, gleich unsern, als Bodenbewohner; ja in Neuseeland werden sie geradezu zu Stellvertretern der Gräser und bedecken, mit Gesträuchern wechselnd, unermeßliche Strecken offenen Landes, so daß dort die Gesammtvegetation jenen ältesten Floren der Vorwelt ähnlich wird, in deren Ueberresten die Gefäßkryptogamen vorwalten. Aber viele wollen höher hinaus, besteigen die Bäume und tragen hierdurch nicht wenig bei zu dem eigenthümlichen Eindrucke, der uns in tropischem Walde umfängt. Dort erhebt sich oft auch der Stamm, der bei unsern immer im Boden sich birgt, frei hinaus in die Luft, 5 selbst 10 Meter hoch, einem Stab, einer Säule vergleichbar, am oberen Ende geschmückt mit herrlichen Wedeln. Wie verschieden ist dieser Gestalt! wie reizend geordnet an ihnen die zu Häufchen vereinigten Sporenbehälter, hier Pünktchen, dort Strichlein, hier gar dem Pfauenauge nicht unähnlich! Nun erst die Färbung des

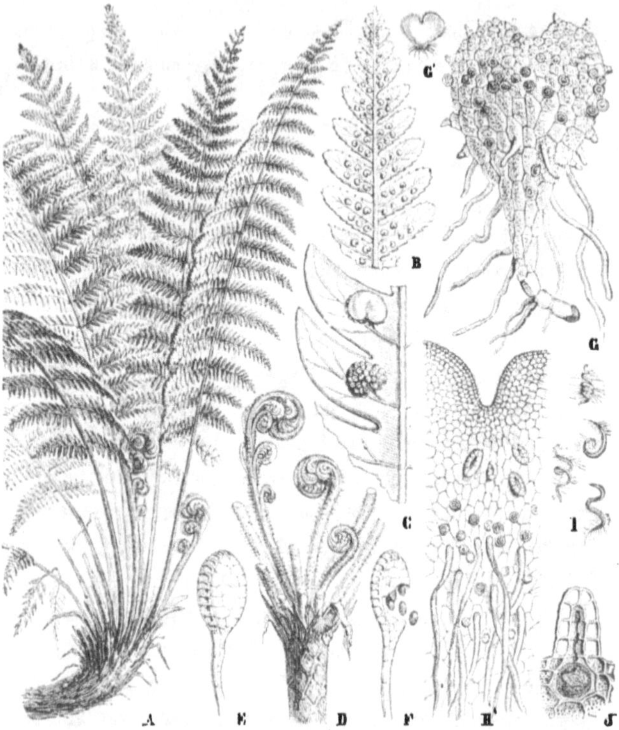

Fig.. 55.

Wurmfarn (Polystichum filix mas). A die ganze Pflanze verkleinert. — B Stückchen eines Wedels von der Unterseite, um die Fruchthäufchen zu zeigen; verkleinert. — C desgleichen, in natürlicher Größe; oberes Fruchthäufchen mit seinem Schleierchen, unteres ohne dasselbe. — D oberes Ende des Stenzels mit spiralförmig eingerollten jungen Wedeln. — E eine einzelne, dem Fruchthäufchen entnommene Sporenkapsel. — F dieselbe geöffnet, mit herausfallenden Sporen. — G der aus einer Spore erwachsene Vorkeim, vergrößert. — G' derselbe in natürlicher Größe. — H Stück desselben, stark vergrößert, um die langen Wurzelhaare, die kugeligen Antheridien und die ovalen Archegonien zu zeigen. — I die in den Antheridien entstandenen Samfäden. — J ein stark vergrößertes A·chegonium zeigt an seinem Grunde die Befruchtungskugel, aus welcher nach geschehener Befruchtung eine neue Pflanze herauswächst.

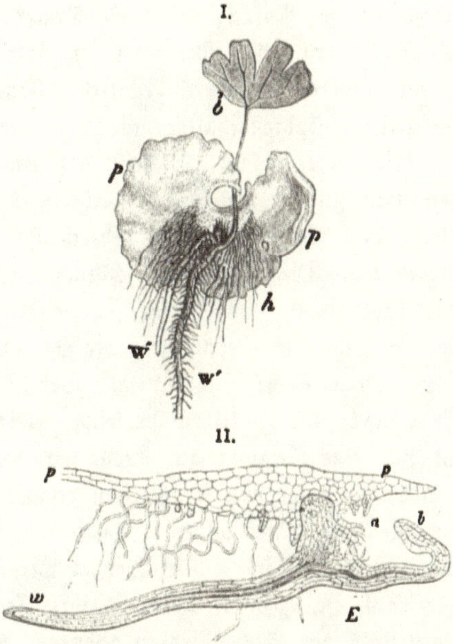

Figur 56.

Venushaarfarn (Adianthum capillus Veneris). I. der von unten gesehene Vorkeim pp, mit seinen Wurzelhaaren h; an ihm sitzt das junge Farnkraut, dessen erstes Blatt b und dessen erste und zweite Wurzel w' und w'' sind; etwa 3fach vergrößert. — II. Senkrechter Durchschnitt durch einen Vorkeim pp und durch ein sehr junges Farnkraut E. h Wurzelhaare, a Archegonien des Vorkeims, b das erste Blatt, w die erste Wurzel des Farnkrautes, etwa 10mal vergrößert.

Ganzen; das herrliche Grün, an welchem der goldige Strahl der Sonne tausenderlei Lichteffekte hervorruft, dazwischen die silberne oder dunkele, seidene, sammtene Farbe der kleinen Haare und Blättchen, in welche der Stamm und die Stiele der Wedel sich hüllen!

Gering ist der Anfang all dieser Pracht. (Vergleiche Figur 55 und 56). Meist an der Unterseite des Wedels, oft auch an besonders gestalteten Fruchtwedeln sitzen die kleinen Sporenbehälter mit ihren zahlreichen Sporen. Aus jeder Spore, so klein, daß eine einzelne dein Auge nicht findet, entsteht ein blattartiges Gebilde, ein Vorkeim, dem unvollkommneren Lebermoose fast vollkommen gleichend. Dieses entsendet schlauchförmige, nicht gegliederte Wurzelhaare, wodurch es sich nährt. Später erscheinen an ihm die Befruchtungsorgane, männliche Antheridien und weibliche Archegonien. Der Regel nach sind diese Organe auf demselben Vorkeime vereint; aber es macht sich eine Neigung zur Trennung der beiden geltend, indem mitunter nur Antheridien erscheinen, oder die Archegonien sich später bilden um von jüngeren Antheridien, anderer Vorkeime, befruchtet zu werden. Die Antheridien sind Haargebilde, welche in ihrer Centralzelle eine geringe Zahl von Samenkörpern erzeugen. Bei ihrer Reife treten diese, in Folge von Wasseraufnahme, heraus, dann sind es drei- bis viermal korkzieherartig gewundene Bänder, deren vorderes Ende mit zahlreichen, schwingenden Wimpern besetzt ist. Munter schwimmt es umher, ob ein Archegonium ihm den Eintritt gestatte. Diese entstehen an der Unterseite des Vorkeims und sind in ihrer Hauptsache ähnlich denen der Moose gestaltet: sie bergen eine Eikugel, zu welcher ein durch Verschleimung von Zellen gebildeter Kanal den Weg bietet. Nach geschehener Befruchtung, das heißt nach Vereinigung von Samenkörper und Eikugel, entwickelt die letztere aus sich das eigentliche Farnkraut mit seinen Wurzeln, Stengeln und blattartigen Organen, den Wedeln. Letztere sind von eigentlichen Blättern dadurch in etwa verschieden, daß sie an ihrer Spitze längere Zeit, mitunter mehrere Wachsthumsperioden hindurch, fortwachsen. Sie tragen, als der Oberhaut angehörende Haargebilde, die Sporenbehälter, welche in sich, auf rein vegetativem, ungeschlechtlichem Wege zahlreiche Sporen hervorrufen. — So zeigen also auch die Farne einen entschiedenen Generationswechsel, eine abwechselnde Reihe Befruchtungsorgane tragender Vorkeime und ungeschlechtlicher Sporenpflanzen.

(Ueber die Fortpflanzungsweisen durch Brutknospen und so weiter ist Figur 39 Seite 179, nebst zugehörigem Texte zu vergleichen).

7. Klasse: Die Schachtelhalme
und
8. Klasse: Die Natterzungengewächse.

Nichts wesentlich neues läßt sich über diese beiden Klassen beibringen; auch sind sie recht arm an verschiednen Gestalten, da zu den Schachtelhalmen blos die eine Gattung der Schafthalme oder Schachtelhalme gehört, und zu den Natterzungengewächsen nur die seltenen Natterzunge und Mondraute, so wie noch die, bisheran den Farnen zugesellte tropische Familie der Marattiaceen zu rechnen sind. — Die Schachtelhalme sind charakterisirt durch ihre krautigen, meist gefurchten, ästigen oder einfach gegliederten Stengel und durch ihre zähnigen am Grunde ungetheilten und so die Stengelknoten manchettenförmig umgebenden Blätter. So charakteristisch ist diese Tracht, daß sie nur mit jener der neuholländischen, zu den zweisamenlappigen Blüthenpflanzen gehörenden Kasuarinen und mit der der vorweltlichen Kalamiten verglichen werden kann. Die Sporenfrüchte entstehen zu mehreren am Rande eigenthümlich gestalteter Blätter, welche zu einem endständigen Fruchtstande zusammengedrängt sind. Ihre Entwicklungsgeschichte ist gleich jener der Farne. — Aehnliches gilt von den Natterzungengewächsen; doch enthält ihr Vorkeim kein Blattgrün und fristet ein unterirdisches Leben. Ihr Stengel verzweigt sich nicht, und ihre Blätter bilden aus scheidenartig geformtem Grunde eine gestielte Spreite, welche auf einer Auszweigung die rispen- oder ährenförmig gestellten Sporenbehälter entwickelt. — Nutzen oder Schaden gewähren uns diese Gewächse nicht.

9. Klasse: Die Wurzelfrüchtler oder Wasserfarne.

Auf der Oberfläche des Wassers freischwimmende oder auf dessen Grunde kriechende Pflänzchen gehören hierher. Der erstere Name ward ihnen zu Theil, weil an dem Grunde der Blätter oder zwischen den Fasern der Wurzel die Früchte sich finden. Diese Früchte sind Fächer, in denen zahlreiche Gruppen von Sporenbehältern entstehen. Letztere führen bald Staub- und Kugelkapseln getrennt, bald auch beide in unbestimmtem Gemenge. Jede der Staubkapseln aber umschließt zahlreiche, kleine, männliche Mikrosporen, während die

Kugelkapsel nur eine einzige, große, weibliche Makrospore umfängt. Die Mikrosporen entwickeln je einen kleinen, unscheinbaren, sich loslösenden und selbständig lebenden Vorkeim, welcher die Samenkörper erzeugt. Diese sind auch hier schraubenartig gewunden, bei einzelnen bewimpert, bei anderen nicht; im Wasser schwimmen sie munter umher, wie bei den früheren Klassen (vergleiche Figur 57 und 58). Die Makrospore bildet aus einem kleinen Theile ihres Protoplasmas, innerhalb ihrer Scheitelpapille, den weiblichen Vorkeim. Dieser bleibt ebenfalls unzertrennlich mit ihr verbunden und wird von ihr ernährt. In seltneren Fällen trägt der Vorkeim mehrere Befruchtungsorgane, häufiger ist der ganze Vorkeim eigentlich nur ein solches, nur ein Archegonium. Das Wesentliche desselben ist auch hier eine größere Centralzelle, deren Protoplasma die Eikugel darstellt. Nach geschehener Befruchtung dieser Kugel durch einen Samenkörper, wächst aus ihr eine ungeschlechtliche Generation, die Sporenpflanze, heraus.

10. Klasse: Die Bärlappgewächse.

Von den hierher gehörenden Pflanzen besitzen die eigentlichen Bärlappe oder Lycopodien einen niederliegenden, wiederholt gabelig getheilten Stengel, dessen Aeste nach allen Richtungen des Raumes hin sich erstrecken; die Moosfarne oder Selaginellen haben zwar auch einen gabeligen, niederliegenden Stengel, doch breiten die Verzweigungen desselben sich in einer Ebene aus, so daß die Pflanze ein lebermoosähn-

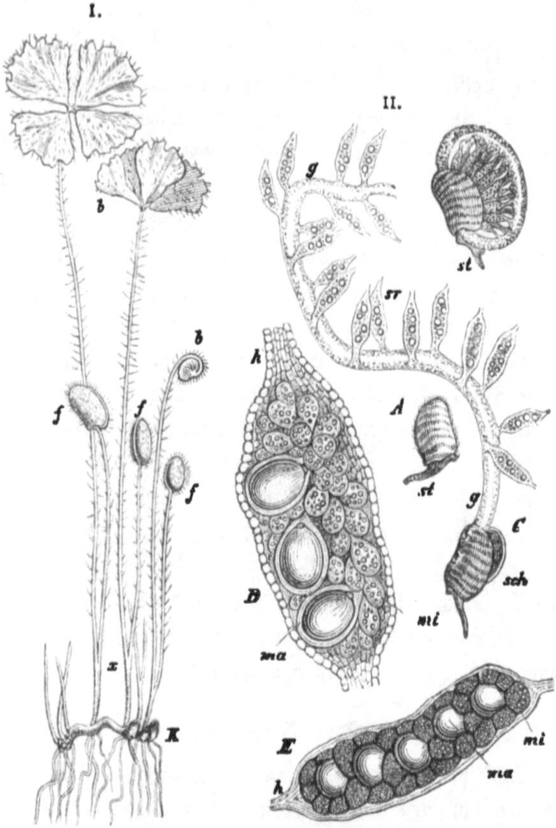

Figur 57.

Marsilia salvatrix. I. Vorderer Theil des Stammes in halber natürlicher Größe. K Endknospe, b b Blätter, f f die Sporenfrüchte, welche bei x aus den Blattstielen entspringen. — II. A eine Frucht in natürlicher Größe. st der obere Theil ihres Stieles; B eine in Wasser liegende aufgesprungene Frucht, welche einen Gallertring austreten läßt. — C der Gallertring g ist zerrissen und ausgestreckt; sch Fruchtschale; sr die Fächer der Sporangiumgruppen. — D ein Säckchen (Fach) mit seiner Sporangiumgruppe (sorus) aus einer unreifen Frucht; E ein solches aus einer reifen Frucht; mi Mikrosporangien; ma Makrosporangien. Verschieden starke Vergrößerungen.

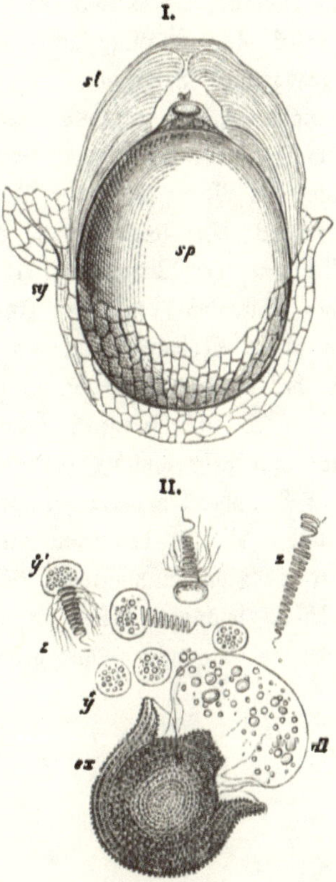

Figur 58.

Marsilia salvatrix. I Makrospore sp mit ihrer Schleimhülle sl und der im Trichter emporragenden Scheitelpapille; sg zerrissene Wand des Makrosporangiums; etwa 30mal vergrößert. — II. Geplatzte Mikrospore nach Entleerung der Samenfäden zz; ex die äußere Haut des Sporangiums (deren Erhöhungen in der Figur allzu regelmäßig angeordnet sind); dl die hervorgetretene innere Haut des Sporangiums, Körnchen enthaltend. y die Blasen der Samenfäden mit Stärkekörnchen. Die Gallerthülle der Mikrospore ist nicht mehr vorhanden. 550fache Vergrößerung.

liches Aussehen gewinnt; die Brachsenkräuter oder Isoëteen endlich sind Wasserpflanzen mit kugeligem Stengel und grasartigen Blättern.

Der Entwicklungsgang der Lycopodien ist noch unbekannt, auch wurde bislang bei ihnen nur eine Art von Sporen, welche den Mikrosporen der übrigen Familien entsprechen, gefunden. Die Fortpflanzung der übrigen ist durchaus ähnlich jener der Wurzelfrüchtler; nur sitzt hier der Vorkeim der Makrospore in deren Innern und ragt allein mit dem die Archegonien tragenden Theile hervor. Hier tritt also der Vorkeim noch weiter zurück wie bei den früheren Klassen, und so neigt Bau und Entwicklung stets mehr und mehr hinüber zu den Gestalten der höchstvollendeten Gruppe, jener der Blüthenpflanzen. In diesem Sinne bilden die, für den Haushalt des Menschen und der Natur durchaus unwichtigen Bärlappgewächse, ein unentbehrliches, wichtiges Glied in der Reihe der Pflanzen, wenn es darzuthuen gilt des Pflanzenreichs Einheit.

Fünfte Gruppe: Die Blüthenpflanzen.

Wir verlassen das Heer der blüthenlosen Pflanzen, und die Blüthenpflanzen stehen vor uns; herrlicher Wald nimmt uns auf, lachende Wiesen und Blumengefilde umgeben uns; aber auch unscheinbare Pflänzchen zählen hierher, jene spärlichen Gräser und kümmerlichen Sträucher, welche die sonneverbrannten Haiden bedecken, auch sie wollen nicht vergessen sein. Majestätisch erhebt sich, die höchsten Bauten menschlicher Hand an Höhe erreichend, bis 160 Meter empor, die australische Eucalyptus; würdig reihen ihnen sich an die Riesenbäume Californiens, die Sequoien und ihnen verwandte Nadelhölzer. Doch selten sind solche Riesen und frevelnd zerstörte roher Uebermuth manchen Zeugen ältester Zeiten, der aus Alexanders des Großen Tagen hinüberragte in unser Jahrhundert, und ein Gesetz, welches Californiens Riesenhaine zu Staatseigenthum, für allgemeine Benutzung und Erholung erklärte, mußte Einhalt gebieten dem Werke gänzlicher Vernichtung. Wie unendlich klein erscheint solchen Bäumen gegenüber unser Hungerblümchen, das, wenn wirklich es hungert, kaum Zollesgröße und fadendicke Stengel erlangt. Aber allen diesen auch noch so verschiedenen Pflanzen ist eines gemeinsam, sie tragen Blüthen und bereiten in diesen den Samen, dem neues Leben entsprießen wird. Jener Same ist das Erzeugniß eines Befruchtungsvorganges und je nachdem die Theile der Blüthe Antheil an diesem haben oder nicht, nennt man sie wesentliche oder unwesentliche. Letztere sind die äußeren, meist auch die schöner gefärbten und mehr in die Augen fallenden, Kelch und Blumenkrone (vergleiche Figur 59). Indessen nicht überflüssig sind für gewöhnlich diese unwesentlichen Stücke; der Kelch muß die zarte Knospe schützend umhüllen, daß die innern Organe ungefährdet heranwachsen können, und die Blumenkrone ist so häufig mit gewissen Vorgängen bei der Befruchtung auf das Innigste verknüpft, daß auch sie meist geradezu unentbehrlich genannt werden darf; denn sie muß an einigen Stellen Honig absondern und so die Insekten heranlocken, welche den befruchtenden Blüthenstaub auf den zu befruchtenden Stempel übertragen sollen. So wichtig aber Kelch und Blumenkrone in vielen Fällen auch sein mögen, so entbehrlich sind sie in anderen; dann fehlen sie oft, oder sind doch gänzlich geändert, verkümmert, versteckt; was ist die Blumenkrone der Grasblüthen, oder wo findet sie sich bei unseren Weiden und Brennnesseln? Staubblätter und Samenknospen aber, die wesentlichen Theile fehlen niemals, denn sie müssen auf einander einwirken, um den Samen zu erzeugen, während sie einzeln, für sich allein, unfähig sind der Vermehrung zu dienen. Freilich ist es nicht nöthig, daß beide in einer Blüthe vereint vorkommen, ja daß auf

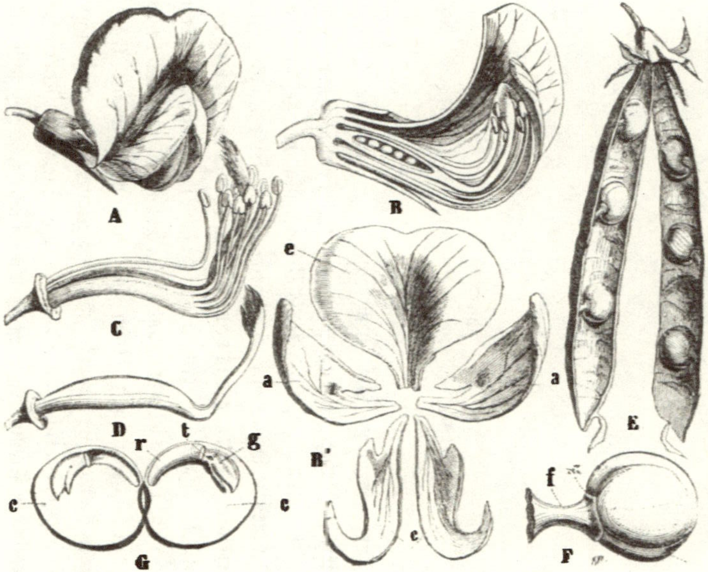

Figur 59.

Erbse. A ganze, B der Länge nach durchgeschnittene Blüthe. — B' die Blätter der Blumenkrone: a, a die sogenannten Flügel, c das Schiffchen, e das Segel. — C Staubblätter und Stempel: die unteren Theile von neun Staubfäden bilden eine Rinne, vor welcher der zehnte Staubfaden frei liegt; in der Rinne befindet sich der, mit seiner Narbe hervorragende Stempel. — D der Stempel. — E die aufgesprungene Frucht, eine Hülse, mit sechs Samen. — F ein Same (eine Erbse), an seinem Samenträger f. — G Keim nach Entfernung der Samenschale auseinandergebreitet; c Samenlappen, r Wurzel, t Stammknospe, g die ersten Laubblätter (links eine gleichgestaltete Vertiefung zur Aufnahme der vorgenannten Organe.)

ein und derselben Pflanze sie sich finden. Ein Beispiel biete die Weide. (Vergleiche Figur 60). Zweifacher Art sind ihre Blüthen, Staubblattblüthen die einen, Stempelblüthen die anderen. Von diesen bestehen die ersteren aus nur 2 Staubblättern, welche in der Achsel eines

I. II.

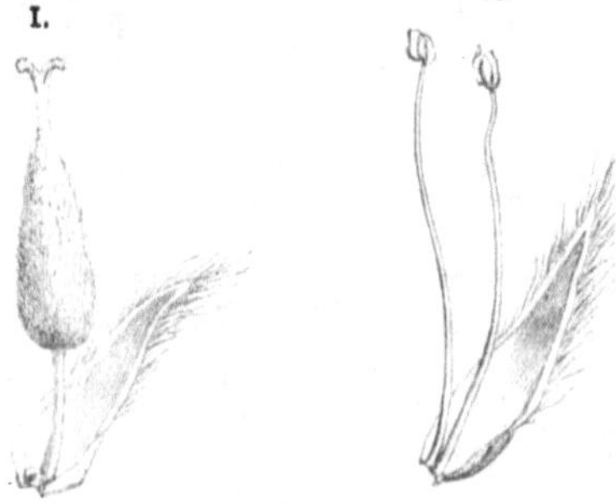

Figur 60.

Weidenblüthen. I. Stempelblüthe. II. Staubblattblüthe.

schuppenförmigen Blättchens entspringen, während die letztern aus einen Stempel, der die Samenknospen umhüllt, und eben solchem Blättchen zusammengesetzt sind. Blüthen, welche in sich beiderlei Befruchtungsorgane vereinen, heißen zwitterig oder Zwitterblüthen, im Gegensatze zu den diklinischen, männlichen oder Staubblatt- und weiblichen oder Stempelblüthen von denen jede nur die Organe trägt, deren Namen sie führt. Endlich bezeichnet man diejenigen Pflanzen, welche Staubblatt- und Stempelblüthen auf demselben Exemplare tragen, als einhäusige, und als zweihäusige solche, die entweder nur Staubblatt- oder nur Stempelblüthen tragen. Im allgemeinen besitzt das Staubblatt einen kürzeren oder längeren, fadenförmigen Theil, einen Staubfaden, welcher an seiner Spitze einen Staubbeutel, eine Anthere, trägt. In diesem Beutel entwickeln sich kleine Körnchen von zierlichster Gestaltung, die Blüthenstaub- oder Pollenkörnchen, das befruchtende Element. Der Stempel ist an seinem unteren Ende in der Regel knotenförmig verdickt; Fruchtknoten heißt diese Verdickung, weil sie die erste Anlage der jungen Frucht darstellt. Auf ihm erhebt sich ein mehr oder minder langes, fadenartiges Organ, der Griffel, dessen Spitze in der Regel von einer etwas dickeren Narbe gekrönt ist. In dem Innern des Fruchtknotens befinden sich eine oder mehrere Höhlen, die Fruchtknotenhöhlen, eine zum Beispiel bei der Erbse, fünf beim Apfel, gleich der Zahl der Höhlen, welche auch die reife Frucht besitzen wird. An bestimmten, bei den verschiedenen Pflanzen natürlicherweise sehr verschiedenen Stellen dieser Fruchtknotenhöhlen entspringen dann endlich Samenknospen, aus denen nach geschehener Befruchtung die Samen hervorgehen. Nicht immer sind diese letzteren Gebilde von einem Fruchtknoten umgeben, häufig sind sie nackt, so daß man danach die Blüthenpflanzen in die beiden, der Zahl ihrer Mitglieder nach allerdings sehr ungleichen Klassen der Nacktsamigen oder Gymnospermen und der Bedecktsamigen oder Angiospermen getheilt hat.

Der innere Bau der Blüthenpflanzen ist im

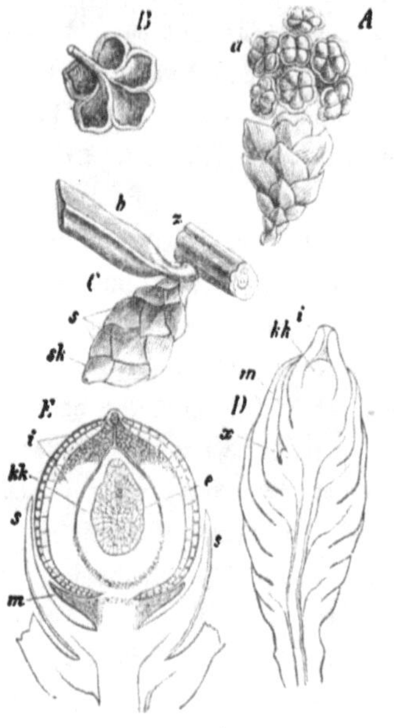

Figur 61.

Eibe (Taxus baccata). A männliche Blüthe, schwach vergrößert; bei a die Blüthenstaubsäcke. — B ein Staubblatt, von unten mit den 5 geöffneten Blüthenstaubsäckchen. — C Stücke eines Aestchens z mit Laubblatt b, in dessen Achsel die weibliche Blüthe entspringt; s deren Schuppenhülle; sk die endständige Samenknospe. — D Längsschnitt der weiblichen Blüthe. i Hülle, kk Kern der Samenknospe; m Anlage des später beerenartigen Samenmantels; bei x eine achselständige nicht zur Ausbildung gelangte Samenknospe, vergrößert. — E Längsschnitt durch eine weiter entwickelte Samenknospe vor der Befruchtung; i Hülle, kk Knospenkern, e Sameneiweiß, m Samenmantel, s oberste Hüllblätter der Samenknospe, vergrößert.

Allgemeinen komplicirter als jener der Gefäßkryptogamen; es scheint das natürlich, da wir in ihnen die am höchsten entwickelte Gruppe des Pflanzenreiches vor uns haben; was also immer von Zellverbindungen gesehen werden soll, wird man bei den Blüthenpflanzen kaum vergebens suchen. Eine wohl charakterisirte Oberhaut umgibt zunächst den Pflanzenkörper, dessen Kern sich in Grundgewebe und Gefäßbündel differenzirt. Näher hierauf einzugehen würde zu weit führen, und sei auf das Frühere verwiesen.

11. Klasse: Die Gymnospermen.

Prächtige Pflanzen gehören hierher, vor allem die Nadelhölzer oder Coniferen, sodann die den wärmeren Zonen angehörenden Cykadeen oder Sagopalmen und die Gnetaceen. In ihrem Baue nähern sie sich den höchst entwickelten Angiospermen, den zweisamenlappigen Pflanzen, hinsichtlich ihrer Fortpflanzung durch Befruchtungsorgane aber nehmen sie eine Mittelstellung ein zwischen den Gefäßkryptogamen und den Bedecktsamigen; unnöthige Wiederholung oder Vertiefung in schwierige Details vermeidend gehen wir zu letzteren über. Figur 61 soll den Bau der einfachen Blüthen noch genauer zeigen.

12. Klasse: Die Angiospermen.

„Und ein Wundergebild zieht den Betrachtenden an.
Rings im Kreise stellet sich nun, gezählet und ohne
Zahl, das kleinere Blatt neben dem ähnlichen hin.

Um die Achse gedrängt entscheidet der bergende Kelch sich,
Der zur höchsten Gestalt farbige Kronen entläßt.
Also prangt die Natur in hoher, voller Erscheinung,
Und sie zeiget, gereiht, Glieder an Glieder gestuft.
Immer staunst du aufs neue, sobald sich am Stengel die Blume
Ueber dem schlanken Gerüst wechselnder Blätter bewegt.
Aber die Herrlichkeit wird des neuen Schaffens Verkündung;
Ja das farbige Blatt fühlet die göttliche Hand,
Und zusammen zieht es sich schnell, die zärtesten Formen,
Zwiefach streben sie vor, sich zu vereinen bestimmt.
Traulich stehen sie nun, die holden Paare beisammen,
Zahlreich ordnen sie sich um den geweihten Altar.
Hymen schwebet herbei, und herrliche Düfte, gewaltig,
Strömen süßen Geruch, alles belebend umher.
Nun vereinzelt schwellen sogleich unzählige Keime,
Hold in den Mutterschooß schwellender Früchte gehüllt.
Und hier schließt die Natur den Ring der ewigen Kräfte;
Doch ein neuer sogleich fasset den vorigen an,
Daß die Kette sich fort durch alle Zeiten verlänge
Und das Ganze belebt, wie das Einzelne sei."

Goethe.

Ausschließlich der Fortpflanzung seien diese Zeilen gewidmet, weil von den übrigen Lebenserscheinungen und vom innern Baue bereits genugsam die Rede gewesen.

Der Vorgang der Befruchtung ist kurz folgender: wenn geeignete Blüthenstaubkörner auf die reife Narbe gebracht werden, treiben sie, angeregt von den zuckerhaltigen Säften, welche die Narbe dann ausscheidet, einen oder mehrere, lange Schläuche, sogenannte Pollenschläuche. Diese wachsen durch den Griffel hindurch, gelangen so, oft schon nach wenig Stunden in das Innere einer Fruchtknotenhöhle, treffen dort mit den Samenknospen zusammen und schmiegen diesen sich an.

Von den vielen Pollenschläuchen, welche auf solche Weise zur Samenknospe vordringen, drängt sich einer durch eine kleine, an deren Spitze gelegene Oeffnung hindurch und gelangt so zu einer großen Zelle der Samenknospe, dem Embryosacke. An deren Scheitel trifft er auf zwei äußerst kleine, gewöhnlich eiförmige aus Protoplasma bestehende Keimkörperchen, und befruchtet sie. Darauf umkleiden sich die bis dahin meist nackten Keimkörperchen mit einer Zellhaut und sind nun fähig sich weiter zu entwickeln. (Vergleiche Figur 62).

Damit also eine Befruchtung erfolgen kann ist es zuvörderst nöthig, daß der Blüthenstaub auf die Narbe gelange, daß eine Bestäubung stattfinde. Gar mannigfach sind aber die Wege durch welche der Blüthenstaub der Narbe zugeführt werden kann. Zuvörderst sind es die Strömungen der Luft, welche hier vermittelnd auftreten: so sieht man um Nadelholz- und solche Wälder, welche aus kätzchentragenden Bäumen, aus Weiden, Eichen Buchen und Birken bestehen, zur Zeit der Verstäubung oft ganze Wolken von Blüthenstaubkörnchen schweben, die zuweilen vom Winde zusammengetrieben, durch Regen zur Erde niedergeschlagen wurden und so den sagenberühmten Schwefelregen bildeten. Bei anderen Pflanzen sind die Befruchtungswerkzeuge selbst zur Zeit ihrer Reife in gewissem Grade reizbar: so springen die Staubfäden der Berberize bei einer Berührung plötzlich zum Stempel und legen ihre Staubbeutel an die Narbe.*) Ferner hilft

*) Vergleiche hierüber Figur 37, Seite 167, nebst zugehörigem Texte.

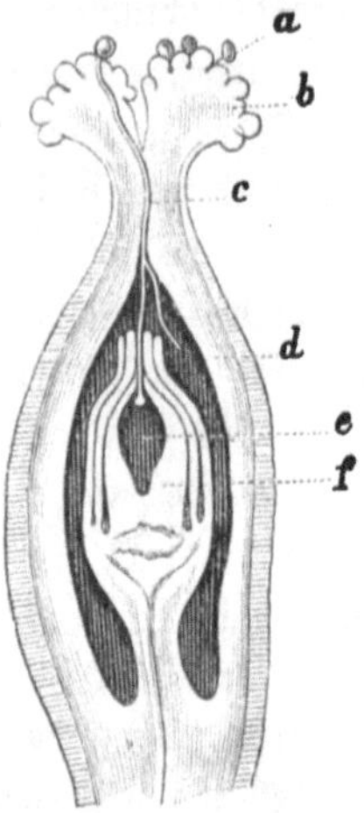

Figur 62.

Der Länge nach durchgeschnittener Fruchtknoten des Knöterichs (Polygonum convolvulus). a Blüthenstaubkörner; b Narbe; c Pollenschlauch; d Fruchtknotenwand; e Embryosack; f der von zwei Knospenhüllen umgebene Knospenkern. Ein Blüthenstaubkorn hat seinen Pollenschlauch durch die Mikropyle in den Embryosack zu den Keimbläschen gesandt. Das untere Ende eines anderen Pollenschlauchs schwebt frei in der Fruchtknotenhöhle. Vierzigfache Vergrößerung.

bei der Bestäubung das Heer der Insekten, welches geschäftig von Blüthe zu Blüthe fliegt und so den befruchtenden Staub an geeignete Orte verschleppt. Wenn man endlich die ungeheure Zahl von Blüthenstaubkörnchen, die sich mitunter in einer Blüthe bilden, und daneben die Thatsache berücksichtigt, daß ein einziges Blüthenstaubkörnchen zur Befruchtung einer Samenknospe ausreicht, dann scheint dieser erste, so nöthige Akt hinlänglich gesichert, zumal, wenn man seine Aufmerksamkeit auf die gegenseitige Lage der Befruchtungsorgane richtet. So sind bei den Pflanzen mit hängenden Blüthen, zum Beispiel bei den Fuchsien, die Staubbeutel durchgängig höher gestellt als die langgriffelige Narbe, während das umgekehrte Verhältniß bei den aufrecht stehenden Blüthen fast Regel ist. Für einzelne Fälle, in denen trotzdem eine Befruchtung unmöglich wäre, ist noch besonders Vorsorge getroffen, namentlich bei den Wasserpflanzen, da die Blüthenstaubkörner gewöhnlich aufbersten und zu Grunde gehen, wenn sie mit Wasser in Berührung kommen. Daher gilt es fast allgemein als Regel, daß die Wasserpflanzen, zum Beispiel die Teichrosen, ihre Blüthen über das Wasser erheben; ja bei dem auf dem Boden stehender Gewässer lebenden Schlauchkraute füllen sich zur Blüthezeit die schlauchförmigen Anhängsel der Blätter mit Luft und heben so, für wenige Tage, die ganze Pflanze an die Oberfläche des Wassers. Zur Ermöglichung ungestörter Bestäubung sondern die im Wasser untergetauchten Blüthen des bei uns ziemlich häufigen Froschlöffels durch eine noch unerforschte Lebensthätigkeit Luftblasen zwischen ihren zusammengeneigten Staubblättern ab. Den interessantesten Fall bietet jedoch die in den Sümpfen Süddeutschlands wachsende, zweihäusige Vallisnerie. Ihre Staubblattblüthen sitzen in kurzgestielten Blüthenköpfchen am Grunde der Blätter tief unter dem Wasserspiegel. Ihre Stempelblüthen haben dagegen einen langen, spiralig gewundenen Stiel, welcher sich zur gegebenen Zeit aufrollt und die von ihm getragene Blüthe an die Oberfläche des Wassers erhebt. Gleichzeitig lösen sich die Staubblattblüthen ganz von ihrer Pflanze los, um nun zwischen den andern umherschwimmend die Bestäubung in der Luft zu vollziehen. Ist dies geschehen, dann rollt sich der Stiel der befruchteten Blüthe wieder zusammen und die Frucht reift in dem Wasser.

Fast überflüssig möchte es sein zu erinnern, daß von den zweihäusigen Pflanzen die Staubblattpflanzen niemals und die Stempelpflanzen nur dann Früchte tragen, wenn von den ersteren eine Befruchtung vollzogen wurde.

So sehr nun auch alle Umstände dazu beizutragen scheinen, daß jeder Stempel von den Staubblättern seiner Blüthe befruchtet werde, so hat doch genauere Untersuchung gelehrt, daß eine solche Selbstbestäubung nicht immer die Regel ist, ja daß es sehr oft naturgemäßer ist, wenn Kreuzungen zwischen den Befruchtungsorganen verschiedener, natürlich gleicher Pflanzen stattfinden. Um in diese Verhältnisse klareren Einblick zu thun, mag man sich daran erinnern, daß bei den Pflanzen in ähnlicher Weise wie von Menschen und Thieren von verwandtschaftlichen Verhältnissen gesprochen werden kann, daß derselben Pflanze entsprossene Staubblätter und Stempel Geschwister sind, und daß sich andere, ihrer Abstammung nach, wie Geschwisterkinder, Enkel oder Urenkel verhalten. Fragt man nun nach dem Einflusse, welchen die Verwandtschaft in der Abstammung der Pollenkörner und der Keimkörperchen auf den Erfolg einer Befruchtung ausübt, dann deutet eine große Anzahl von Erscheinungen darauf hin, daß die Vereinigung zu nahe verwandter Organe für die Erhaltung der Pflanzen nachtheilig ist, und im allgemeinen um so nachtheiliger, je vollkommner die Pflanze in ihren Organen ausgebildet ist. Da hat denn auch die Natur verschiedene, oft ganz wunderbare Mittel angewendet, um eine Selbstbestäubung und in Folge davon Selbstbefruchtung einer Blüthe möglichst zu verhindern.

Hierher gehören namentlich Dichogamie, mechanische Hindernisse und Heterostylie. Unter Dichogamie versteht man die ungleichzeitige Entwicklung des Blüthenstaubes und der Samenknospen in einer zwitterigen, das heißt beiderlei Organe enthaltenden Blüthe. Hierdurch sind, wie man sofort erkennt, die nahe verwandten Organe durchaus nicht im Stande befruchtend aufeinander einzuwirken, es muß vielmehr der Stempel einer gewissen Blüthe von fremdem Staube befruchtet werden, während ihr eigener Blüthenstaub nur eine andere Blüthe befruchten kann und ein derartiges Verhältniß ist nicht nur bei den Blüthenpflanzen ganz gewöhnlich, sondern ähnlich auch bei niederen Pflanzen oft in sehr auffallender Weise vorhanden. — Die dichogamen Pflanzen sind nun entweder zuerst-männlich oder zuerst-weiblich (protandrisch oder protogynisch). Im ersteren Falle öffnen sich die Staubbeutel zu einer Zeit, in welcher die Narben durchaus noch nicht empfängnißfähig sind, während sich die Narbenflächen erst dann ausbreiten, wenn der Blüthenstaub derselben Blüthe bereits lange Zeit verweht, oder doch durch Insekten fortgetragen ist, so daß diese Art von Blüthen nur von jüngeren bestäubt werden kann. Bei den erstweiblichen Blüthen kehren sich diese Verhältnisse einfach um. Hierher gehörende Beobachtungen kann Jeder leicht selbst anstellen, da beispielsweise die Malven, Doldenblüthler, Köpfchen=

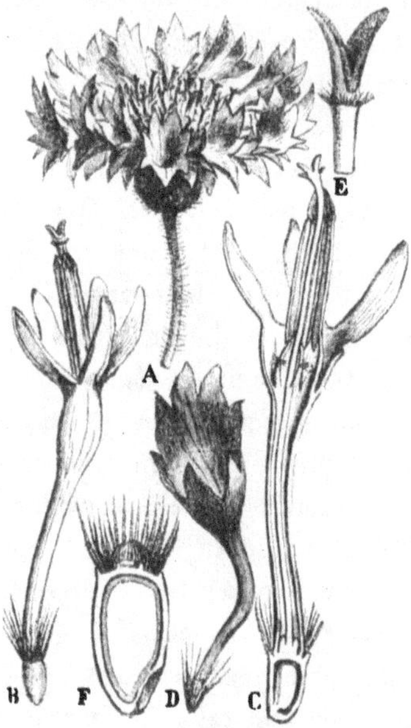

Figur 63.

Blaue Kornblume oder Cyane (Centaurea cyanus). A der ganze kopfförmige Blüthenstand; B ein Blüthchen aus dessen Mitte, ein sogenanntes Scheibenblüthchen; C dasselbe der Länge nach halbirt: die Staubkeutel bilden eine Röhre, aus deren oberer Oeffnung die Narbe bereits herausgetreten ist, so daß sich jetzt diese Blüthe in ihrem weiblichen Zustande befindet; D ein unfruchtbares Randblüthchen; E zweispaltige Narbe eines Scheibenblüthchens, an ihrem Grunde umgeben von einem Kranze von Borsten (Fegeborsten; F Frucht der Länge nach durchgeschnitten.

träger, Geranien und Pelargonien erst-männlich, Glaskraut, Braunwurz, Wegerich, Simse und Ruchgras erst-weiblich sind. Ein Beispiel jeder Art sei etwas näher betrachtet.

Bei der blauen Kornblume (vergleiche Figur 63) bilden die Staubbeutel eine Röhre, in welche sie ihren Blüthenstaub ergießen; sie können dies leicht, da gleichzeitig der Stempel noch wenig entwickelt ist und seine Narbe erst bis zum Grunde der Staubbeutelröhre erhoben hat. Der wachsende Griffel übt nun auf den Blüthenstaub einen starken Druck aus und preßt denselben schließlich an der Spitze heraus, wobei der unter der Narbe angebrachte Kranz von Fegeborsten die letzten Körnchen hinwegkehrt. In diesem jüngeren, männlichen Zustande der Blüthe sind die Lappen der Narbe noch fortwährend gegeneinander gepreßt, und erst wenn die Fegeborsten der Griffelspitze hervorgetreten sind, öffnet sich die Narbe, ihre Lappen biegen sich auseinander und sind dann bereit Blüthenstaub zu empfangen.

Aus den erstweiblichen Dichogamen möge der durch besonders auffallende Einrichtungen ausgezeichnete, in Deutschland wildwachsende Osterluzei hervorgehoben werden (vergleiche Figur 64). Die gelblich grün gefärbte Blumenkrone steht auf dem Gipfel des Fruchtknotens, ihre Spitze ist lippenartig, ihr Mittelstück röhrenförmig gestaltet, und am Grunde erweitert sie sich in einen kugelförmigen Hohlraum, den man Kessel nennen kann. In der Knospe schließen die Ränder der kelchlosen Blumenkrone dicht an einander. Die Blüthe öffnet sich durch

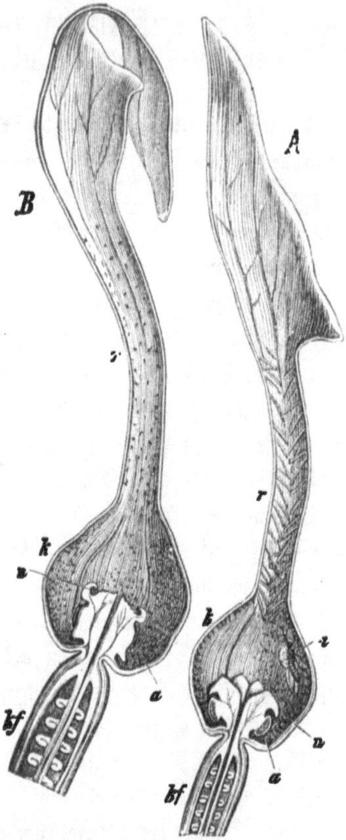

Figur 64.

Blüthen des Osterluzei (Aristolochia clematitis) der Länge nach durchgeschnitten. A im weiblichen, B im männlichen Zustande. r Blumenkronröhre; k Kessel; w Narbe; a Staubbeutel; kf Fruchtknoten; i ein Insekt. Etwa 5fach vergrößert.

Auseinandertreten jener Ränder, die Lippe breitet sich flach aus, und an deren Grunde ist nun der Eingang zur Blumenkronröhre. Diese letztere ist im Momente des Aufblühens mit Haaren besetzt, welche nach dem Kessel hin an Dichtigkeit zunehmen, und dabei nicht gerade gestellt, sondern nach dem Grunde der Blüthe hingeneigt sind, so daß sie fischreusen= oder mausfallenartig, einem mit Leichtigkeit zu dem Kessel vorgedrungenen Insekte den Rückweg versperren. An seiner Basis ist der Kessel mit den Befruchtungsorganen verwachsen. Von diesen besteht die Narbe aus sechs kapuzenförmigen Organen, welche im Innern ganz solide sind, und mit ihrer freien, an der Mitte etwas vorgezogenen Vorderseite die Staubbeutel überdecken. Die obere Seite dieses Narbenkopfes ist die Narbenfläche, auf welche der befruchtende Staub gelangen muß; aber in diesem Stadium der Blüthenperiode sind die Staubbeutel noch alle geschlossen, und, was von eben so großer Wichtigkeit ist, sie liegen der Wandung des Kessels so enge an, daß, wenn sie auch wirklich offen wären, ein Insekt nicht leicht zu ihnen gelangen könnte. — Nun beginnt ein zweiter Zustand: die bis dahin aufrechte Blüthe fängt an überzuneigen, so daß die Blumenkrone erst eine horizontale, dann abwärts gerichtete, senkrechte Lage einnimmt. Gleichzeitig erheben sich jene vorhin die Staubbeutel bedeckenden Narbenlappen und schlagen sich nach der Mitte des Narbenkopfes zurück, die Narbenfläche fängt an, sich zu bräunen und abzusterben, und damit hat die Blüthe ihren weiblichen Zustand, in welchem sie befruchtet werden konnte, beendet. Nun öffnen sich die nicht mehr verdeckten Staubbeutel, und, was besonders hervorzuheben ist, der Kessel hat sich unterdessen so weit ausgebaucht, daß zwischen ihm und den Staubbeuteln ein weiter Zwischenraum vorhanden ist. Die Blüthe befindet sich jetzt in ihrem männlichen Zustande, ihr Blüthenstaub ist reif und kann aus den Staubbeuteln entfernt werden. In diesem Momente beginnen die Haare, welche das Innere der Blumenkronröhre besetzen abzusterben, sie färben sich bräunlich und schrumpfen zu unmerklichen Gebilden zusammen. Hierdurch ist nun plötzlich der Ausgang aus der Blüthe frei und leicht zu finden, weil die Blüthe jetzt mit ihrer Oeffnung abwärts geneigt ist. Endlich, im letzten Zustande des Verblühens, klappt sich die Lippe der Blumenkrone so um, daß sie den Eingang zur Blumenkronröhre gänzlich verschließt, gleich als wollte sie die Insekten abhalten, hier vergeblich ihr Befruchtungswerk zu versuchen. Während ihres ersten Zustandes soll die Blume also eine Anzahl von Fliegen fangen, welche späterhin andere, in demselben Stadium befindliche Blüthen bestauben können. Da nun aber, sobald die Blume aufgebrochen ist, nicht sogleich Fliegen wie gerufen angeflogen kommen, sondern nach und nach vom Zufall herbeigeführt werden, so muß dieser erste Zustand von ziemlich langer Dauer sein, 6 Tage währt er. Während dieser Zeit kommen heute eine Fliege, morgen zwei, gar drei auf die Blüthe und kriechen hinein. Auf diese Art findet sich denn endlich eine ganz ansehnliche Gesellschaft zusammen, und dieser mag eine so unvermuthete Zusammenkunft in so engem Raume und eine so unerwartete

Gefangenschaft sonderbar genug vorkommen. So laufen sie unwillig umher, Streitigkeiten können bei der gereizten Stimmung nicht ausbleiben und es soll in dem kleinen Gefängnisse mitunter recht kriegerisch hergehen. Auf solche Art müssen sie unter anderem auch an die unterdessen geöffneten Staubbeutel gerathen und deren Staub abstreifen. Sobald dieser Zweck erreicht sein kann, verschwindet die kleine Reuse, nun können die Gefangenen entfliehen, aber sie erlangen ihre Freiheit nur um den Blüthenstaub, der ihnen anhaftet, in andere jugendliche Blüthen zu verschleppen und diese zu bestäuben.

Bei den erst-männlichen Dichogamen kann der Blüthenstaub nur älteren Blüthen zu Gute kommen, und es dürfte daher die Frage, wozu denn die Staubblätter der *ersten* Blüthen einer solchen Pflanze dienen, wohl gerechtfertigt erscheinen. Da müssen wir freilich antworten: hier werden wohl oft Organe erzeugt, welche nie in Thätigkeit treten; daß dies aber vielleicht doch nicht so oft geschehen mag, wie es auf den ersten Anblick scheint, das zeigt uns der großwurzelige Storchschnabel. Am 12. Mai untersuchte Büsche dieser Pflanze besaßen nämlich sowohl im Verblühen begriffene, als auch erst eben aufgegangene Blüthen, welche zu reinen Stempelblüthen verkümmert waren, dies in der Weise, daß die zehn Staubblätter dieser ersten Blüthen nur ganz kurze Staubfäden mit kleinen, blüthenstaublosen Staubbeuteln besaßen. Wenig später hatten aber andere Blüthen derselben Pflanze wohl ausgebildete Staubblätter. Dabei lagen die mit langen Fäden versehenen Staubbeutel dieser letzteren Blüthen genau an der gleichen Stelle, wo sich zu gleicher Zeit in den rein weiblichen Blüthen die Narbenlappen befanden, so daß hier leicht durch Insekten eine Uebertragung des befruchtenden Elementes vollzogen werden konnte. Die eigene Narbe dieser Zwitterblüthen war aber noch vollständig geschlossen, und öffnete sich erst, als die Staubbeutel völlig entleert waren. Aehnliche Verhältnisse, wo also die Natur vor einer Verschwendung von Pollenkörnern gleichsam zurückzuscheuen scheint, zeigen noch manche andere Arten von Geranien und Pelargonien, besonders aber gewisse, erst-männliche, Köpfchenblüthler, deren zuerst sich öffnende Randblüthchen Stempel aber keine Staubbeutel besitzen, wie dies zum Beispiel bei den Astern, dem Marienblümchen und den Strohblumen der Fall ist.

Um nicht falsche Vorstellungen zu erwecken, muß hier erwähnt werden, daß die Insekten unwillkürlich und unbewußt die Uebertragung des Blüthenstaubes bewirken, indem sie den Honigsaft der Blüthen aufsuchen. Dieser Saft wird aber ausschließlich zu dem Zwecke gebildet Insekten anzulocken; Blüthen, welche nicht von Insekten besucht werden, oder deren Besuch nicht bedürfen, sondern keinen Honig ab. Nun hat es ganz den Anschein, als wäre die Lage der Honigbehälter immer darauf berechnet, daß ein Insekt beim Aufsuchen des Nektars bestimmte Stellungen einnehmen oder gewisse Bewegungen ausführen muß, um zu der gesuchten Nahrung zu gelangen. Dabei bleibt dann Blüthenstaub an seinem Rüssel, seinen Beinen, oder den Haaren bestimmter Körperstellen haften, und gerade diese Stellen sind es, welche mit der Narbe zusammenstoßen, wenn das Insekt eine befruchtungsfähige Blüthe besucht. So sahen wir ja, daß die Narbe des Storchschnabels gerade diejenige Stelle einnahm, welche zur Zeit der Verstäubung die Staubbeutel inne hatten.

Was bei vielen Pflanzen durch Dichogamie erreicht wird, nämlich die Vereitlung der Selbstbestäubung, das ist bei anderen Folge mechanischer Hindernisse. Hier müssen vor allem die Orchideen genannt werden, desgleichen Stiefmütterchen, Schwertlilien, Krokus, Läusekräuter und zahlreiche Lippenblumen. Unter letztern zeichnen sich manche durch ungemein zierliche Bestäubungseinrichtungen aus; der Wiesensalbei sei näher betrachtet. (Vergleiche Figur 65). Auf den Spitzen der beiden kurzen, eigentlichen Staubfäden sitzen beweglich eingelenkte Mittelbänder. Diese sind von ihrem Anheftungspunkte an nach oben hin fadenförmig gestaltet und verlaufen beide neben einander in der helmartigen Oberlippe der Blumenkrone. An ihrer Spitze tragen diese Mittelbandschenkel einen langgestreckten Staubbeutel. Das untere, bedeutend kürzere Stück des Mittelbandes ist plattenartig und derartig umgebogen, daß die Platten der beiden Staubblätter zusammen einen Löffel bilden. Dieser Löffel liegt nun so in dem Eingang der Blumenkronröhre, daß er denselben vollständig abschließt und nichts zu dem Grunde der Blumenkrone, wo Honig abgeschieden wird, vordringen kann, ohne den Löffel fortgestoßen zu haben. Wer nun an sonnigem Sommertage eine Wiese besucht, wo Wiesensalbei sich findet, der wird gewiß Gelegenheit

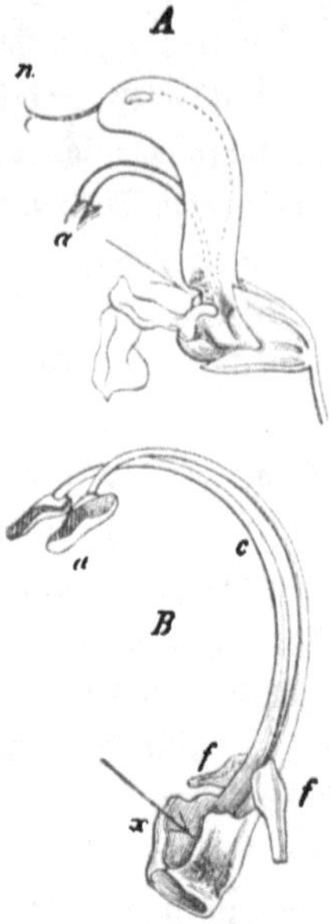

Figur 65.

Wiesensalbei (Salvia pratensis). A Blüthe von der Seite gesehen. n Narbe; a die Staubbeutel, welche durch den Druck des Pfeiles gegen den innern Löffel aus der Blumenkronröhre herausbewegt werden, während sie im Zustande der Ruhe in der Oberlippe der Blumenkrone liegen, wie es die punktirte Linie andeutet. — B die Staubblätter vergrößert; f die eigentlichen Staubfäden; c die zu Fäden verlängerten Mittelbänder, an welchen oben Staubbeutel a sitzen, während ihre unteren Hälften zu einem Löffel x umgebildet sind.

haben die Hummeln, welche hier die Blüthenstaubüberträger sind, in ihrer Arbeit zu bewundern. Dieselben sind so emsig, daß sie ganz unbekümmert um den Beobachter die Blüthe aussaugen. Mit eigenthümlichem Brummen setzen sie sich auf die Unterlippe der Blüthen und stoßen mit ihrem Rüssel, ohne weiter zu suchen, gegen den Löffel, welcher ihnen den Zutritt zur gewünschten Speise verwehrt. Dieser gibt aber sogleich dem Drucke nach, er weicht zurück, und in Folge davon treten in demselben Augenblicke die Staubbeutel aus der Oberlippe hervor, und legen sich der Hummel auf den Rücken; während diese nun den leckeren Saft saugt und sich dabei bewegt, wird Blüthenstaub auf ihren haarigen Rücken abgestrichen. Da kann man denn Hummeln erblicken, welche so mit Blüthenstaub bestäubt erscheinen, daß ihre eigentliche Grundfarbe gar nicht mehr erkennbar ist. Entfernt sich das Thier, dann schnellen die Staubblätter elastisch in die Blumenkrone zurück. Nimmt man Salbeiblüthen zur Hand, kann man auch leicht den ganzen Vorgang mittelst einer Nadel nachahmen. Außer den Hummeln der verschiedensten Art und Größe besuchen auch noch andere Insekten unsere Pflanze; sie dienen aber nicht der Bestäubung, indem sie entweder zu klein sind, um beim Saugen des Saftes von den Staubbeuteln berührt zu werden, oder indem sie, wie die Schmetterlinge, namentlich dic Kohlweißlinge, ihren langen Rüssel an den Seiten des Löffels vorbei in die Blüthe stecken und so die Staubbeutel nicht herausdrücken. Es ist leicht einzusehen, wie der auf den Rücken der Hummeln angestrichene Blüthenstaub auf die Narbe der Blüthen gelangt, das mit Blüthenstaub beladene Thier braucht ja nur eine Narbe zu berühren, dann werden an diesem warzigen, zur Zeit der Bestäubung durch ausgeschiedenen

Honig noch besonders klebrigen Organe einzelne Körnchen haften bleiben, und ein einziges Körnchen genügt zur Befruchtung.

Zwar ungleich weniger verbreitet als die in einzelnen Repräsentanten vorgeführte, aber geradezu gewöhnliche Dichogamie und jene auf gegenseitige Befruchtung verschiedener Individuen berechneten mechanischen Einrichtungen ist die Verschiedengriffeligkeit (Heterostylie). Hier sind die verschiedenen Exemplare derselben Pflanzenart hinsichtlich ihrer Fruchtifikationsorgane verschieden gebaut, und man nennt die Pflanze zweigestaltlich (dimorph), wenn es dabei zweierlei Blüthenformen gibt, dreigestaltlich (trimorph) dagegen, wenn deren drei vorhanden sind.

Schon lange wußte man, daß mehrere Arten von Primeln eine Verschiedenheit hinsichtlich der Einfügung ihrer Staubblätter in die Blumenkrone zeigen, daß die einen Exemplare ausschließlich Blüthen mit langem Griffel und tiefstehenden Staubbeuteln bilden, während die anderen in kurzgriffeligen Blüthen hochstehende Staubbeutel besitzen, wie denn auch Liebhaber von Aurikeln nur die kurzgriffelige Form schätzen und die langgriffelige als unecht verwerfen (vergleiche Figur 66). Dieses Gegenstandes bemächtigte sich Darwin und er fand, daß die langgriffelige Form des Himmelsschlüssels (Primula elatior) eine runde, weit rauhere Narbe und weit kleinere Blüthenstaubkörner besitzt, als es bei der kurzgriffeligen der Fall. Zuerst glaubte er hier eine Neigung zum Uebergange in Staubblatt- und Stempelblüthen vor

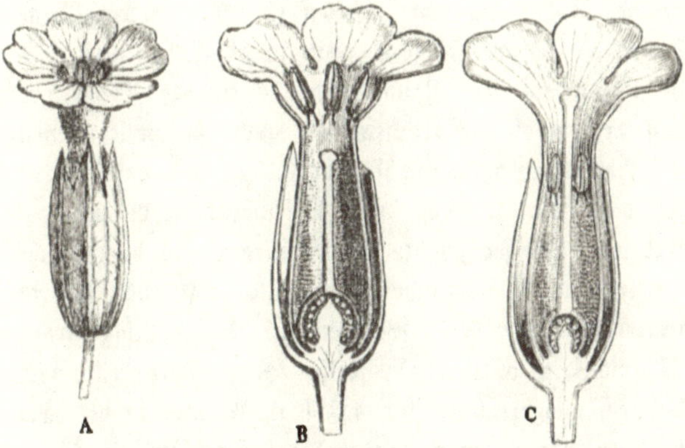

Figur 66.

Blüthe des Himmelsschlüssels (Primula elatior). A ganze Blüthe. B und C der Länge nach durchgeschnittene Blüthen, deren Griffel unversehrt geblieben sind: B kurzgriffelige Form mit hochstehenden Staubbeuteln, C langgriffelige Form mit tiefstehenden Staubbeuteln.

sich zu haben; aber dieser Gedanke wurde dadurch widerlegt, daß im Freien gefundene, kurzgriffelige Exemplare, welche nach seiner Meinung die Staubblattblüthen darstellen sollten, reichlichere Früchte trugen als die vermeintlichen langgriffeligen Stempelblüthen. Um also die Art und Weise auszumitteln in welcher die Natur hier thätig ist, bedeckte er einen Theil Primeln im Freien mit einem Netze, einen zweiten nicht, ein dritter wurde im Gewächshause gehalten, endlich ein vierter (unter den nämlichen Umständen wie der erste und dritte befindliche) künstlich bestäubt. Von diesen Versuchsgruppen gaben die zweite und vierte reichliche, die übrigen dagegen, wie es bei der Abhaltung von Insekten zu erwarten war, keine Früchte. Darauf stellte Darwin in abgeschlossenem, das heißt insektenfreiem Raume Versuche in der Weise an, daß er sowohl die gleichen als auch die verschiedenen Blüthenformen untereinander bestäubte, und dabei ergab sich das Resultat, daß durch Befruchtungen der ersteren Art weit weniger Früchte erzielt wurden, als durch solche der letzteren. Aehnliche Verhältnisse zeigt auch das in unsern Wäldern und Büschen so häufige Lungenkraut (Pulmonaria officinalis), dessen Zweigestaltigkeit noch dadurch ausgezeichnet ist, daß seine Formen in der Gestalt der Blumenkronen von einander abweichen. — Wenn man nun, wie es bei Darwins und vieler anderer Forscher Versuchen der Fall war, mit mehreren Pflanzen experimentirt, kann von Zweifelnden der Einwand erhoben werden, daß die Individualität der Pflanze, der verschiedene Standort und anderes mehr bei dem Experimente von Einfluß gewesen. Um diesem Einflusse zu entgehen, wurden die Blüthenzweige einer, ebenfalls dimorphen, Leinpflanze, in drei Abtheilungen gebracht und deren Blüthen in verschiedener Weise befruchtet. Bei der ersten Abtheilung wurden die Narben der einzelnen Blüthen, so wie sie in den einander folgenden Tagen sich öffneten, mit ihrem eigenen Blüthenstaube bestäubt: alle diese Blüthen fielen ohne Frucht angesetzt zu haben nach einigen Tagen ab. Von den Blüthen der zweiten Abtheilung wurden gegen dreißig mit dem Blüthenstaube derselben oder mit dem einer anderen, aber gleichfalls kurzgriffeligen Pflanze betupft; auch hier bildeten sich keine Früchte. Endlich wurden die Blüthen der letzten Abtheilung mit dem Staube einer Pflanze von der entgegengesetzten, langgriffeligen Form befruchtet, und hier fand fast überall der Ansatz einer Frucht und die Entwicklung guter Samen statt. — Diesen Pflanzen möchten wir noch die Kaffeestaude anreihen. Hauptsächlich zu Anfang der Blüthezeit entfalten sich neben einzelnen größeren, vollständigen Blüthen, und in denselben Blattwinkeln eine große Zahl kleiner Blüthchen, deren Blumenkronen nicht wie die der ersteren sechszipfelig, sondern in drei bis vier, etwas unregelmäßige Lappen getheilt sind. In diesen kleinen Blüthen findet man nie eine Spur von Staubblättern, dagegen ist ihr Fruchtknoten vollkommen ausgebildet. Sie allein sind fruchtbar, jedoch geht nicht selten ein Theil derselben aus Mangel an Blüthenstaub verloren, da dieser nur geliefert wird von jenen großen, aber äußerst zarten und so hinfälligen Blüthen, daß sie den Tag ihres Aufblühens nicht überleben. — Endlich sei hier noch eines Schlusses, den man aus zahlreichen Versuchen gezogen, Erwähnung gethan: Bei zwei- und dreigestaltlichen Pflanzen sind allein die legitimen Verbindungen, das heißt solche Befruchtungen bei denen Narbe und Staubblätter auf gleicher Höhe in der Blüthe stehen, vollkommen fruchtbar, und die verschiedenen anderen, illegitimen Verbindungen sind um so unfruchtbarer, je größer die Ungleichheit in der Höhe von Narben und Staubbeuteln ist.

Neben all diesen Mitteln und Vorrichtungen die Selbstbestäubung der Blüthen zu verhindern oder überflüssig zu machen gibt es nun aber andere Pflanzen, bei denen eine Selbstbestäubung über alle Zweifel erhaben scheint, weil entweder schon in der Knospe oder in der geöffneten Blüthe die aufgebrochenen Staubbeutel die Narbe berühren und Blüthenstaub gegen dieselbe drücken. Einige von diesen Pflanzen zum Beispiel die als Gartenzierpflanzen so beliebten Canna-Arten tragen auch in der That Samen, wenn man sie vor Insekten, gegen Berührung und dergleichen schützt, und somit eine Fremdbestäubung verhindert; dennoch befinden sich auch unter diesen Pflanzen nicht wenige, welche durchaus eine Kreuzung verschiedener Blüthen verlangen, um gute Früchte zu erzielen. Bei dem Lerchensporne (Corydalis cava) zum Beispiel liegen die Staubgefäße dem Narbenkopfe so enge angepreßt, daß der schon in der Knospe aus den geöffneten Staubbeuteln hervorquellende Blüthenstaub ganz gewiß auf die Narbe gelangt. Man sollte also glauben, daß bei günstigen Verhältnissen der Witterung und des Standortes jede Blüthe eine ausgebildete Frucht hervorbringen müsse. Das ist indessen durchaus nicht der Fall, denn wenn man diese Pflanze vor Insekten und Berührung schützt und somit ihre Blüthen der Selbstbefruchtung überläßt, dann trägt sie keinen Samen. Selbst wenn man die Blüthen derselben Pflanze untereinander kreuzt, werden nur selten Früchte erzielt, bei Kreuzung von Blüthen verschiedener Individuen werden dagegen fast in jedem Falle Kapseln mit guten Samen erzeugt. Diese Erscheinungen sind aber um so interessanter, weil die Pollenschläuche auch in den erfolglosen Fällen zu wachsen beginnen und durch die Narbe in den Griffel eindringen. Durch den Wind kann hier niemals eine Bestäubung erfolgen, weil die Fruktifikationsorgane sehr fest zwischen zwei seitlichen Blüthenblättern eingeschlossen sind. Hier sind es vielmehr Bienen, welche mit großer Lebhaftigkeit ihr Bestäubungsgeschäft verrichten, indem sie von Blüthe zu Blüthe fliegen, ihren Kopf in die Blumenkrone stecken, so die seitlichen Blüthenblätter auseinander drücken und mit den Haaren ihres Hinterleibes den Blüthenstaub aus den Staubbeuteln bürsten. Auch Hummeln suchen den Honigsaft dieser Pflanze zu ihrer Nahrung, doch stecken sie niemals ihren Rüssel in die vordere Oeffnung der Blüthe, sondern beißen in den honigführenden Sporn ein Loch, um auf diesem kürzeren Wege zur Nahrung zu gelangen. In dieser Weise berühren sie Staubbeutel und Narbe nicht und tragen also auch nichts zur Befruchtung bei. Dieser Honigdiebstahl durch Einbruch wird hier vielleicht durch die Länge der honigführenden Röhren veranlaßt, um so auffallender ist er aber bei solchen Blüthen, bei denen derartige Hindernisse der normalen Weise Honig zu schöpfen nicht entgegenstehen so zum Beispiel bei gewissen Wickenarten. Beim Offenbeißen der Blüthen verliert das Insekt freilich an Zeit, aber es hat zugleich, indem es auch noch nicht geöffnete Blüthen anbeißt, den Vortheil allen anderen Insekten in Gewinnung des ersten Honigs zuvorzukommen.

Den extremsten Fall in Bezug auf ihre Bestäubungserscheinungen bieten gewisse brasilianische Orchideen, bei welchen der Blüthenstaub geradezu wie tödtliches Gift auf die Narben derselben Pflanze einwirkt. Am überraschendsten zeigt sich dies bei Notylia, bei welcher gar keine Pollenschlauchbildung eintritt, und nach etwa zwei Tagen Blüthenstaub und Narben schwarz werden, worauf die Blüthe bald abfällt, während Blüthenstaub fremder Pflanzen, auch wenn sie durchaus nicht befruchtend wirken, niemals eine ähnliche Wirkung ausüben.

Hier liegt der Gedanke nahe, daß vielleicht manche exotische Pflanze unserer Gärten und Gewächshäuser nur deshalb keine Früchte bringt, weil alle Exemplare desselben Gartens nur Abkömmlinge ein und desselben Stockes sind: wenn gleich es sich nicht leugnen läßt, daß in sehr vielen Fällen die veränderten Lebensbedingungen Schuld der Unfruchtbarkeit sein mögen.

Da es also, wie aus dem Vorhergehenden klar hervorgeht, sehr viele Pflanzen gibt, welche auf Wechselbefruchtung angewiesen sind, so werden wir nicht lange nach den Faktoren zu suchen brauchen, denen diese Aufgabe übertragen ist; es sind der Wind und kleinere Thiere, namentlich Insekten. Besonders die letzteren haben hier eine große Rolle zu spielen, weil der Wind aus sehr vielen Blüthen den befruchtenden Staub nicht entfernen kann, um ihn dann in andere Blüthen zu übertragen. Man könnte nun glauben durch die Insekten würde eine ungeheure Menge von Blüthenstaub in fremdartige Blüthen verschleppt und dort nutzlos angehäuft. Dem ist aber nicht so, denn die Bestäubung der meisten Pflanzen kommt durch ganz bestimmte Insekten zuwege.

So werden die Feigen durch Gallwespenarten bestäubt, die Aasblumen von Schmeißfliegen, die Hundswürger von verschiedenen Fliegen, die Rosen und Päonien durch Käfer aus der Abtheilung der Rosenkäfer, die zu den Aspidistren gehörende Rhodea japonica gar von kleinen Schnecken, sehr viele Pflanzen endlich von bienenartigen Insekten und von kleinen Vögeln aus der Familie der Kolibris. Wenn daher an einem bestimmten Orte die zur Bestäubung einer gewissen fremdländischen Pflanze nöthigen Thiere fehlen, was für die einheimischen wohl nie zutreffen dürfte, so ist es nahezu sicher, daß die betreffende Pflanze dort unfruchtbar, also in ihrer Ausbreitung beschränkt ist. Zu Belegen mögen einige in unsern Gärten häufig kultivirte Lobelien dienen: die violett-weißlichen Blüthen der Lobelia syphilitica werden von der Erdhummel besucht und tragen in Folge hiervon Samen, jene der Lobelia fulgens, werden dagegen ungeachtet ihrer prachtvollen rothen Färbung, ihrer ansehnlichen Größe und ihrer sehr viel Nektar ausscheidenden Honiggefäße von keinem Insekte besucht, und tragen daher keinen Samen, wie es nach künstlicher Befruchtung in der Regel geschieht. Ja diese Wechselbeziehung zwischen Thieren und Pflanzen ist so groß, daß sogar die Größenverhältnisse der Blüthen denen ihrer Bestäuber entsprechen. Wenn wir zum Beispiel mit flüchtigem Ueberblicke die größten unserer einheimischen Blüthen heraussuchen, so bieten sich uns zuerst jene der Päonien und der Zaunwinde dar, und von diesen werden die ersteren von großen Rosenkäfern, die letzteren von einem ansehnlichen Schmetterlinge, dem Windenschwärmer, bestäubt. Wenn man sich ferner von den Tropen nach den nördlichen Gegenden hin wendet, so kann man bei vielen Pflanzen eine allmäliche Abnahme je nach dem Abnehmen ihrer betreffenden Bestäuber erkennen. Päonien und Rosen werden dort aufhören wo keine Rosenkäfer mehr vorkommen; der größte Theil der Nelkengewächse und besonders die zur Nachtzeit blühenden Taubenkropf- und Lichtnelkenarten müssen nothwendig dort verschwinden wo die Nachtschmetterlinge fehlen; und bis zur arktischen Zone dringen allein diejenigen. Blüthen vor, welche von bienenartigen Insekten, von Fliegen oder vom Winde bestäubt werden. In unseren Gegenden tritt aber im Laufe der Jahreszeiten vom Frühlinge bis zum Herbste etwas Aehnliches ein, wie es beim Uebergange von der gemäßigten Zone zum Pole hin stattfindet. Im ersten Anfange des Frühlings, zu einer Zeit in welcher noch nicht viele Insekten zur Hand sind, beginnen bei uns die durch den Wind zu bestäubenden Pflanzen zu blühen, so die Nadelhölzer, Kätzchenträger (Pappeln, Weiden, Nußbäume und dergleichen), die Gräser und Seggen. Es folgt der Sommer, und in ihm herrschen diejenigen Pflanzen bedeutend vor, deren Blüthen von bienenartigen Insekten bestäubt werden, die Lippenblumen, Boragengewächse, Köpfchenblüthler und Hülsenpflanzen. Wenn es endlich zum Herbste geht, die bienenartigen Insekten allmälich seltner werden und gewisse, der Kälte mehr widerstehende Fliegen an deren Stelle treten, dann ändert sich abermals die Flora, und neue Pflanzen harren der Thätigkeit der neuen Bestäuber. Da können wir nicht anders als unsere Bewunderung über die merkwürdige Harmonie in der Natur auszusprechen. Wie viel scheinbar wunderliche Formen, welche Fülle von Auswegen, wie viel grundverschiedene Lösungen eines einzigen Problems! Eine Orchisblüthe, die Blüthe einer Schminkbohne oder einer Passionsblume sind für den bloßen Beobachter ihrer Form eben so viele unlösliche Räthsel, und nur der Forscher, welcher Leben und Form gleichmäßig zu würdigen weiß, ist der Oedipus, welcher die Sphinx niederwirft.

In den bis jetzt vorgetragenen Verhältnissen zweihäusiger, dichogamer und heterostyler Pflanzen, so wie in der mechanischen Unmöglichkeit und in der Vergeblichkeit der Selbstbestäubung liegen nun Mittel und Wege genug, welche es veranlassen, daß die Bestäubung einer Narbe mit dem Blüthenstaube einer gleichen Pflanze oft ganz unterbleibt. Da kann denn nun fremder Blüthenstaub auf die Narbe gelangen und unter gewissen Verhältnissen dort eine Wirkung ausüben. Ob dies geschieht, ob nicht, vermag Niemand von vorneherein zu sagen; Apfel- und Birnbaum, so nahe verwandt, lassen sich nicht in dieser Weise kreuzen, wohl aber die doch recht verschiedenen Pfirsich und Mandel. Wir sprechen daher von einer geschlechtlichen Verwandtschaft, einer sexuellen Affinität der Gewächse zu einander; diese ist bald größer, bald geringer, läßt sich aber im übrigen nur durch direkten Versuch erkennen. Oft fehlt sie gänzlich, so daß die Pollenschläuche nicht einmal in die Narbe eindringen; oft schwillt auch nur der Fruchtknoten an, eine

Frucht entsteht, aber die Bildung keimfähiger Samen unterbleibt, endlich entwickeln sich auch diese. Doch darf man nicht glauben, daß wenn der Blüthenstaub einer gewissen Pflanze eine gewisse andere Pflanzenform zu befruchten im Stande ist, daß dann auch umgekehrt der letzteren Pflanze Blüthenstaub, erfolgreich auf die Fruktifikationsorgane der ersteren einwirken könne, wie denn Mirabilis Jalappa, von Mirabilis longiflora bestäubt, leicht Samen erzeugt, während die umgekehrte Kreuzung niemals gelingt. Fast natürlich erscheint es, daß nur eine Blüthenstaubart befruchtend wirkt, wenn man deren mehrere, verschiedene, gleichzeitig auf dieselbe Narbe überträgt. Ja es kann die Wirkung fremden Blüthenstaubes noch völlig vernichtet werden, wenn eigener oder auch passenderer später als jener auf die Narbe gebracht wird. Ein ähnliches Ueberwiegen des einen Blüthenstaubes über den andern findet sich auch bei legitimen und illegitimen Verbindungen verschiedengriffeliger Pflanzen, daher zeigt es sich auch, daß illegitime Abkömmlinge außerordentlich den Kreuzungsprodukten verschiedener Pflanzenformen gleichen, den sogenannten Bastarden oder Hybriden. In beiden Fällen begegnen wir jedem Grade der Unfruchtbarkeit, von sehr schwach verringerter Fruchtbarkeit, bis zu absoluter Unfruchtbarkeit, wo nicht ein einziger Same gebildet wird, und in beiden Fällen hängt die Leichtigkeit eine erste Verbindung zu bewerkstelligen sehr von den Umständen ab, unter welchen sich die Pflanzen befinden. Die befruchtenden Organe, die Staubblätter, werden in der Regel deutlicher afficirt, und man begegnet hier oft zusammengefallenen Staubbeuteln, welche zur Befruchtung absolut unfähige, runzelige Blüthenstaubkörner enthalten. Die unfruchtbaren Bastarde sind oft sehr zwergiger Natur, und haben eine so zarte Constitution, daß sie frühzeitigem Tode verfallen; andere ebenfalls unfruchtbare bringen dagegen fortwährend reichliche Blüthen hervor. Der Bastard besitzt in der Regel die Merkmale seiner Stammformen, und dies in der Weise, daß sich diese auf das innigste durchdringen, so daß jedes Organ Anklänge zeigt an den väterlichen und an den mütterlichen Organismus, von denen der befruchtende Blüthenstaub und die befruchtete Samenknospe abstammte. Unwesentliche Eigenschaften der Eltern treten dabei mitunter getrennt neben einander auf, so zeigen die Blüthen des Bastards oft Streifen und Flecken, statt einer entsprechenden Mischfarbe, beispielsweise dunkelroth und weiß gebändert, anstatt hellroth. Oft zieren den Bastard aber auch neue, den Eltern nicht eigene Merkmale. Nahe verwandte Arten erzeugen zum Beispiel meist Bastarde von kräftigerer Stammbildung, reichlicherer Belaubung und mit größerem, angenehmer duftenden, schöner gefärbten Blüthen als sie selbst besitzen. Dieses Gebietes bemächtigte sich bereits seit längerer Zeit die Gartenkultur und rief so jene prachtvollen Hybride von Rosen und zahlreichen anderen Blüthenpflanzen ins Dasein, denen sonst jegliche Veranlassung und Berechtigung zur Existenz fehlen würde. Da offenbart sich manches bis dahin in Dunkel verhülltes. So wird, wenn die Blüthe sich füllt, beispielsweise auch dem Laien die Blattnatur der Staubblätter klar: Uebergänge finden sich vor, Mitteldinge zwischen Blumen- und Staubblatt, so recht geeignet den Gang der Metamorphose zu deuten (vergleiche Figur 67).

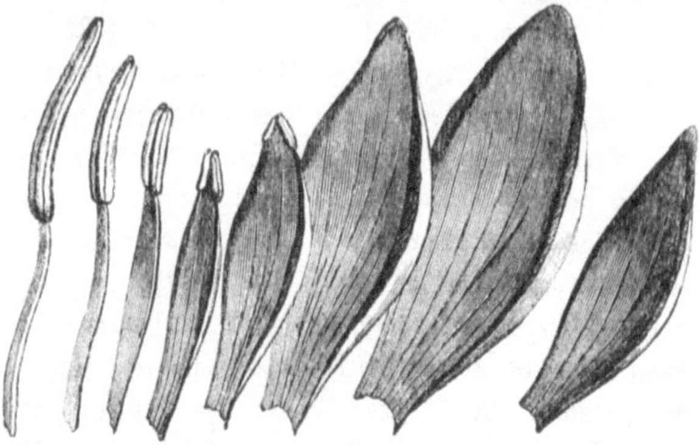

Figur 67.

Uebergang von den Staubblättern zu den Blüthenblättern, wie er bei der weißen Seerose (Nymphaea alba) häufig gefunden wird.

Kehren wir jetzt zur Befruchtungsgeschichte der Blüthenpflanzen zurück und schauen zunächst, wie die Samenknospe beschaffen. Schneidet man eine solche der Länge nach durch (vergleiche Figur 62) und betrachtet dann die Schnittfläche mit einer Loupe, so bemerkt man, daß dieselbe aus einem Kerne, dem Knospenkerne besteht, welcher in den allermeisten Fällen von einer oder von zwei Knospenhüllen umgeben ist. Letztere besitzen an ihrer Spitze eine Oeffnung, Keimmund oder Mikropyle genannt. Bei stärkerer Vergrößerung erkennt man nun, daß ungefähr die Mitte des Kernes eingenommen wird von einer sehr großen Zelle, dem Embryosacke, und daß sich an dessen Spitze zur Zeit der Befruchtungsfähigkeit zwei, durch freie Zellbildung entstandene, membranlose Zellen befinden. Dies sind die Keimkörperchen, welche durch die Befruchtung zur Weiterentwicklung gebracht werden sollen (vergleiche Figur 68).

Wenn nun ein Blüthenstaubkörnchen zu günstiger Stunde auf rechtmäßige Narbe gelangt, beginnt es zu

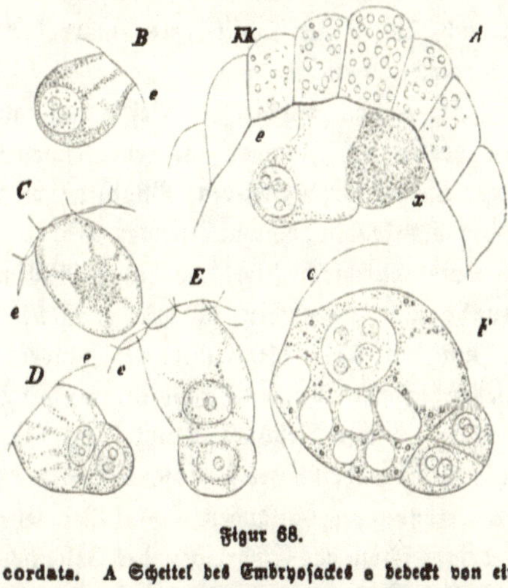

Figur 68.

Funkia cordata. A Scheitel des Embryosackes e bedeckt von einer Zellenlage des Knospenkerns. x eine nicht befruchtungsfähige Protoplasmaanhäufung, daneben links die Eizelle, aus welcher durch die Befruchtung der Keim hervorgeht. B und C Eizellen vor, D und E solche nach der ersten Theilung. In F hat sich aus der oberen Zelle ein fast kugeliger Vorkeim entwickelt, während die untere durch erneute Zelltheilung zu einer zweizelligen Keimanlage geworden ist. 500fache Vergrößerung.

wachsen, und entsendet ein mehr oder minder fadenförmiges Organ, einen Pollenschlauch, durch den Griffel hinab zur Samenknospe. So lange jener wächst ist er dünnwandig und eng, später aber verdickt sich seine Wand und erhält ein aufgequollenes Ansehen. An der Samenknospe angelangt tritt er entweder sofort durch den Keimmund zum Embryosacke, oder aber er stößt auf die Samenknospe und wächst über dieselbe her bis er den Keimmund erreicht hat. Eigenthümliche Zellen, oft auch besondere Vorrichtungen leiten auf diesem Wege den Pollenschlauch, bis er den Scheitel des Embryosackes oder die Keimkörperchen berührt.

Die Zeit, welche zwischen der Bestäubung und dem Eintreffen des Pollenschlauches an dem Knospenmunde liegt ist verschieden für verschiedene Pflanzen; die Pollenschläuche der als Frühlingsblume beliebten Krokus wachsen an ihrer Spitze durchschnittlich 1¹/₄ bis 2 Millimeter in jeder Stunde und gebrauchen so nur etwa 25 bis 80 Stunden um den 5 bis 10 Centimeter langen Griffel zu durchsetzen; anders bei den Orchideen, wo oft Wochen, selbst Monate zwischen Bestäubung und Befruchtung vergehen, eine Zeit, während welcher die Samenknospen erst zur vollen Ausbildung gelangen. — Bei sehr vielen Blüthen bringt schon das Eindringen des Pollenschlauches in den Griffel Veränderungen hervor. Dieselben sind nicht immer so weitgreifend wie bei manchen Orchideen, bei welchen sich die Samenknospen erst auf diesen Reiz hin, und nie ohne denselben, entwickeln, oder wie bei Lilien, wo bereits nach der Verstäubung und vor der

Befruchtung der Fruchtknoten energisch zu wachsen beginnt, aber zartblätterige Blüthen, welken nach der Bestäubung rasch ab, viel rascher als ihre nicht bestäubten Schwestern; es nähert sich ja ihrer Vollendung die Blüthe, und kann abwerfen die bunte Hülle, welche durch Farbe, Geruch und Honig bestäubende Insekten anlocken sollte.

Die Berührung des Scheitels des Embryosackes oder der Keimkörperchen durch den Pollenschlauch genügt zur Befruchtung. Wir müssen, nach Analogie der blüthenlosen Pflanzen, wohl annehmen, daß auch hier die Befruchtung durch Uebertragung eines bestimmten Stoffes aus dem Pollenschlauche zu den Keimkörperchen erfolgt, obgleich sich ein solcher Vorgang bisheran unseren forschenden Blicken entzog. Bei manchen Pflanzen wird die Einwirkung der Befruchtung in sehr kurzer Zeit nach dem Eintreffen des Pollenschlauches bemerkbar, bei andern vergeht darüber eine längere Frist: mehrere Tage, selbst Wochen bei vielen unserer Holzpflanzen, wie bei Eiche, Buche, Ulme, Ahorn, Kastanie, sogar fast ein Jahr bei amerikanischen Eichen mit zweijähriger Samenreife. Wann es aber auch sei, als erste sichtbare Folge der Befruchtung verschwindet der Zellkern des Embryosackes, dann erst beginnt die Veränderung der Keimkörperchen. Von den beiden Keimkörperchen, welche gewöhnlich schief über einander im Scheitel des Embryosackes liegen, entwickelt sich in der Regel nur das tiefer gelegene, so daß das andere die Rolle der Kanalzelle bei den Gefäßkryptogamen zu übernehmen scheint, und nur das eine eine

Eizelle darstellt. Jetzt umgibt sich die Eizelle mit einer Zellstoffhaut, ihr dem Keimmunde zugekehrtes Ende verwächst mit der Haut des Embryosackes, dann verlängert sie sich, bildet einen wenigzelligen Vorkeim und an dessen Spitze den Keim oder Embryo. (Vergleiche Figur 22, Seite 53).

Suchen wir jetzt nach Analogien zwischen den Befruchtungsvorgängen der Kryptogamen und der Blüthenpflanzen, dann reihen sich die letzteren in ungezwungener Weise den verschiedensporigen Gefäßkryptogamen an, deren sporenerzeugender Generation die Blüthenpflanze mit ihren Pollenkörnern und Embryosäcken gleichwerthig ist. Dabei muß der Knospenkern als Vertreter des Makrosporangiums, der Embryosack als Makrospore, und die Pollenkörner als Mikrosporen aufgefaßt werden. Die von uns nicht näher betrachtete Befruchtungsweise der Gymnospermen füllt die bei dieser Betrachtung vielleicht noch bemerkbare Kluft in bester Weise aus. Und so gelangen wir zu dem Resultate, daß auch die Blüthenpflanzen ihren Generationswechsel besitzen, daß sich derselbe aber in der Bildung des Samens versteckt.

Gleichzeitig mit, oft noch vor diesen Gestaltungsvorgängen füllt sich der Embryosack mit Sameneiweiß oder Endosperm, einem Gewebe, dessen Zellen durch freie Zellbildung in jenem entstehen. Unterdessen vergrößert sich gewöhnlich auch der Embryosack selbst, und verdrängt dabei den Knospenkern mehr und mehr. Allmälich bilden sich nun die Knospenhüllen zu den Schalen um, welche den reifenden Samen (das ist

Eiweiß und Keim) oft auch noch einen geringen Rest des Knospenkernes umhüllen. Indessen nicht alle Samen enthalten Eiweiß; obgleich anfänglich immer vorhanden, fehlt es später sehr oft, weil die ersten Blätter des Keims, die Keimblätter oder Kotyledonen, es verdrängten und die in ihm abgelagerten Stoffe in sich aufnahmen, damit diese später, als Reservestoffe, beim Keimungsprozesse zur Verwendung gelangen. So bildet sich der Same; aus dem Fruchtknoten aber, häufig auch aus anderen Theilen der Blüthe, entsteht die Frucht.

Der Vermehrung dienet der Same; der sprossenden Erde muß er anvertraut werden um eine neue Pflanze aus sich zu entwickeln. Wunderbar sind da die Vorrichtungen, welcher die Natur sich bedient um den Samen möglichste Auszubreitung zu sichern (vergleiche Figur 69). Bald ist mit Haaren, bald mit Flügeln die Frucht versehen, daß der Wind sie verbreite und forttrage an fruchtbaren Ort; oder elastisch öffnet sich die Frucht und säet selbst ihre Samen. Oft sind auch Früchte und Samen mit Haaren, Haken und Dornen besetzt, damit sie der Haut eines Thieres sich anheften und so verbreiten können.

Manche Samen keimen so wie sie die Frucht verlassen haben und in günstige Verhältnisse kommen; andere bedürfen dagegen, wie es scheint, eines Zustandes der Ruhe um nachzureifen, das heißt um durch langsam vor sich gehende Veränderungen, welche wohl chemischer Natur sind, zum Keimen tauglich zu werden. Schon zwölf Stunden nach der Aussaat durchbricht das Würzelchen

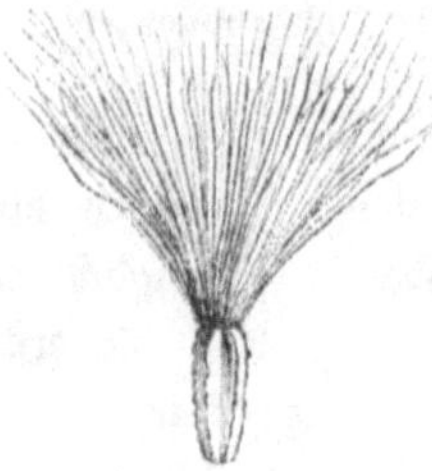

Figur 69a. Frucht des Jakobs-Kreuzkrautes (Senecio Jacobaea).

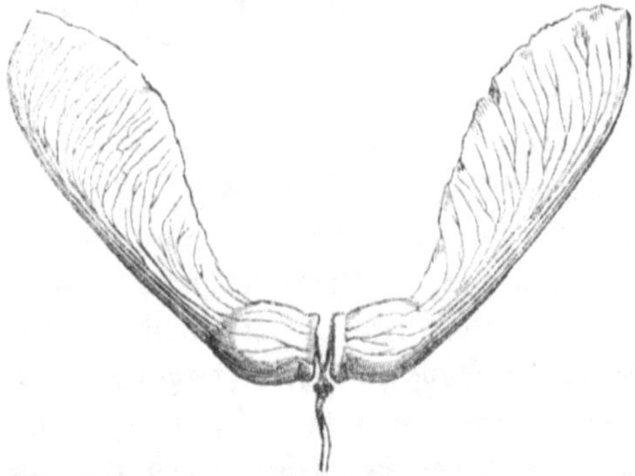

Figur 69b. Flügelfrucht des weißen Ahorn (Acer Pseudoplatanus).

Figur 69c. Frucht der Gartenbalsamine im Momente des Aufspringens.

des Weidensamens die Samenschale; haben diese Samen aber nur zwölf Stunden trocken gelegen, dann ist ihre Keimkraft für immer dahin. Auch die Samen der Ulmen, Pappeln, der Kaffeestaude und vieler Lorberarten keimen nur so lange sie frisch und noch nicht angetrocknet sind; ja der Same der Mistel keimt oft schon innerhalb der Frucht selbst. Im allgemeinen keimen frische Samen leichter und schneller als alte. Stärkemehl führende Samen halten zwar manche Jahre, wenn sie trocken aufbewahrt werden, dennoch beruht es auf Täuschung, wenn man vermeint der sogenannte Mumienweizen stamme wirklich aus Körnern her, welche Aegyptens Pharaonen dem Grabe in den Kammern der Pyramiden anvertraut hätten. Die dem Keime entsprießende junge Keimpflanze entnimmt ihre erste Nahrung dem Samen, und zwar aus den Samenlappen; wenn Eiweiß vorhanden ist auch aus diesem durch die Vermittlung der Samenlappen. Zuerst tritt die Wurzel aus dem Samen hervor, nach ihr auch die Stammknospe. Hinsichtlich der Samenlappen ergeben sich hier noch die Unterschiede, daß sie entweder unter der Erde verbleiben, wie bei Eiche und Kastanie, oder sich über denselben erheben, wie bei Buche und Birke. Nicht unerwähnt wollen wir lassen, daß die Keime der Blüthenpflanzen einen oder zwei Samenlappen besitzen, wonach man **Einsamenlappige** oder **Monokotylen** und **Zweisamenlappige** oder **Dikotylen** unterscheidet.

Bei jeder Fortpflanzungsweise werden die Eigenschaften der Stammpflanze auf den entstehenden Organismus übertragen, bei der Entstehung einer Pflanze in Folge eines Befruchtungsvorganges geschieht dies indessen nicht immer ganz, sondern nur mit Aufrechthaltung der wesentlichen Charaktere. Nur selten ist diese Abweichung für den Menschen eine vortheilhafte, gewöhnlich ein Schaden. So kann man die Zahl der Sämlinge, deren Früchte sich verschlechtern, kleiner, saurer oder saftärmer werden, bei Pfirsichen auf etwa 90%, bei Pflaumen auf 95%, bei Birnen und Aepfeln mindestens auf 97% veranschlagen. Dies ist daher das Gebiet wo Veredlung an Stelle der Aufzucht aus Samen eintreten muß. Ebenso ist es auch keineswegs sicher, daß Farbe und Füllung der Blüthen durch den Samen fortgepflanzt werden, und oft geschieht dem Gärtner Unrecht, wenn man gefüllte Blüthen von bestimmter Färbung aus neubezogenen Samen erhoffte und weder das eine, noch das andere fand. In allen diesen Fällen kehrte die Pflanze zu einem gewissen Urzustande zurück und streifte ab was in Folge besondrer Kultur der Mensch ihr anerzogen hat, oder der Sämling änderte freiwillig ab, er variirte und erhielt neue, seinen Vorfahren nicht eigene Merkmale. Ueber letztern Punkt liegen nur wenig verbürgte Nachrichten vor, aber es mag diese Schweigsamkeit der Pflanzenzüchter wohl ihren Grund in dem irrigen Glauben haben, daß geschäftliche Rücksichten zur Geheimnißkrämerei auch in Bezug auf diesen Punkt nöthige, als ob der Mensch zur Bildung von Varietäten (welche natürlich nicht mit Bastarden zu verwechseln sind) etwas beizutragen vermöge. Ein interessantes

Beispiel des Auftretens neuer Varietäten liefern die zahlreichen Sorten der Georginen oder Dahlien. Diese stammen von drei Stammpflanzen ab, welche von dem botanischen Garten zu Meriko nach Madrid gesandt wurden und dort 1789 bis 1791 zuerst blühten, und von 1804 von Meriko nach England gebrachten Samen, welche aber zunächst nur zwei, bereits bekannte Formen ergaben. Im Jahre 1808 wurden im Garten von St. Cloud nur vier verschiedene Sorten kultivirt. 1809 wurden aus deren Samen mehrere, von den Mutterpflanzen in der Blüthenfärbung verschiedene Pflanzen erhalten. Die Samen derselben, besonders aufbewahrt und von jeder dieser neuen Varietäten besonders ausgesäet, zeigten die größte Mannigfaltigkeit in den Blüthenfarben: Purpur, Dunkelroth, Kirschroth, Orange, Blaßgelb. Von nun ab erhielt man in jedem der Jahre 1812 bis 1817 neue Farbenvarietäten; unter anderen eine rein weiße, zweifarbige, gestreifte, endlich drei gefüllte. Im botanischen Garten in Berlin, wo man sich ebenfalls der Georginenzucht widmete, erhielt man die erste gefüllte, eine dunkelrothe, bereits 1809. Und noch in jedem Jahre zeigen sich unter den Sämlingen neue und interessante Formen, wenn sie auch nicht immer eine strenge von ästhetischen Grundsätzen geleitete Kritik bestehen können. Dies die Geschichte einer Florblume ersten Ranges; ähnliches wüßten wir von Cinerarien, Primeln, Aurikeln und anderen Pflanzen, namentlich auch von den in der Jüngstzeit so beliebten Gladiolus, zu berichten. Die über Varietätenbildung angestellten Beobachtungen erweisen nun zur Genüge zwei wichtige Thatsachen, erstens den gelegentlichen Rückschlag einzelner Individuen zur Stammform, den sogenannten Atavismus, zweitens die öftere Wiederkehr derselben Varietät bei der nämlichen Stammform. Letzteres ist eine Erscheinung, zu welcher auch noch manche wildwachsende Pflanzen Belege liefern, so findet sich stets vereinzelt weißblüthiges Haidekraut unter rothblüthigem vor. Schließlich ist noch darauf hinzuweisen, daß die Varietät, plötzlich und unvermittelt, wie mit einem Schlage, vollendet in ihrer weiten Abweichung von der Stammform in die Erscheinung tritt.

Ist, aus zur Zeit unbekannten Ursachen, eine neue ungewohnte Form des Entwicklungsganges an einer gegebenen Pflanze aufgetreten, so ist diese neue Form in der Regel nicht konstant. Es treten im ferneren Verlaufe der Entwicklung Abweichungen der Gestalt und Eigenschaften hervor, welche häufig in den Bahnen des altgewohnten Entwicklungsganges, häufig auch in ganz neuen Richtungen verlaufen: es zeigen sich neben Rückschlägen zur Stammform neue, mehr oder minder verschiedene Abarten. Die Pflanzenform bleibt nun variabel, als ob durch die Kultur ihre Konstitution erschüttert worden sei. Eine neu aufgetretene Entwicklungsform kann aber durch Zuchtwahl völlig konstant gemacht werden: der Züchter verwende zur Weiterzucht nur an solchen Pflanzen und in solchen Blüthen entstandene Samen, welche die neu hervorgetretenen Eigenschaften in gleichem oder erhöhtem Maße zeigen, und er bediene sich nur solcher Zweige zur Veredlung oder zu Stecklingen, an welchen die gewünschten Eigenschaften rein oder gar gesteigert hervortreten. Wird ein solches Verfahren durch eine Reihe von Fortpflanzungen, deren Zahl für verschiedene Pflanzenformen sehr verschieden ist, fortgesetzt, dann wird die neue Entwicklungsform allmälich zu einer konstanten Rasse; relativ eben so formbeständig, als die in der Natur sich findenden, sogenannten reinen oder guten Arten es sind. So sind Blumenkohl und Kohlrabi aus vereinzelten Monstrositäten des Gartenkohls gezüchtet, und diese Stammpflanze ist selbst nur eine Kulturrasse des wildwachsenden Waldkohls.

Alle Organe variiren, und so ist es möglich, daß sich die Pflanze nach und nach so viele neue Eigenschaften erwirbt, akkumulirt, daß sie schließlich keine Aehnlichkeit mehr mit der Stammpflanze zeigt. So hat man all jene Hunderte Varietäten der Kürbisse, Flaschenkürbisse, Melonen und Wassermelonen auf drei Stammformen zurückgeführt, auf Formen, welche man selbst noch nicht kennt, aber aus ihren Abkömmlingen in ideeller Weise gleichsam ableiten kann. Ja es ist nicht unwahrscheinlich, daß auch diese drei Formen nur den Hauptvarietäten einer einzigen Stammform entsprechen. Und wie verschieden sind all die bekannten hierher gehörigen Pflanzen! „Die Frucht der einen Varietät übertrifft die einer anderen um mehr als das Zweitausendfache an Größe; die Stammform der Frucht ist wahrscheinlich eiförmig, sie wird aber bei manchen Varietäten in einen Cylinder ausgezogen, bei anderen in eine flache Scheibe verkürzt; die Färbung der Fruchtschale ist bei den verschiedenen Varietäten fast unendlich verschieden; manche haben harte, andere weiche Schale, manche süßes, andere bitterliches Fruchtfleisch; die Länge der Samen differirt von sechs bis auf fünfundzwanzig Millimeter; bei manchen sind die Ranken monströs, bei anderen fehlen sie ganz; eine Varietät bildet dieselben in Zweige um, welche Blätter, Blüthen und Früchte bringen. Selbst Merkmale, welche sonst in ganzen Pflanzenordnungen konstant sind, werden bei den Kürbissen höchst variabel. So besitzt eine chinesische Varietät einen gänzlich freien, die Mitte der Blüthe einnehmenden Fruchtknoten, während dieser sonst bei den Kürbissen und den ihnen näher verwandten Familien den Kelch und die Blumenkrone auf seinem Gipfel trägt. — Die Varietäten der Melone theilt man in 10 Sektionen ein, bei welchen nicht nur die Früchte, sondern auch die Blätter und der ganze Wuchs von einander verschieden sind; manche Melonenfrüchte sind nur so groß wie kleine Pflaumen, andere wiegen bis $^2/_3$ Zentner, wieder eine andere hat nur einen Zoll Durchmesser, ist aber ein Meter lang und windet sich schlangenförmig nach allen Richtungen; eine Varietät hat eine scharlachrothe Frucht, die einer anderen ist innerlich und äußerlich von einer Gurke nicht zu unterscheiden; eine algierische Melone zerfällt bei der Reife plötzlich in Stücke."

Alle Erscheinungen des Variirens, auch das Constantwerden einer Varietät werden sich im freien Entwicklungsgange einer natürlichen Flora eben so, wenn auch in weniger gehäuftem Maße, zeigen, wie bei der Kultur durch Menschenhand. Da werden dann diejenigen Varietäten, welche es am besten verstehen, sich ihren gegebenen Existenzbedingungen anzupassen, auch die meiste Aussicht haben in dem allgemeinen Kampfe der Menschen, Thiere und Pflanzen um ihr Dasein, das Lebensloos zu gewinnen; und so pflegt bei den wildwachsenden Pflanzen Veränderlichkeit und Fähigkeit der Anpassung Hand in Hand zu gehen, ja geradezu identisch zu sein. Diese allgemeinen Lebensthätigkeiten aller Organismen, Erblichkeit (oder Fähigkeit der Vererbung) und Veränderlichkeit (oder Fähigkeit der Anpassung) wurden nun von Darwin als wirkende Ursachen für die Umbildung der organischen Gestalten angenommen, sie sind die Stützen der sogenannten Darwin'schen Theorie. — Es ist uns leider nicht gestattet auf die Hauptpunkte des eben so wichtigen wie interessanten Darwinismus näher einzugehen, da ein besonderer Band dieser Sammlung unsere Leser in denselben einführen soll.

Die Beziehungen der Pflanzen zu einander und zu den Thieren.

„Ulmus amat vitem, vitis non deserit ulmum."
(Es liebet die Ulme den Weinstock und nicht von der Ulme
läßt dieser.)
Ovid.

Einförmig wie das Flachland selbst, ist bei uns auch seine Pflanzendecke. In der Nähe der Flüsse findet man freundliche Wiesen, sonst Ackerland, düsteren Moorgrund, Haiden, selbst nackten Sand. Ueberall erblickt man die Hand des Menschen, er mähet die Wiese, bestellet den Acker, er pflanzte die Weiden und Erlen der sumpfigen Niederungen, sogar die einsamen Birken- und Kiefernbestände, an denen das Auge des Wanderers auf weiter Haide sich freut. Gesellig zumeist sind die Pflanzen der Ebene; größerer Wechsel zeigt sich, wo zu Hügeln und Bergen der Boden sich hebet. Für Acker und Wiese bleibet das Thal, von Bächen und Flüssen durchschnitten, aber dieses verliert sich bald und Busch und Wald umkränzen die Gipfel der Höhen.

Zwar sind auch jene vom Menschen gehegt, werden von ihm geschlagen und neu erzogen; aber die Umtriebszeit des Sträucher führenden Niederwaldes währt zwölf bis zwanzig Jahre, die des Hochwaldes hundert und mehr, und so erhält uns der Wald manches Gewächs, bald Kraut, bald Strauch, welches der sorgsame Landmann von seinen Feldern vertreibt. Bald einzeln, bald in geselligem Vereine stehen sie da diese Kinder der blüthenreichen Flora, doch nicht von ungefähr, sondern in dem Maße, wie hier ihre Natur, ihre Nachbarschaft es ihnen gebietet, dort ihre Feinde es zuließen. Ganz anders im tropischen Urwalde. Da tritt kein Gewächs gesellig auf. So wunderbar ist vielmehr die Verwirrung und Verwachsung der Pflanzenformen, daß man oft die zusammengehörigen Stämme, Blätter, Blüthen und Früchte nicht herausfinden kann, und hineindringen in den Urwald — das hindern die Lianen oder Cipo's, jene Schlingpflanzen, welche in unserm Wein, Epheu und Hopfen nur schwache Abbilder finden. Pflanzen der verschiedenartigsten Familien gehören hierher; oft finden sich mehrere Arten an einem Baum und vermischen dessen Laub mit vielfachen, fremden Blattgestalten. Von besonderer Wichtigkeit unter ihnen sind die Rohrpalmen und Bauhinien. Aber auch unter den Feigen gibt es bemerkenswerthe Lianen und besonders ist hier der Mörderschlinger zu nennen (vergleiche Figur 70). Senkrecht steigt anfangs die Feige neben einem Stamme des Waldes in die Höhe; zu einer gewissen Länge herangewachsen sendet sie seitliche Luftwurzeln aus, welche den

Figur 70.

Ein Baum (Caryocar) des brasilianischen Urwaldes von einem Mörderschlinger (Sipa matador, einer zu den Feigen gehörenden Liane) umschlungen.

fremden Stamm umkrallen, so fest umspannen und an den Mutterstamm andrücken, daß dieser zuletzt bei weiterem Wachsthum sich muldenförmig um den Gefangenen anschmiegt. Tief graben sich die Umschlingungen in die Saftwege des Opfers ein, bis dieses endlich erliegt, welk wird und abstirbt: auf einen Leichnam stützt sich der Mörderschlinger. Endlich fällt zwischen den Riesenschlingen der faulende Stamm zusammen, aber der Umschlinger bleibt stehen, in seiner so abentheuerlichen Gestalt eine der merkwürdigsten Erscheinungen des Urwaldes. — Rohe Gewalt ist es die hier den Nachbar vernichtet, wunderbar scheint es zu sein und doch bietet sich aufmerksamem Auge auch in unserer Heimat ähnliches Schauspiel: oder ist es ein wesentlich Anderes, wenn das **Unkraut** das nahrungspendende Saatkörnlein erstickt?

Wer zur Winterzeit mit eilendem Dampfrosse die gesegneten Fluren des Mittelrheines durchzieht, der erblickt — dem Landmanne kein ehrendes Zeugniß — die Kronen der zahlreichen Obstbäume bedeckt mit grünenden Büschen. Leberartige, immergrüne Blätter zieren den, auch im übrigen Deutschland nicht seltenen Strauch, der unsere Aufmerksamkeit auf sich zieht, die **Mistel** (vergleiche Figur 71). Die Mehrzahl ihrer Keimlinge stirbt ab und nur solche, welche auf einem jungen, noch borkenlosen Zweige keimen oder in eine Borkenritze gelangen und so das lebendige Gewebe der Rinde erreichen können, wachsen und gedeihen. Doch nicht auf eigene Kosten: ihre Saugwurzeln bringen ein in das Gewebe der befallenen Pflanze, der **Nährpflanze**, und verwachsen

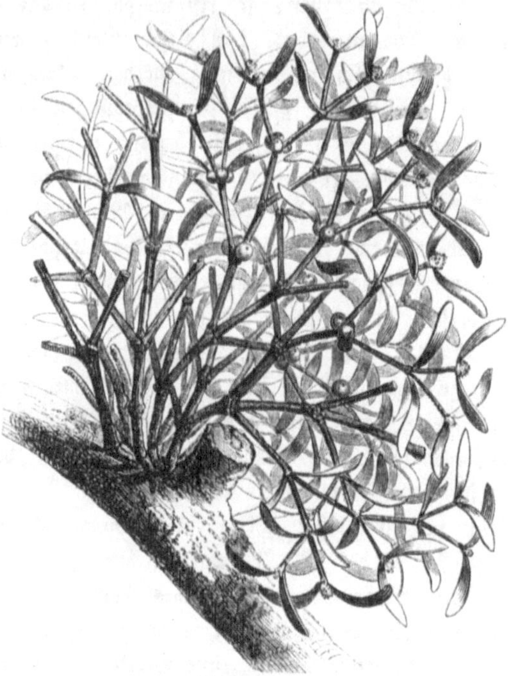

Figur 71.
Mistelpflanze auf dem Aste eines Apfelbaumes schmarotzend.
(Vergleiche den Sommerwurz. Figur 30, Seite 107.)

mit dieser auf das innigste. Gleichwie eine wachsende Knospe stets neuen Zufluß von Nahrungsstoffen verlangt und erhält, so wirkt auch der schmarotzende Keimling auf die Zellen der Nährpflanze ein und zwingt diese ihm abzugeben, was zu eigenem Gebrauche sie sich sammelte und bildete. — Noch manch andere Pflanzen gibt es, welche in gleicher Weise von lebenden Pflanzen sich nähren. Beispiele von praktischer Bedeutung bieten Kleeteufel und Hanfwürger, von denen der erstere auf den Wurzeln des Klee's sich ansiedelt, während der letztere vorzüglich den Hanf, aber auch den Tabak befällt. Zu erwähnen sind auch die verschiedenen Arten der Flachsseide, welche ihre Wurzeln in die benachbarten Nährpflanzen entsenden, aber auch über dem Boden ihre Saugwurzeln überall entwickeln, wo sie die von ihnen umschlungenen Pflanzen berühren. Sie werden dem Hopfen und Hanfe verderblich, und vernichten, indem sie von einzelnen Punkten ausgehend nach allen Seiten sich ausbreiten und ringartig, als gefürchtete Herenringe, vorschreiten, oft gänzlich die Vegetation. Weit schädlicher als diese größeren, den Blüthenpflanzen angehörenden Schmarotzerpflanzen sind aber die Pilze. Von diesen wurde bereits ausführlicher dargelegt, wie sie, weil sie kein Blattgrün besitzen, also nicht assimiliren können, auf vorbereitete organische Nahrung angewiesen sind und bald auf einer bald auf verschiedenen Pflanzen ihres Daseins Kreise vollenden. Aber die Pilze bekämpfen nicht nur Pflanzen, ihren Angriffen sind auch Thiere, selbst der Mensch ausgesetzt und da werden sie uns bald sehr werthvolle Verbündete, wenn es zum Beispiel gilt aufzuräumen unter forst- oder kulturverderblichen Insekten; bald aber sind sie auch wiederum äußerst schädlich, so Botrytis Bassiana, die Ursache der Muskardinekrankheit der Seidenraupen. Leider müssen wir uns versagen auf diesen eben so wichtigen wie interessanten Stoff, einzugehen, da die Pflanzenkrankheiten in einem besonderen Bändchen dieser Sammlung behandelt werden sollen.

In dem allgemeinen Kampfe ums Dasein, welchen Thiere und Pflanzen untereinander führen, sind aber nicht allein die letzteren die Angreifer, gar oft fällt auch den ersteren diese Rolle zu. Wir verweilen hier nicht bei den Schädigungen, welche das Pflanzenreich dadurch erfährt, daß es dem Thierreiche die nöthige Nahrung darbieten, ihm Wohnung und Material zum Nestbau liefern muß, unsere Aufmerksamkeit wird in Anspruch genommen durch die formenändernde und neue Formen entwickelnde Einwirkung parasitischer Thiere auf die Pflanzen.

Jeder fremde Körper, welcher in eine lebende Pflanze eindringt, ruft in der Umgebung der durch ihn verursachten Wunde gewisse Wachsthumserscheinungen hervor, bald die Bildung von Korkgewebe, bald auch eine örtliche Steigerung des Wachsthums. Besonders auffällige und eigenthümliche Gestaltungen, sogenannte Gallen, bilden sich aber, wenn Thiere im Innern oder auf der Oberfläche von Pflanzen leben. Ein Beispiel biete die Milbensucht der Birnbäume, eine in den letzten Jahren in großer Ausdehnung in Deutschland aufgetretene Krankheit. Dem unbewaffneten Auge ist diese Krankheit durch das eigenthümlich-pockige Aussehen der Blätter kenntlich. Diese Pocken stellen kleine runde oder längliche, oft miteinander verflossene Auftreibungen dar; sie haben an ausgewachsenen Blättern eine gelblichere Färbung als der gesunde Theil; am jugendlichen Organe sind sie bei einigen Varietäten karminroth, später werden sie überall braun bis schwarz. Bei mikroskopischer Untersuchung zeigt sich, daß die innere Struktur der Pocke wesentlich von dem normalen Baue des Blattes abweicht; dies jedoch nicht in Folge eigentlicher Neubildung von Zellen, sondern dadurch, daß eine Verlängerung einzelner Zellen des Blattinnern und dadurch eine außerordentliche Erweiterung der Zwischenzellräume zu weiten Höhlungen sich zeigt. Eine kleine, dem unbewaffneten Auge kaum erkennbare Milbe, Phytoptus piri, ist Ursache dieser Krankheit. Das in den Knospen überwinterte Thier sticht mit seinen Mundtheilen eine Oberhautzelle des jungen Blattes an, bohrt vielleicht auch zwischen zweien solcher Zellen ein, und legt früher oder später durch die so entstandene Oeffnung ein Ei in das innere Gewebe des Blattes; die stetig fortdauernde Anregung, welche das sich entwickelnde Ei auf den Saftzufluß ausübt, bewirkt dann schließlich die Entstehung der Galle, in deren Höhlung das Thier seine ersten Lebensstadien durchläuft.

Die mechanische Reizung, welche das Thier auf seine Wohnstätte ausübt, ist es aber nicht immer allein, welche die Bildung der Gallen hervorruft. Die im Innern lebender Pflanzentheile wohnenden Käfer und Schmetterlingsraupen verursachen vielfach keine Gestaltänderungen der von ihnen bewohnten Gebilde: die Borkenkäfer bewirken wohl Zerstörungen, aber keine Mißbildungen der Rinde der von ihnen heimgesuchten Bäume; die Raupen der Birnenmotte haben auf die Kernobstfrüchte keinen andern Einfluß, als den einer geringen Beschleunigung der Zeitigung; die Anwesenheit der blätterminirenden Insektenlarven ist ohne Einfluß auf die Gestalt der bewohnten Blätter; da aber die Anregung zu eigenartiger Entwicklung, welche von den gallenhervorrufenden Thieren ausgeht, sich in vielen Fällen bis auf mehrere Millimeter Entfernung vom Thiere erstreckt, so scheint dies alles zu dem Schlusse zu berechtigen, daß flüssige, die Zellwände auf erhebliche Distanzen durchdringende Ausscheidungen auf die Bildung der Gallen von wesentlichem Einflusse sind.

Jede von einem bestimmten Thiere hervorgerufene Gallenart besitzt ihre eigenthümliche, charakteristische Gestalt, und Thiere, welche einander äußerst ähnlich sind, welche derselben Gattung angehörend nur durch unbedeutende Modifikationen der Färbung und Behaarung sich unterscheiden, verursachen die Entwicklung sehr verschieden beschaffener Gallen (vergleiche Figur 72). Unregelmäßig gestaltete Gallen kommen meist nur dadurch zu Stande, daß mehrere Eier in naher Nachbarschaft in denselben Pflanzentheil gelegt wurden: die sich entwickelnden Gallen fließen zu einer mehrfächerigen, sogenannten Schwammgalle zusammen, wobei die zufällige Gruppirung der von den einzelnen Thieren bewohnten Hohlräume den Gesammtumriß des Ganzen bestimmt.

Außer den in Figur 72 dargestellten Eichen-Galläpfeln sind die Zapfenrosen und die Schlafäpfel die bekanntesten hierher gehörenden Gebilde. Die ersteren entstehen besonders an Weiden

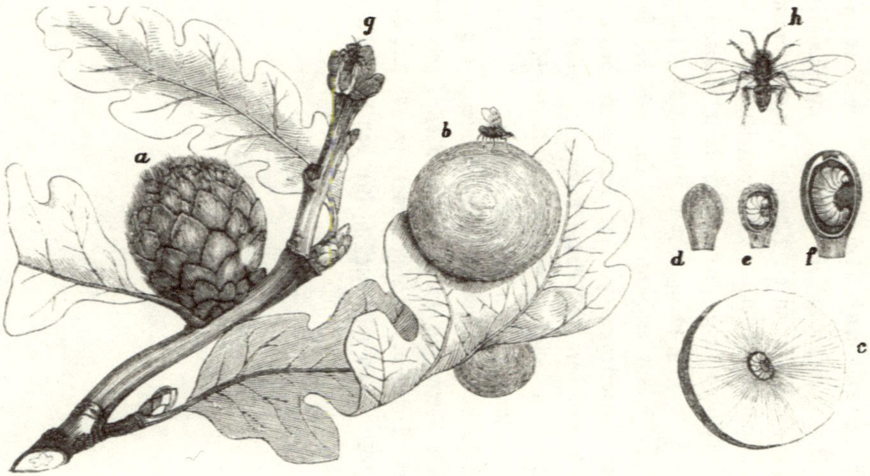

Figur 72.

Gallwespen u. Gallen. Eichenzapfen-Gallwespe (Cynips fecundatrix): a Galle; d der in derselben sitzende Kokon; letzterer durchschnitten: in natürlicher Größe (e) und vergrößert (f), beide mit der Larve. — Gemeine Gallwespe(Cynips scutellaris): b Gallapfel; c derselbe durchschnitten mit der Larvenkammer im Mittelpunkte; g und h die Gallwespe in natürlicher Größe und vergrößert.

durch den Stich der Weidenrosen-Gallmücke in die Blattknospen; diese bleiben dadurch im Wachsthum zurück, entwickeln kaum ihre Stengel, häufen aber ihre Blätter in dichtgedrängter Rosette zusammen. Der Schlafapfel, Rosenschwamm oder Bedeguar findet seinen Ursprung aber darin, daß die Rosen-Gallwespe ihre Eier in die Zweigspitze legt, worauf der Stengel mäßig anschwillt und zahlreiche Blätter entwickelt, zwischen deren Nerven sich keine Gewebemassen ausbilden, so daß schließlich der unförmliche Trieb wie mit Moos bedeckt erscheint. — Die Zahl der Gallen ist über Erwarten groß, hat man doch an unseren Eichen bereits über 150 Arten beobachtet; dennoch sind die Gallen im allgemeinen als Krankheitserscheinungen nicht zu fürchten: ihr Nutzen dürfte den Schaden, welchen sie den Pflanzen und dadurch auch uns zufügen, bedeutend überwiegen, sei es, daß man den Handelswerth gewisser Sorten in Anschlag bringt, sei es, daß sie als Brütestellen vieler nützlicher Insekten von hervorragender Bedeutung sind.

Kgl. Hof- und Universitätsbuchdruckerei von Dr. C. Wolf & Sohn.

www.ingramcontent.com/pod-product-compliance
Lightning Source LLC
LaVergne TN
LVHW092108300926
849161LV00002B/83